半群引论

乔虎生　刘仲奎　著

科学出版社

北京

内 容 简 介

本书介绍半群以及半超群理论的基础知识及最新研究成果. 全书共八章. 第 1 章到第 3 章主要介绍半群结构的理想、同余刻画方法以及几类重要的正则半群类. 第 4 章介绍半群的 S-系方法. 第 5 章介绍码论基础. 第 6、7 章介绍半超群和序半超群基本理论和最新研究进展. 第 8 章对半群其他研究方向做了简介.

本书力求简明扼要便于阅读, 可作为数学专业研究生的教材, 也可作为数学研究工作者的参考用书.

图书在版编目 (CIP) 数据

半群引论/乔虎生, 刘仲奎著. —北京: 科学出版社, 2019.1
ISBN 978-7-03-059868-4

Ⅰ. ①半… Ⅱ. ①乔… ②刘… Ⅲ. ①半群–研究 Ⅳ. ①O152.7

中国版本图书馆 CIP 数据核字 (2018) 第 281364 号

责任编辑: 李 欣 李香叶 / 责任校对: 彭珍珍
责任印制: 张 伟 / 封面设计: 陈 敬

科 学 出 版 社 出版
北京东黄城根北街 16 号
邮政编码: 100717
http://www.sciencep.com

北京凌奇印刷有限责任公司 印刷
科学出版社发行 各地新华书店经销

*

2019 年 1 月第 一 版 开本: 720 × 1000 B5
2019 年 9 月第二次印刷 印张: 15 3/4
字数: 315 000
定价: 98.00 元
(如有印装质量问题, 我社负责调换)

前　　言

国内外半群代数理论的专著很多, 那么本书写作的初衷何在? 有什么特点?

半群代数理论历史悠久, 成果丰富, 已经有很多优秀的教材问世. 例如, 由著名的半群代数理论专家 John M. Howie 所写的经典教材 *Fundamentals of Semigroup Theory*, 就在国内得到广泛使用. 然而, 我们在开展半群代数理论研究和研究生培养过程中, 深感仅仅钻研一个研究领域是不够的, 能够将自己的研究方向和其他研究方向交叉, 对做出创新性研究成果非常重要.

宽广的视野, 对研究工作总是有益的.

就研究生培养而言, 作为导师, 如果仅仅局限于自己熟悉的领域, 而对别人的领域不了解, 对研究生的培养可能是不利的. 学生去参加学术会议, 假如熟悉的内容有限, 那么诸多的学术报告之中, 学生可以听的报告少之又少, 就失去了交流的意义. 在现行培养计划规定的学习时间内, 本着让学生能尽可能全面地了解半群代数理论的整体概貌的目的, 使得学生在选择阅读文献的时候, 有更大的选择余地, 为此, 我们希望做这方面的尝试.

为了拓宽视野, 提升我们的研究水平, 作者学习了半群代数理论的多个重要而有趣的研究方向, 借鉴诸多专著的长处. 优秀的专著都有完整的体系, 对某一个方向的介绍相对全面和深入, 然而学生很难在规定的教学时数内全部学完, 难于以较为宽广的视野接触到半群代数理论最新的研究进展. 并且仅学习一个方向的专著, 毕竟学生的知识面还是比较窄, 谈不上研究方向的交叉和不同研究思想的借鉴. 针对研究生的培养, 我们的期望是: 能让学生具有较为宽广的研究视野, 又能对优秀的专著有所了解. 这是本书写作的初衷, 故起名为《半群引论》. 由于篇幅所限, 部分内容, 不可能像半群某一个研究方向的专著那么深入和详细, 仅仅起到一个抛砖引玉的作用. 有兴趣的读者, 可以在研究过程中, 根据本书介绍的参考资料与自己开展研究的需要, 仔细研读相关专著, 根据实际需要进行深入学习.

本书主要分为四个部分: 半群的 "理想、同余" 方法、半群的 S-系理论、码论基础、半超群理论. 每一部分都自成体系, 学生可以仅学习其中某一部分, 并辅以专著, 就可以对这一方向基本入门. 用一学年的时间, 能够达到阅读前沿文献的水平. 本书内容的选取是如下安排的:

本书第 1 章到第 3 章内容, 主要参考 John M. Howie 的 *Fundamentals of Semigroup Theory* 一书中的部分章节. 选取了该书最基础的内容, 并添加了作者教学科研过程中的例子、注解以及若干理解.

第 4 章概要地介绍了半群的 S-系方法, 这是作者近年主要的研究方向, 可以看作此前已经出版的《半群的 S-系理论》的补充. 本章也添加了一些最新研究结果, 并对研究生学习过程中遇到的难点问题做了阐述, 比如基数和序数的基础内容. 有兴趣研究 S-系理论的读者, 可以学完本章, 根据研究需要参考《半群的 S-系理论》一书. 相信通过本章学习, 用较少的时间, 对半群的 S-系方法就会有一个较为全面的了解和掌握, 可以较快进入这一领域.

第 5 章初步介绍了码论的基本内容, 主要参考了码论的经典教材, 以及 John M. Howie 的 *Fundamentals of Semigroup Theory* 一书的部分内容, 目的是为有志于从事这方面研究的读者呈现一个基本的思路和方向.

第 6 章和第 7 章主要介绍半超群和序半超群. 超结构由于其很强的应用和理论研究的背景, 近年备受关注. 半超群是其中重要的组成部分. 国内对这一领域研究不算太多, 这两章介绍了半超群的一些基础理论和最新进展, 主要内容参考了 B. Davvaz 教授的专著 *Semihypergroup Theory* 一书. 该书 2016 年由 Elsevier 出版社出版, 是半超群理论的重要专著.

第 8 章介绍了半群的其他几个重要研究方向, 具有综述性质, 没有过多展开. 有兴趣从事相关研究的同仁, 可以直接参考本书介绍的专著.

本书的特点之一, 就是对半群代数理论的几个重要的研究方向均有涉及, 希望以较为宽广的视野介绍半群代数理论, 使读者对几个研究方向达到了解和熟悉的程度. 特点之二, 就是在没有展开的内容后面, 介绍了相关的专著, 以及下一步努力的方向. 本书的一些评论内容, 对学习有一定的启发, 大多是研究经验的总结.

本书的出版工作得到以下基金和经费的支持: 甘肃省数学优势学科建设经费; 国家自然科学基金 (11901129,11461060); 教育部高等学校博士学科点专项科研基金项目 (20096203120001); 甘肃省基本科研业务费; 甘肃省陇原青年创新人才扶持计划项目.

半群代数理论的内容非常丰富, 研究方向很多, 要用一本书把半群各个方向都介绍清楚, 几乎是做不到的. 本书在选题上, 仅仅选取了我们较为熟悉和了解的内容, 作为实现我们初衷的大胆尝试. 国内用一本书介绍多个方向的专著不多, 但愿本书能起到抛砖引玉的作用, 使得真正优秀的作品问世, 以推动半群理论的发展.

最后, 借此感谢肇庆学院的谷泽博士、西安电子科技大学的杨丹丹博士给予的支持和帮助.

术业有专攻, 加之作者水平有限, 书中不足之处在所难免, 欢迎读者批评指正, 不胜感激.

作 者

2018 年 7 月

目 录

第 1 章 基 本 概 念

1.1 半群的定义

本书除非特别说明, N 总是表示正整数集.

设 S 是非空集合, μ 是 S 上群胚的二元运算, 也就是说, μ 是 $S \times S$ 到 S 的一个映射, 则通常称 (S, μ) 为所谓的广群 (groupoid). (S, μ) 称为半群 (semigroup), 如果 μ 是结合的, 即对任意的 $a, b, c \in S$,

$$((a, b)\mu, c)\mu = (a, (b, c)\mu)\mu. \tag{1.1.1}$$

通常把二元运算 μ 叫做乘法, 并将 $(a, b)\mu$ 简记为 $a \cdot b$ 或者直接记成 ab, 这样, (1.1.1) 式可以更简便地写成

$$(ab)c = a(bc).$$

这样, 对半群 S 中任意的元素 $x_1, x_2, \cdots, x_n$, $x_1 x_2 \cdots x_n$ 就有唯一确定的结果. 设 n 为任意的正整数, $s \in S$, s^n 代表 n 个 s 的二元运算结果. 基数 $|S|$ 叫做 S 的阶数 (order). 如果对任意的 $x, y \in S$,

$$xy = yx,$$

就称 S 是交换半群. 如果存在 $1 \in S$, 使得对任意的 $x \in S$,

$$x1 = 1x = x,$$

就称 S 是幺半群 (monoid), 1 称为 S 的单位元或者幺元. 在通常情况下, 如果半群 S 没有单位元, 很容易给 S 添加一个单位元 1, 使之成为幺半群 $S \cup \{1\}$. 定义

$$S^1 = \begin{cases} S, & S \text{ 有单位元}, \\ S \cup \{1\}, & \text{否则}. \end{cases}$$

如果半群 S 至少有两个元素, 且包含 $0 \in S$, 使得对任意的 $x \in S$,

$$x0 = 0x = 0,$$

就称 S 是含有零元的半群. 同理, 如果半群 S 没有零元, 可以给 S 添加一个零元 0, 使之成为含有零元的半群 $S \cup \{0\}$. 定义

$$S^0 = \begin{cases} S, & S \text{ 有零元}, \\ S \cup \{0\}, & \text{否则}. \end{cases}$$

尽管可以很容易地给半群 S 添加单位元或者零元, 使之成为幺半群或者含有零元的半群, 但不能把对 S 的研究归结为对幺半群或者含有零元的半群的研究, 也许在此过程中, 未必能保持原半群的一些主要的性质, 例如, 群添加零元之后就不再是群. 但对有些问题的研究, 添加单位元和零元仍然是必要的.

设 A, B 是半群 S 的非空子集, 记

$$AB = \{ab | a \in A, b \in B\}.$$

那么显然可以定义 ABC 以及 $A_1 A_2 \cdots A_n$. 要注意的是, $A^2 = \{a_1 a_2 | a_1, a_2 \in A\}$, 而不是 $\{a^2 | a \in A\}$.

若 G 是群, $G^0 = G \cup \{0\}$ 是个半群, 称之为零群.

半群 S 的非空集合 T 称为半群 S 的子半群, 如果对任意的 $x, y \in T$, 有 $xy \in T$. 换言之 $T^2 \subseteq T$. S 的子半群 T 如果是群, 称为 S 的子群. 半群 S 的非空集合 A 称为半群 S 的左 (右) 理想, 如果 $SA \subseteq A(AS \subseteq A)$. 如果 A 既是左理想, 也是右理想, 就叫做 (双边) 理想. 若左 (右、双边) 理想为 S 的真子集, 就称为 S 的真左 (右, 双边) 理想. 显然, 左 (右) 理想或者理想都是半群的子半群, 但反之未必.

设 S, T 是半群, $\varphi : S \to T$ 是映射, 如果对任意的 $x, y \in S$, 有

$$\varphi(xy) = \varphi(x)\varphi(y), \tag{1.1.2}$$

就称 φ 为 S 到 T 的同态 (homomorphism or morphism). 当 S, T 都是幺半群时, 记 $1_S, 1_T$ 分别是 S 和 T 的单位元, 那么 $\varphi : S \to T$ 除了满足条件 (1.1.2) 外, 还要有性质

$$\varphi(1_S) = 1_T,$$

这时称之为幺半群同态. 需要注意的是, 幺半群同态中, 将一个幺半群的幺元映射成另一个幺半群的幺元, 并不能由半群同态的等式 (1.1.2) 推出, 这是和群同态的一个区别, 因为群满足消去律, 而半群未必.

如果 φ 是单射, 就称为单同态; 如果 φ 是满射, 就称为满同态; 如果 φ 既是单同态, 又是满同态, 就称为同构, 记作 $S \simeq T$.

设 X 是非空集合, 由 X 到自身的全部映射按照映射合成构成的半群, 称为 X 上的全变换半群 (full transformation semigroup), 记作 $\mathcal{T}_X$, 它包含了 X 到 X 的全

部映射, 即全部变换. 由 X 到自身的全部双射按照映射合成构成的半群, 称为 X 上的对称群 (symmetric group), 记作 $\mathcal{G}_X$, 它是 $\mathcal{T}_X$ 的子群. 显然若 $|X| = n$, 那么

$$|\mathcal{T}_X| = n^n, \quad |\mathcal{G}_X| = n!.$$

$\mathcal{T}_X$ 的任意子半群称为变换半群 (transformation semigroup).

从半群 S 到某个 $\mathcal{T}_X$ 的同态, 称为半群 S 通过映射的一个表示 (representation). 后面学习了 S-系理论, 将会发现, S-系其实就是一个表示. 学习到第 6 章, 可以再看看这部分内容, 进行比较. 若该同态是单的, 称为一个忠实表示 (faithful representation). 定理 1.1.1 类似于群论中的凯莱定理 (Cayley's theorem).

定理 1.1.1 设 S 是半群, 令 $X = S^1$, 则存在一个忠实表示 $\varphi: S \to \mathcal{T}_X$.

证明 对任意的 $a \in S$, 定义映射 $\lambda_a: S^1 \to S^1$ 如下

$$\lambda_a(x) = ax \quad (x \in S^1).$$

则 $\lambda_a \in \mathcal{T}_X$, 故存在如下的映射 $\alpha: S \to \mathcal{T}_X$

$$\alpha(a) = \lambda_a \quad (a \in S).$$

该映射 α 是单射, 因为对任意的 $a, b \in S$,

$$\alpha(a) = \alpha(b) \Rightarrow \lambda_a = \lambda_b \Rightarrow (\forall x \in S^1)\lambda_a(x) = \lambda_b(x) \Rightarrow a1 = b1 \Rightarrow a = b.$$

而且, α 是个同态, 因为对任意的 $x \in S^1$,

$$(\lambda_a\lambda_b)(x) = \lambda_a(\lambda_b(x)) = a(bx) = (ab)x = \lambda_{ab}(x),$$

即 $\alpha(ab) = \alpha(a)\alpha(b)$. ∎

该命题中用到的表示 α 被称为扩张的左正则表示 (extended left regular representation). 在该证明中, λ_a 称为左平移, 类似地有右平移的概念. 并且容易看出, 要证明表示是忠实的, 半群的幺元是必须有的.

称半群 S 是矩形带 (rectangular band), 如果对任意的 $a, b \in S$, $aba = a$. 在矩形带的如下等价刻画中, (3) 是直观而容易记忆的, 在举例子的时候, 矩形带是一个重要的选择.

定理 1.1.2 设 S 是半群, 下述条件等价:

(1) S 是矩形带;

(2) S 的每一个元素是幂等元, 并且对任意的 $a, b, c \in S$, $abc = ac$;

(3) 存在左零半群 L 和右零半群 R, 使得 $S \simeq L \times R$;

(4) S 同构于半群 $A \times B$, 其中 A, B 为非空集合, $A \times B$ 上的乘法定义为 $(a_1, b_1)(a_2, b_2) = (a_1, b_2)$.

证明　(1)⇒(2)　设 $a \in S$, 由已知条件 $a^3 = a, a^4 = a^2$, 因此 $a = a(a^2)a = a^4$. 故 $a^2 = a$.

任取 $a, b, c \in S$, 由 (1) 可知 $a = aba, c = cbc$ 以及 $b = b(ac)b$. 因此 $ac = (aba)(cbc) = a(bacb)c = abc$.

(2)⇒(3)　取定 S 中元素 c. 令 $L = Sc, R = cS$. 那么由 (2) 可知对 L 中任意的元素 $x = zc, y = tc$, 有

$$xy = zctc = zc = x.$$

所以 L 是左零半群, 类似地可证 R 是右零半群. 如下定义 $\phi : S \to L \times R$

$$\phi(x) = (xc, cx) \quad (x \in S).$$

那么 ϕ 是单的, 因为若 $\phi(x) = \phi(y)$, 即 $(xc, cx) = (yc, cy)$, 所以 $x = x^2 = xcx = ycx = ycy = y^2 = y$. 而且 ϕ 是满的, 因为对 $(ac, cb) \in L \times R$, 由 (2) 可知 $(ac, cb) = (abc, cab) = \phi(ab)$. 最后 ϕ 是同态, 因为对任意的 $x, y \in S$, 有

$$\phi(xy) = (xyc, cxy) = (xc, cy) = (xcyc, cxcy) = (xc, cx)(yc, cy) = \phi(x)\phi(y).$$

(3)⇒(4)　取 $A = L, B = R$, 结论显然.

(4)⇒(1)　令 $S = A \times B$, 乘法如 (4) 所定义. 那么对 S 中任意的元素 $a = (x, y), b = (z, t)$, 有 $aba = (x, y)(z, t)(x, y) = (x, t)(x, y) = (x, y) = a$. ∎

1.2　循 环 半 群

设 S 是半群, $\{U_i | i \in I\}(I \neq \varnothing)$ 是 S 的子半群族, 设 U 是所有 $U_i(i \in I)$ 的交, 如果 U 是非空的, 则 U 仍然是 S 的子半群. 对 S 的任意非空子集 A, 至少 S 是包含 A 的子半群. S 的所有包含 A 的子半群的交是 S 的子半群, 记作 $\langle A \rangle$, 它满足性质:

(1) $A \subseteq \langle A \rangle$;

(2) S 的任意一个包含 A 的子半群, 必然包含 $\langle A \rangle$.

称 $\langle A \rangle$ 是 S 的由 A 生成的子半群. 很容易证明, $\langle A \rangle$ 中的元素是由 A 中有限个元素的积构成的, 即

$$\langle A \rangle = \{a_1 a_2 \cdots a_n | a_1, a_2, \cdots, a_n \in A\}.$$

如果 $\langle A \rangle = S$, 就称 A 是半群 S 的生成集. 一个有限半群 S 的秩 (rank) 定义为

$$\mathrm{rank} S = \min\{|A| : A \subseteq S, \langle A \rangle = S\}.$$

若 A 中只有有限个元素, 如 $A = \{a_1, a_2, \cdots, a_n\}$, 那么 $\langle A \rangle = \langle a_1, a_2, \cdots, a_n \rangle$. 特别地, 如果 $A = \{a\}$, 那么

$$\langle a \rangle = \{a, a^2, \cdots, a^n, \cdots\}.$$

当 S 是幺半群, 那么由 a 生成的子幺半群指的是

$$\langle a \rangle = \{1, a, a^2, \cdots, a^n, \cdots\}.$$

称半群 S 为循环半群, 如果 $S = \langle a \rangle$. 众所周知, 循环群在同构意义下只有两类, 整数加群和剩余类加群, 那么循环半群 $\langle a \rangle = \{a, a^2, \cdots, a^n, \cdots\}$ 呢? 我们分两种情况来看:

(1) $\langle a \rangle = \{a, a^2, \cdots, a^n, \cdots\}$ 中任意两个元素都不相等, 即

$$a^m = a^n \Rightarrow m = n.$$

在这种情况下, 显然 $\langle a \rangle$ 同构于正整数关于数的加法构成的半群. 在这种情况下, 就称 $\langle a \rangle$ 是无限的循环半群, 元素 a 的阶数为无限阶.

(2) $\langle a \rangle = \{a, a^2, \cdots, a^n, \cdots\}$ 中存在两个元素是相等的, 即如下的集合

$$\{x \in N | (\exists y \in N) a^x = a^y, x \neq y\}$$

是非空的, 那么由最小数原理, 该集合中必然存在一个最小的正整数. 记这个最小的正整数为 m, 称之为 a 的指数 (index). 因此, 集合

$$\{x \in N | (\exists m \in N) a^{m+x} = a^m\}$$

也是非空的, 其中的最小正整数记作 r, 称之为 a 的周期 (period). 有时候也说 m, r 分别是循环半群 $\langle a \rangle$ 的指数和周期.

设 S 中元素 a 的指数为 m, 周期为 r, 那么由定义,

$$a^m = a^{m+r}. \tag{1.2.1}$$

显然

$$a^m = a^{m+r} = a^m a^r = a^{m+r} a^r = a^{m+2r},$$

更一般地, 有

$$(\forall q \in N) \quad a^m = a^{m+qr}.$$

由 m 和 r 的最小性, 以下元素

$$a, a^2, \cdots, a^m, a^{m+1}, a^{m+2}, \cdots, a^{m+r-1}$$

是互不相同的. 对任意的正整数 $s \geqslant m$, 由带余除法定理, $s = m + qr + u$, 其中 $q \geqslant 0, 0 \leqslant u \leqslant r - 1$. (这个等式可以看成以 $s - m$ 为被除数, 以 r 为除数作带余除法.)

那么

$$a^s = a^{m+qr+u} = a^{m+u};$$

这样

$$\langle a \rangle = \{a, a^2, \cdots, a^{m+r-1}\} \quad \text{且} \quad |\langle a \rangle| = m + r - 1.$$

此时我们说 a 是有限阶的.

$\langle a \rangle$ 的子集 $K_a = \langle a \rangle = \{a^m, a^{m+1}, a^{m+2}, \cdots, a^{m+r-1}\}$ 事实上是 $\langle a \rangle$ 的一个理想, 称之为 $\langle a \rangle$ 的核. 下面说明, K_a 也是 $\langle a \rangle$ 的子群.

对任意的元素 $a^{m+u}, a^{m+v} \in K_a$, 总能够找到非负整数 $x(0 \leqslant x \leqslant r - 1)$, 使得

$$a^{m+u}a^{m+x} = a^{m+v}.$$

例如可以选择 x 使得

$$x \equiv v - u - m \pmod{r} \quad \text{且} \quad 0 \leqslant x \leqslant r - 1.$$

由抽象代数中剩余类加群的知识可以知道, 上述 r 个数构成了模 r 的剩余类加群的全部代表元, 很容易找到正整数 $g(0 \leqslant g \leqslant r - 1)$, 使得 $m + g \equiv 1 \pmod{r}$. 因此, 对任意的非负整数 $k, k(m + g) \equiv k \pmod{r}$. 那么 K_a 是由 a^{m+g} 生成的循环群. 如果取非负整数 $z(0 \leqslant z \leqslant r - 1)$, 使得 $m + z \equiv 0 \pmod{r}$, 那么 a^{m+z} 就是群 K_a 的单位元, 当然也是幂等元.

例 1.2.1 令 $X = \{1, 2, 3, 4, 5, 6, 7\}$, 考虑 $\mathcal{T}_X$ 中如下的元素

$$\alpha = \begin{pmatrix} 1 & 2 & 3 & 4 & 5 & 6 & 7 \\ 2 & 3 & 4 & 5 & 6 & 7 & 5 \end{pmatrix},$$

通过简单计算容易知道, α 的指数是 4, 周期是 3, 其核 $K_\alpha = \{\alpha^4, \alpha^5, \alpha^6\}$, 其乘法表为

	α^4	α^5	α^6
α^4	α^5	α^6	α^4
α^5	α^6	α^4	α^5
α^6	α^4	α^5	α^6

容易看出, α^6 是其单位元, α^4 是其生成元. $\langle \alpha \rangle$ 可以用图 1.1 来表示.

图 1.1

定理 1.2.2 总结了循环半群的性质.

定理 1.2.2 设 a 是半群 S 中的一个元素, 那么

(1) 如果 $\langle a \rangle$ 的所有幂次均互不相等, 那么 $\langle a \rangle$ 同构于正整数按照整数的加法构成的半群;

(2) 存在正整数 m 和 r, 分别是元素 a 的指数和周期, 并具有以下的性质:

(a) $a^m = a^{m+r}$;

(b) 对任意的 $u, v \in N^0$, $a^{m+u} = a^{m+v}$ 当且仅当 $u \equiv v(\bmod r)$;

(c) $\langle a \rangle = \{a, a^2, \cdots, a^m, a^{m+1}, \cdots, a^{m+r-1}\}$;

(d) $K_a = \{a^m, a^{m+1}, \cdots, a^{m+r-1}\}$ 是 $\langle a \rangle$ 的循环子群.

对于任意半群 S, 以及给定的一对正整数 m 和 r, 未必存在 S 中的元素 a, 使得 a 的指数为 m, 周期为 r. 然而, 容易发现, 以下元素

$$\alpha = \begin{pmatrix} 1 & 2 & 3 & \cdots & m & m+1 & \cdots & m+r-1 & m+r \\ 2 & 3 & 4 & \cdots & m+1 & m+2 & \cdots & m+r & m+1 \end{pmatrix}$$

为变换半群 $\mathcal{T}_{\{1,2,\cdots,m+r\}}$ 中指数为 m, 周期为 r 的元素.

容易看出, 如果 a, b 分别是同一半群或者不同半群中两个有限阶元素, 那么显然 $\langle a \rangle \simeq \langle b \rangle$ 当且仅当 a 与 b 有相同的指数与周期. 所以, 从同构的角度看, 指数与周期分别为 m 和 r 的循环半群只有一个, 记作 $M(m, r)$. 显然 $M(1, r)$ 是阶为 r 的循环群.

半群 S 称为周期的, 如果 S 中的每一个元素都是有限阶的. 由定理 1.2.2, 以下结论是显然的.

命题 1.2.3 周期半群中任意元素的某次幂必为幂等元, 特别在有限半群中, 至少存在一个幂等元.

由定理 1.2.2, 对有限半群 S 中任意的元素 a, $\langle a \rangle = \{a, a^2, \cdots, a^m, a^{m+1}, \cdots, a^{m+r-1}\}$ 就是有限循环子半群, 必存在幂等元, 幂等元等于某个 $a^k (1 \leqslant k \leqslant m+r-1)$, 显然 $m+r-1 \leqslant |S|$, 故 $a^{|S|!}$ 必为幂等元.

1.3 偏序集与半格

设 X 是一个非空集合, 笛卡儿积 $X \times X$ 的任意子集 ρ, 称为 X 上的一个二元关系 (binary relation). 对任意的 $x, y \in X$, 如果 $(x, y) \in \rho$, 就称 x 与 y 是相关的,

通常也写成 $x\rho y$. $X \times X$ 的空子集、$X \times X$ 本身都是 X 上的二元关系, 后者就是所谓的泛关系 (universal relation). X 上的以下二元关系

$$1_X = \{(x,x) \in X \times X | x \in X\},$$

称之为恒等关系 (equality relation).

X 上的二元关系 ρ 称为 X 上的偏序关系, 如果 ρ 满足以下三个条件:

(1) 自反性 (reflexive): 对任意的 $x \in X$, 都有 $(x,x) \in \rho$;

(2) 反对称性 (antisymmetric): 对任意的 $x,y \in X$, 如果 $(x,y) \in \rho$ 且 $(y,x) \in \rho$, 那么 $x = y$;

(3) 传递性 (transitive): 对任意的 $x,y,z \in X$, 如果 $(x,y) \in \rho$ 且 $(y,z) \in \rho$, 那么 $(x,z) \in \rho$.

有时候为了直观, 也将集合上的偏序关系记为 $\leqslant$. 如果一个幺半群 S 上有偏序关系 $\leqslant$, 就称为序幺半群 (partial order monoid).

如果偏序还满足以下性质:

(4) $(\forall x,y \in X) x \leqslant y$ 或者 $y \leqslant x$.

则称该偏序为全序 (total order), 偏序集或者全序集一般记作 $(X, \leqslant)$ 或者 X.

设 Y 是偏序集 $(X, \leqslant)$ 的非空子集. $a \in Y$, a 为 Y 的极小元 (minimal element), 如果 Y 中没有元素比 a 严格小, 换言之

$$(\forall y \in Y) \ y \leqslant a \Rightarrow y = a.$$

Y 中元素 b 称为 Y 的最小元 (minimum), 如果

$$(\forall y \in Y) \ b \leqslant y.$$

显然最小元是极小的, 但反之未必. 下面的命题是显然的.

命题 1.3.1 设 Y 是某个偏序集 X 的非空子集, 那么

(1) Y 最多有一个最小元;

(2) 若 Y 是全序的, 则极小性和最小性是等价的.

称偏序集 $(X, \leqslant)$ 满足极小条件 (satisfies minimal condition), 如果 X 的每一个非空子集有一个极小元. 全序集 $(X, \leqslant)$ 若满足极小条件, 称为良序集 (well-ordered set). 极大元、最大元、极大条件的定义是类似的.

若 Y 是 $(X, \leqslant)$ 的非空子集, $c \in X$, c 称为 Y 的下界 (lower bound), 如果对任意的 $y \in Y$ 有 $c \leqslant y$. 如果下界的集合非空, 并且有一个最大元 d, 就称 d 为 Y 的最大下界 (greatest lower bound), 也叫下确界 (meet). 元素 d 若存在, 必唯一, 记作

$$d = \wedge\{y | y \in Y\}.$$

若 $Y = \{a, b\}$, 则记 $d = a \wedge b$.

若 $(X, \leqslant)$ 满足条件: 对任意的 $a, b \in X$, $a \wedge b$ 存在, 则称 $(X, \leqslant)$ 为下半格 (lower semilattice). 若对 X 的任意非空子集 Y, $\bigwedge\{y | y \in Y\}$ 存在, 则称 $(X, \leqslant)$ 为完全下半格 (complete lower semilattice). 若 $(X, \leqslant)$ 为下半格, 则对任意的 $a, b \in X$,

$$a \leqslant b \text{ 当且仅当 } a \wedge b = a. \tag{1.3.1}$$

类似地可以定义, 最小上界 (least upper bound), 或者上确界 (join), 记作

$$d = \vee\{y | y \in Y\}.$$

两个元素 a, b 的上确界记作 $a \vee b$. 也有上半格 (upper semilattice) 以及完全上半格 (complete upper semilattice) 的概念.

若 $(X, \leqslant)$ 既是上半格, 又是下半格, 则称之为格 (lattice). 在此情形下, 格一般记作 $(X, \leqslant, \wedge, \vee)$. X 的子格 Y 指的是 X 的一个非空子集 Y, 满足条件

$$a, b \in Y \Rightarrow a \wedge b, a \vee b \in Y.$$

若 $(X, \leqslant)$ 既是完全上半格, 又是完全下半格, 则称之为完全格 (complete lattice).

设 $(E, \leqslant)$ 是下半格. 容易证明, 对任意的 $a, b, c \in E$, $(a \wedge b) \wedge c$ 与 $a \wedge (b \wedge c)$ 都是 $\{a, b, c\}$ 的下确界, 由此可得

$$(a \wedge b) \wedge c = a \wedge (b \wedge c).$$

由此可知, $(E, \wedge)$ 是个半群. 由于对任意的 $a \in E$, $a \wedge a = a$, 并且对任意的 $a, b \in E$, $a \wedge b = b \wedge a$, 结合等式 (1.3.1), 相当于部分地证明了下述命题.

命题 1.3.2 设 $(E, \leqslant)$ 是下半格. 那么 $(E, \wedge)$ 是由幂等元构成的交换半群, 并且

$$(\forall a, b \in E) \ a \leqslant b \text{ 当且仅当 } a \wedge b = a.$$

反之, 若 $(E, \cdot)$ 是由幂等元构成的交换半群, 则如下定义的关系 $\leqslant$

$$a \leqslant b \text{ 当且仅当 } ab = a \tag{1.3.2}$$

是 E 上的偏序关系, 并且 $(E, \leqslant)$ 是下半格, 并且在 $(E, \leqslant)$ 中, 元素 a, b 的下确界为乘积 ab.

证明 设 $(E, \cdot)$ 是由幂等元构成的交换半群. 并且假设 $\leqslant$ 按照 (1.3.2) 定义. 对任意的 $a \in E$, 因为 $a^2 = a$, 所以立即就有 $a \leqslant a$. 假设 $a \leqslant b$ 且 $b \leqslant a$, 那么 $ab = a$ 且 $ba = b$, 故

$$a = ab = ba = b.$$

若 $a, b, c \in E$, 使得 $a \leqslant b, b \leqslant c$, 那么 $ab = a, bc = b$. 故

$$ac = (ab)c = a(bc) = ab = a,$$

所以 $a \leqslant c$. 这就证明了 $\leqslant$ 是偏序.

由于 $a(ab) = a^2b = ab, b(ab) = ab^2 = ab$, 所以有 $ab \leqslant a, ab \leqslant b$. 假设 $c \leqslant a$ 且 $c \leqslant b$, 那么

$$c(ab) = (ca)b = cb = c,$$

这说明 $c \leqslant ab$. 因此 ab 是 $\{a, b\}$ 的唯一的最大下界, 即下确界.   ■

由命题 1.3.2, 下半格与幂等元构成的交换半群等价, 常常根据问题的需要, 从不同角度 (半群或者偏序集) 去看这类半群, 并常常用半格指这类半群, 例如后面章节中用到的 "半格分解" 中的 "半格", 就指这类半群.

当偏序集 $(X, \leqslant)$ 有限的时候, 常常用所谓哈塞图 (Hasse diagram) 来给出形象的表示. 在这个图中, 用黑色小圆点表示元素, 对任意的 $a, b \in X$, 若 $a < b$ 并且没有 X 中元素 x 使得 $a < x < b$, 则用图 1.2 表示.

图 1.2

换言之, 元素 b 在水平位置上比 a 高, 并且之间有一条连线. 如果两个元素没有偏序关系, 则没有连线. 令 $X = \{1, 2, 3, 5, 30, 60, 120, 180\}$, 在 X 上定义偏序关系为

$$a \leqslant b \text{ 当且仅当 } a|b, \text{ 即 } a \text{ 可以被 } b \text{ 整除.}$$

该偏序集可以用如下的哈塞图来表示 (图 1.3).

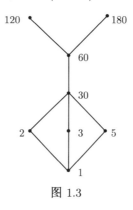

图 1.3

1.4 二元关系与同余

研究半群的结构, 一种很重要的方法就是考虑半群上的同余关系, 其思想类似于考虑环的商环. 本节主要介绍半群上同余的基础知识.

非空集合 X 上所有二元关系的集合记作 $\mathcal{B}_X$, 在 $\mathcal{B}_X$ 上定义运算 $\circ$ 如下. 对任意的 $\rho, \sigma \in \mathcal{B}_X$,

$$\rho \circ \sigma = \{(x,y) \in X \times X | (\exists z \in X)(x,z) \in \rho \text{ 且 } (z,y) \in \sigma\}, \tag{1.4.1}$$

容易验证, 对任意的 $\rho, \sigma, \tau \in \mathcal{B}_X$,

$$\rho \subseteq \sigma \Rightarrow \rho \circ \tau \subseteq \sigma \circ \tau \quad \text{且} \quad \tau \circ \rho \subseteq \tau \circ \sigma, \tag{1.4.2}$$

$$(\rho \circ \sigma) \circ \tau = \rho \circ (\sigma \circ \tau). \tag{1.4.3}$$

所以有如下的结论.

命题 1.4.1 设 $\mathcal{B}_X$ 是集合 X 上所有二元关系的集合, $\circ$ 是 (1.4.1) 定义的二元运算. 那么 $(\mathcal{B}_X, \circ)$ 是半群.

为简便, 对 $\rho \in \mathcal{B}_X$, 一般把 $\rho \circ \rho$ 记作 ρ^2, 把 $\rho \circ \rho \circ \rho$ 记作 ρ^3, 类似地, 有 ρ^n 的记号, 其中 n 是任意的正整数. 定义 ρ 的定义域 (domain) $\mathrm{dom}\,\rho$ 为

$$\mathrm{dom}\rho = \{x \in X | (\exists y \in X)(x,y) \in \rho\}.$$

定义 ρ 的像 (image) $\mathrm{im}\rho$ 为

$$\mathrm{im}\rho = \{y \in X | (\exists x \in X)(x,y) \in \rho\}.$$

显然对任意的 $\rho, \sigma \in \mathcal{B}_X$,

$$\rho \subseteq \sigma \Rightarrow \mathrm{dom}\rho \subseteq \mathrm{dom}\sigma \quad \text{且} \quad \mathrm{im}\rho \subseteq \mathrm{im}\sigma. \tag{1.4.4}$$

对任意的 $x \in X$ 以及 $\rho \in \mathcal{B}_X$, 定义 X 的子集 $x\rho$ 为

$$x\rho = \{y \in X | (x,y) \in \rho\}.$$

对任意的 $\rho \in \mathcal{B}_X$, 定义 ρ 的逆 (converse) 为

$$\rho^{-1} = \{(x,y) | (y,x) \in \rho\}.$$

当然, $\rho^{-1} \in \mathcal{B}_X$, 并且容易验证, 对任意的 $\rho, \sigma, \rho_1, \rho_2, \cdots, \rho_n \in \mathcal{B}_X$, 有

$$(\rho^{-1})^{-1} = \rho, \tag{1.4.5}$$

$$(\rho_1 \circ \rho_2 \circ \cdots \circ \rho_n)^{-1} = \rho_n^{-1} \circ \rho_{n-1}^{-1} \circ \cdots \circ \rho_1^{-1}, \tag{1.4.6}$$

$$\rho \subseteq \sigma \Rightarrow \rho^{-1} \subseteq \sigma^{-1}, \tag{1.4.7}$$

$\mathcal{B}_X$ 中的一个元素 ϕ 称为 X 上的部分映射 (partial map), 如果对任意的 $x \in X$, $|x\phi| = 1$. 换言之, 对任意的 $x, y_1, y_2 \in X$,

$$(x, y_1) \in \phi \quad \text{且} \quad (x, y_2) \in \phi \Rightarrow y_1 = y_2. \tag{1.4.8}$$

部分映射 ϕ 称为一对一的 (one-one), 如果对任意的 $(x_1, y_1), (x_2, y_2) \in \phi$, $x_1 \neq x_2 \Rightarrow y_1 \neq y_2$.

一个部分映射 ϕ 称为 X 上的映射 (map, function), 如果 $\mathrm{dom}\phi = X$. 显然可以看出, 部分映射就是我们通常讲的映射的推广, 而二元关系又是部分映射的推广. 若 ϕ, ψ 是集合 X 上的部分映射, 如果 $\phi \subseteq \psi$, 就称 ϕ 是 ψ 的限制 (restriction), ψ 是 ϕ 的扩张 (extension). 特别地, 若 $\mathrm{dom}\phi = A \subset \mathrm{dom}\psi$, 就把 ϕ 记作 $\psi|_A$.

利用 (1.4.8) 容易证明命题 1.4.2.

命题 1.4.2 由集合 X 上全体部分映射构成的集合 $\mathcal{P}_X$ 是 $\mathcal{B}_X$ 的一个子半群; 由集合 X 上全体映射构成的集合 $\mathcal{T}_X$ 是 $\mathcal{P}_X$ 的一个子半群.

下面的命题刻画了 $\mathcal{P}_X$ 中元素的合成关系.

命题 1.4.3 设 $\phi, \psi \in \mathcal{P}_X$, 那么

$$\mathrm{dom}(\phi \circ \psi) = (\mathrm{im}\phi \cap \mathrm{dom}\psi)\phi^{-1},$$
$$\mathrm{im}(\phi \circ \psi) = (\mathrm{im}\phi \cap \mathrm{dom}\psi)\psi.$$

证明 设 $x \in (\phi \circ \psi)$. 那么存在 $y, z \in X$, 使得 $(x, z) \in \phi, (z, y) \in \psi$. 显然 $z \in \mathrm{im}\phi \cap \mathrm{dom}\psi$ 且 $(z, x) \in \phi^{-1}$. 所以

$$x \in z\phi^{-1} \subseteq (\mathrm{im}\phi \cap \mathrm{dom}\psi)\phi^{-1}.$$

反之, 若 $x \in (\mathrm{im}\phi \cap \mathrm{dom}\psi)\phi^{-1}$, 则存在 $z \in \mathrm{im}\phi \cap \mathrm{dom}\psi$, 使得 $x \in z\phi^{-1}$, 即 $(x, z) \in \phi$. 由于 $z \in \mathrm{dom}\psi$, 存在 $y \in X$, 使得 $(z, y) \in \psi$. 因此 $(x, y) \in \phi \circ \psi$, 故 $x \in \mathrm{dom}(\phi \circ \psi)$. 这样就证明了

$$\mathrm{dom}(\phi \circ \psi) = (\mathrm{im}\phi \cap \mathrm{dom}\psi)\phi^{-1}.$$

另一个等式按照定义类似可证. ∎

下面的结论是不言自明的.

命题 1.4.4 设 X 是非空集合.

(1) 若 $\phi \in \mathcal{P}_X$, 那么 $\phi^{-1} \in \mathcal{P}_X$ 当且仅当 ϕ 是一对一的;

(2) 若 $\phi \in \mathcal{T}_X$, 那么 $\phi^{-1} \in \mathcal{T}_X$ 当且仅当 ϕ 是双射.

这样, X 上的偏序关系 ρ 也可以刻画如下, 即

(1) $1_X \subseteq \rho$(自反性);

(2) $\rho \cap \rho^{-1} = 1_X$(反对称性);

(3) $\rho \circ \rho \subseteq \rho$(传递性).

X 上的二元关系 ρ 称为等价关系 (equivalence relation), 如果 ρ 是自反的、传递的, 并且满足对称性:

$$(\forall x, y \in X)(x, y) \in \rho \Rightarrow (y, x) \in \rho.$$

容易知道, ρ 的对称性也就等价于 $\rho = \rho^{-1}$. 由 (1.4.3) 容易知道, 若 ρ 为 X 上的等价关系, 则传递性也就等价于 $\rho = \rho \circ \rho$.

由 (1.4.4) 可知, 若 ρ 是 X 上的等价关系, 那么 $X = \mathrm{dom}1_X \subseteq \mathrm{dom}\rho$, $X = \mathrm{im}1_X \subseteq \mathrm{im}\rho$, 因此 $\mathrm{dom}\rho = \mathrm{im}\rho = X$.

称 X 的子集族 $\pi = \{X_i | i \in I\}$ 构成了 X 的一个划分 (partition), 如果满足以下条件:

(1) 每一个 X_i 都不是空集;

(2) 对任意的 $i, j \in I$, 要么 $X_i = X_j$, 要么 $X_i \cap X_j = \varnothing$;

(3) $\cup \{X_i | i \in I\} = X$.

下面的结论证明是显然的.

命题 1.4.5 设 ρ 是集合 X 上的等价关系, 那么 X 的子集族

$$\Phi(\rho) = \{x\rho | x \in X\}$$

就是 X 的一个划分; 反之, 如果 $\pi = \{X_i | i \in I\}$ 是 X 的一个划分, 那么

$$\Psi(\pi) = \{(x, y) \in X \times X | \text{存在 } i \in I, \text{ 使得 } x, y \in X_i\}$$

就是 X 上的一个等价关系. 并且 $\Psi(\Phi(\rho)) = \rho, \Phi(\Psi(\pi)) = \pi$.

设 ρ 是 X 上的等价关系, 对任意的 $x, y \in X$, 一般用 $x\rho y$ 或者 $x \equiv y(\mathrm{mod}\rho)$ 来表示 $(x, y) \in \rho$. X 的等价类的集合称为 X 关于 ρ 的商集, 记作 X/ρ, x 所在的等价类记作 $x\rho$, 称之为 ρ-类或者等价类. 从 X 到 X/ρ 有一个自然的映射

$$x\rho^\sharp = x\rho. \tag{1.4.9}$$

下面的命题揭示了等价关系与映射之间的联系.

命题 1.4.6 设 $\phi : X \to Y$ 是映射, 那么 $\phi \circ \phi^{-1}$ 是 X 上的等价关系.

证明 利用以下等式即可

$$\phi \circ \phi^{-1} = \{(x, y) \in X \times X | \text{存在 } z \in X, \text{ 使得 } (x, z) \in \phi, (z, y) \in \phi^{-1}\}$$
$$= \{(x, y) \in X \times X | x\phi = y\phi\}. \qquad \blacksquare$$

称 $\phi \circ \phi^{-1}$ 为 ϕ 的核, 记作 $\mathrm{Ker}\phi = \phi \circ \phi^{-1}$. 显然可以看出, $\mathrm{Ker}\rho^{\natural} = \rho$.

设 S 是半群. S 上的一个二元关系 R 称为左相容的 (left compatible), 如果对任意的 $a, s, t \in S$, $(s, t) \in R$ 可以推出 $(as, at) \in R$. R 称为右相容的 (right compatible), 如果对任意的 $a, s, t \in S$, $(s, t) \in R$ 可以推出 $(sa, ta) \in R$. R 称为相容的 (compatible), 如果对任意的 $s, t, s', t' \in S$, $(s, t) \in R$ 并且 $(s', t') \in R$ 可以推出 $(ss', tt') \in R$. 一个左 (右) 相容的等价关系称为一个左 (右) 同余 (congruence). 一个相容的等价关系称为一个同余 (congruence). 容易证明以下命题.

命题 1.4.7   半群 S 上的等价关系 ρ 是同余当且仅当它既是左同余又是右同余.

若 ρ 是半群 S 上的同余, 可以用一种自然的方式在商集 S/ρ 上定义如下的二元运算

$$(a\rho)(b\rho) = (ab)\rho, \tag{1.4.10}$$

该运算是有意义的, 即与代表元的选择无关, 因为对任意的 $a, a', b, b' \in S$,

$$a\rho = a'\rho \text{ 且 } b\rho = b'\rho \Rightarrow (a, a') \in \rho \text{ 且 } (b, b') \in \rho$$
$$\Rightarrow (ab, a'b') \in \rho$$
$$\Rightarrow (ab)\rho = (a'b')\rho.$$

该运算显然是结合的, 因此 S/ρ 是半群.

定理 1.4.8   若 S 是半群, ρ 是 S 上的同余. 则 S/ρ 按照等式 (1.4.10) 定义的运算成为半群, 且由等式 (1.4.9) 定义的从 S 到 S/ρ 的满射 $\rho^{\natural}$ 是同态.

若 T 是半群, $\phi : S \to T$ 为同态. 则关系

$$\ker\phi = \phi \circ \phi^{-1} = \{(a, b) \in S \times S | a\phi = b\phi\}$$

是 S 上的同余, 并且存在单同态 $S/\ker\phi \to T$, 使得 $\mathrm{im}\alpha = \mathrm{im}\phi$ 以及交换图 (图 1.4).

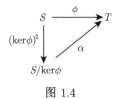

图 1.4

证明   显然 $(\ker\phi)^{\natural}$ 是同态. 假设 $\phi : S \to T$ 是同态, 由命题 1.4.6 可知 $\phi \circ \phi^{-1}$ 是等价关系, 下证它是同余. 假设 $(a, a'), (b, b') \in \ker\phi$. 那么 $a\phi = a'\phi$ 且 $b\phi = b'\phi$, 因此

$$(ab)\phi = (a\phi)(b\phi) = (a'\phi)(b'\phi) = (a'b')\phi.$$

即 $(ab, a'b') \in \ker\phi$. 将 $\ker\phi$ 简记为 κ(中文读作看坡), 如下定义 $\alpha : S/\kappa \to T$

$$(a\kappa)\alpha = a\phi \quad (a \in S),$$

那么 α 是有定义的, 并且是单的, 因为

$$a\kappa = b\kappa \Leftrightarrow (a, b) \in \kappa \Leftrightarrow a\phi = b\phi.$$

因为对任意的 $a, b \in S$,

$$[(a\kappa)(b\kappa)]\alpha = [(ab)\kappa]\alpha = (ab)\phi$$
$$= (a\phi)(b\phi) = [(a\kappa)\alpha][(b\kappa)\alpha].$$

故它是同态. 显然, $\mathrm{im}\alpha = \mathrm{im}\phi$, 并且从 α 的定义可知, 对任意的 $a \in S$, $\kappa^\natural\alpha = a\phi$. ∎

下面的定理更具有一般性, 并且很常用.

定理 1.4.9 若 ρ 是半群 S 上的同余, $\phi : S \to T$ 为同态且 $\rho \subseteq \ker\phi$, 则存在唯一的同态 $\beta : S/\rho \to T$ 使得图 1.5 可交换.

图 1.5

证明 定义 $\beta : S/\rho \to T$ 如下

$$(a\rho)\beta = a\phi \quad (a \in S). \tag{1.4.11}$$

因为对任意的 $a, b \in S$,

$$a\rho = b\rho \Rightarrow (a, b) \in \rho \Rightarrow (a, b) \in \ker\phi \Rightarrow a\phi = b\phi.$$

易验证 β 是同态且满足 $\rho^\natural \circ \beta = \phi$. β 的唯一性显然, 因为任意满足 $\rho^\natural \circ \beta = \phi$ 的同态都如等式 (1.4.11) 所定义. ∎

设 S 是非空集合 X 上的二元关系且 $1_X \subseteq S$, 那么显然 $S \subseteq S \circ S \subseteq S \circ S \circ S \subseteq \cdots$, 可以简记为 $S \subseteq S^2 \subseteq S^3 \subseteq \cdots$. 如下关系

$$S^\infty = \cup\{S^n | n \geqslant 1\} \tag{1.4.12}$$

称为关系 S 的传递闭包 (transitive closure).

引理 1.4.10 对非空集合 X 上任意的自反关系 S, 由 (1.4.12) 定义的关系 S^∞ 是 X 上包含 S 的最小的传递关系.

证明 先证明 S^∞ 是传递的. 假设 $(x,y),(y,z) \in S^\infty$. 那么存在正整数 m,n, 使得 $(x,y) \in S^m,(y,z) \in S^n$, 因此 $(x,z) \in S^m \circ S^n = S^{m+n}$.

最后, 设 T 是任意包含 S 的传递关系, 那么 $S \circ S \subseteq T \circ T \subseteq T$, 类似地可以证明对任意的 n, $S^n \subseteq T$, 故 $S^\infty \subseteq T$. ■

设 R 是非空集合 X 上的二元关系, X 上包含 R 的最小的等价关系称为由 R 生成的等价关系, 记作 R^e. 下面的命题给出了 R^e 的刻画.

命题 1.4.11 对非空集合 X 上的任意的二元关系 R, $R^e = [R \cup R^{-1} \cup 1_X]^\infty$.

证明 显然由引理 1.4.10, $E = (R \cup R^{-1} \cup 1_X)^\infty$ 是包含 R 的传递的二元关系. 因为 $1_X \subseteq R \cup R^{-1} \cup 1_X \subseteq E$, E 是自反的. 当然 $S = R \cup R^{-1} \cup 1_X$ 是对称的, 故对任意的自然数 n, $S^n = (S^{-1})^n = (S^n)^{-1}$. 所以 S^n 是对称的, 那么由 $(x,y) \in E$, 存在正整数 n, 使得 $(x,y) \in S^n$, 从而 $(y,x) \in S^n$, 即 $(y,x) \in E$. 这说明 E 是包含 R 的等价关系.

假设 σ 是包含 R 的等价关系, 那么 $1_X \subseteq \sigma$ 且 $R^{-1} \subseteq \sigma^{-1} = \sigma$. 所以 $S = R \cup R^{-1} \cup 1_X \subseteq \sigma$. 用常规的方法很容易证明 $E \subseteq \sigma$. ■

该命题可以描述如下.

命题 1.4.12 若 R 是非空集合 X 上的二元关系且 R^e 是包含 R 的最小等价关系, 那么 $(x,y) \in R^e$ 当且仅当要么 $x = y$, 要么存在某个正整数 n 以及如下的传递序列 $x = z_1 \to z_2 \to \cdots \to z_n = y$, 其中对任意的 $i \in \{1,2,\cdots,n-1\}$, $(z_i, z_{i+1}) \in R$ 或者 $(z_{i+1}, z_i) \in R$.

设 R 是非空集合 X 上的二元关系, X 上包含 R 的最小的同余称为由 R 生成的同余, 记作 $R^\sharp$. 为了给出 $R^\sharp$ 的特征, 先定义

$$R^c = \{(xay, xby)|x,y \in S^1, (a,b) \in R\}.$$

那么可得如下结论.

引理 1.4.13 R^c 是包含 R 的最小的左、右相容关系.

证明 按照定义显然. ■

引理 1.4.14 设 R 是半群 S 上的左、右相容关系. 那么对任意的正整数 n, $R^n(= R \circ R \circ \cdots \circ R)$ 是左、右相容关系.

证明 设 $(s,t) \in R^n$, 那么存在 $z_1, z_2, \cdots, z_n \in S$, 使得

$$(s,z_1),(z_1,z_2),\cdots,(z_{n-1},t) \in R.$$

由假设 R 是左、右相容的, 对任意的 $a \in S$,

$$(as, az_1), (az_1, az_2), \cdots, (az_{n-1}, at) \in R,$$
$$(sa, z_1 a), (z_1 a, z_2 a), \cdots, (z_{n-1} a, ta) \in R.$$

因此, $(as, at) \in R^n$, $(sa, ta) \in R^n$. ∎

命题 1.4.15 对半群 S 上的任意的二元关系 R, $R^\sharp = (R^c)^e$.

证明 由命题 1.4.11, $(R^c)^e$ 是包含 R^c 的等价关系, 当然包含 R. 为了证明 $(R^c)^e$ 是同余, 需要证明它是左、右相容的. 假设 $(s, t) \in (R^c)^e$ 以及 $a \in S$, 由命题 1.4.11, 存在正整数 n, 使得 $(s, t) \in S^n$, 其中 $S = R^c \cup (R^c)^{-1} \cup 1_S$. 容易看出 $1_S^c = 1_S$, 故易知

$$S = R^c \cup (R^c)^{-1} \cup 1_S = (R \cup R^{-1} \cup 1_S)^c.$$

故由引理 1.4.13 和引理 1.4.14 可知 S^n 是左、右相容的. 所以

$$(as, at) \in S^n \subseteq (R^c)^e, \quad (sa, ta) \in S^n \subseteq (R^c)^e,$$

故 $(R^c)^e$ 是 S 上包含 R 的同余.

任取包含 R 的同余 ρ, 由引理 1.4.13 可知 $\rho^c = \rho$, 所以

$$R^c \subseteq \rho^c = \rho.$$

从而 ρ 是 S 上包含 R^c 的等价关系, 所以由命题 1.4.11 可知 $(R^c)^e \subseteq \rho$. ∎

如果 $c, d \in S$, 使得

$$c = xay, \quad d = xby,$$

其中 $x, y \in S^1$, $(a, b) \in R$ 或者 $(b, a) \in R$, 就称 c 通过一个初等的 R-传递连接到 d. 因此有如下的命题.

命题 1.4.16 设 R 是半群 S 上的二元关系, $a, b \in S$. 如下条件等价:

(1) $(a, b) \in R^\sharp$;

(2) $a = b$ 或者存在从 a 到 b 的初等的 R-传递

$$a = z_1 \to z_2 \to \cdots \to z_n = b.$$

(3) $a = b$ 或者存在 $c_i, d_i, x_i, y_i \in S$, $i = 1, 2, \cdots, n$, 使得

$$a = x_1 c_1 y_1 \quad x_2 d_2 y_2 = x_3 c_3 y_3$$
$$x_1 d_1 y_1 = x_2 c_2 y_2 \qquad \cdots x_n d_n y_n = b,$$

其中对任意的 $i \in \{1, 2, \cdots, n\}, (c_i, d_i) \in R$ 或者 $(d_i, c_i) \in R$.

命题 1.4.17 设 ρ, σ 是集合 S 上的等价关系 (半群 S 上的同余). 那么 $a, b \in \rho \vee \sigma$ 当且仅当存在正整数 n 以及 $x_1, x_2, \cdots, x_{2n-1} \in S$, 使得

$$(a, x_1) \in \rho, (x_1, x_2) \in \sigma, (x_2, x_3) \in \rho, \cdots, (x_{2n-1}, b) \in \sigma.$$

证明 该结论等价于证明

$$\rho \vee \sigma = (\rho \circ \sigma)^\infty.$$

因为由命题 1.4.11 和命题 1.4.15 可知 $\rho \vee \sigma = R^\infty$, 其中

$$R = (\rho \cup \sigma) \cup (\rho \cup \sigma)^{-1} \cup 1_S$$
$$= \rho \cup \sigma \cup \rho^{-1} \cup \sigma^{-1} \cup 1_S$$
$$= \rho \cup \sigma.$$

即 $\rho \vee \sigma = (\rho \cup \sigma)^\infty$. 由于 $\rho \subseteq \rho \cup \sigma$ 且 $\sigma \subseteq \rho \cup \sigma$, 故 $\rho \circ \sigma \subseteq (\rho \cup \sigma)^2$. 因此对任意的 $n \geqslant 1$, $(\rho \circ \sigma)^n \subseteq (\rho \cup \sigma)^{2n}$, 故有

$$(\rho \circ \sigma)^\infty \subseteq (\rho \cup \sigma)^\infty = \rho \vee \sigma.$$

另一方面, 由 $\rho \subseteq \rho \circ \sigma$ 且 $\sigma \subseteq \rho \circ \sigma$ 可得

$$\rho \vee \sigma = (\rho \cup \sigma)^\infty \subseteq (\rho \circ \sigma)^\infty. \qquad \blacksquare$$

推论 1.4.18 设 ρ, σ 是集合 S 上的等价关系 (半群 S 上的同余) 且满足 $\rho \circ \sigma = \sigma \circ \rho$. 那么 $\rho \vee \sigma = \rho \circ \sigma$.

证明 若 $\rho \circ \sigma = \sigma \circ \rho$, 那么

$$(\rho \vee \sigma)^2 = \rho \circ (\sigma \circ \rho) \circ \sigma = (\rho \circ \rho) \circ (\sigma \circ \sigma) = \rho \circ \sigma.$$

更一般地, 对任意的正整数 n, $(\rho \circ \sigma)^n = \rho \circ \sigma$. 因此 $(\rho \circ \sigma)^\infty = \rho \circ \sigma$, 由命题 1.4.17 可得结论成立. $\qquad \blacksquare$

1.5 自由半群及自由幺半群

设 A 是非空集合. 若将 A 看成"字母表", 用 A^+ 表示所有"字母"取自 A 的有限、非空的"字"构成的集合, 它中的每一个元素其实是由取自 A 中的有限个元素连成的串, 这些元素可以重复, 但也仅仅是排列在一起, 即可以如下表示

$$A^+ = \{a_1 a_2 \cdots a_m | a_1, a_2, \cdots, a_m \in A, m \in N\}.$$

以如下"毗连"的方式在 A^+ 上定义二元运算如下

$$(a_1a_2\cdots a_m)(b_1b_2\cdots b_n) = a_1a_2\cdots a_m b_1 b_2 \cdots b_n.$$

也就是说, 还是将它们连成一个字母的串. 按照这种运算, A^+ 成为一个半群, 称之为 A 上的自由半群 (free semigroup). 集合 A 为 A^+ 的生成集. 因为 $A = A^+\backslash(A^+)^2$, A 为 A^+ 的唯一的最小生成集, 映射 $\alpha: A \to A^+$ 将 A 中的每一个字母映成 A^+ 中的只有一个字母的字, 称之为 A 到 A^+ 的标准嵌入. 若给 A^+ 添加一个单位元 1, 就成为自由幺半群, 记作 A^*. 该单位元 1 看作是"空字", 即不包含任何字母的字.

若 $A = \{a\}$, $\{a\}^+$ 一般记作 a^+, 注意到此时 $\{a\}^+ = \{a, a^2, \cdots, a^n, \cdots\}$, 就是无限的循环半群. 若 $|A| > 1$, 那么 A^+ 是非交换半群.

集合 A 上的自由半群还有另一种抽象的定义如下.

定义 1.5.1 称半群 F 是集合 A 上的自由半群, 若 F 满足:

(F1) 存在映射 $\alpha: A \to F$;

(F2) 对任意的半群 S 以及任意的映射 $\phi: A \to S$, 存在唯一的同态 $\psi: F \to S$, 使得图 1.6 可换.

图 1.6

由该定义可知, 事实上 F 是唯一的. 因为在交换图 1.6 中, 如果取 $S = F$, 那么在交换图 1.7 中, ψ 只能是 F 上的恒等同态. 这样, 若有半群 F' 和 α' 也具有性质 (F1) 和 (F2), 那么由自由半群满足性质 (F1) 和 (F2), 可得唯一的同态 $\beta: F \to F'$, 使得 $\alpha\beta = \alpha'$ 以及唯一的同态 $\beta': F' \to F$, 使得 $\alpha'\beta' = \alpha$, 这样就有了如下的交换图 (图 1.8 和图 1.9).

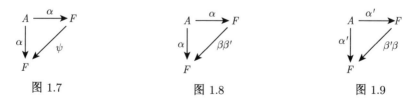

图 1.7   图 1.8   图 1.9

由同态的唯一性可得 $\beta\beta' = 1_F$ 以及 $\beta'\beta = 1_{F'}$. 所以 $F \simeq F'$. 注意这里同态的合成从左向右.

容易验证, 自由半群 A^+ 满足性质 (F1) 和 (F2). 因为对任意的半群 S 以及映

射 $\phi : A \to S$, 可定义同态 $\psi : F \to S$ 如下:

$$(a_1 a_2 \cdots a_m)\psi = (a_1\phi)(a_2\phi)\cdots(a_m\phi) \quad (a_1 a_2 \cdots a_m \in A^+).$$

常规验证可知 $\alpha\psi = \phi$.

若 S 是半群, A 是 S 的生成集, 那么由性质 (F2), 存在从 A^+ 到 S 的满同态 ψ, 因此 $A^+/\ker\psi \simeq S$. 因为任意半群 S 总可以找到生成集, 至少 S 本身就是, 由此可见, 任意半群都同构于某个自由半群关于一个同余的商半群. 当然, 该表达未必唯一.

若 $A = \{a_1, a_2, \cdots, a_n\}$ 是有限的, 并且能找到有限集

$$\mathbf{R} = \{(w_1, z_1), (w_2, z_2), \cdots, (w_r, z_r) | (w_i, z_i) \in A^+ \times A^+, i = 1, 2, \cdots, r\}$$

使得 $\mathbf{R}^\sharp = \ker\psi$, 那么就称 S 是有限表示的 (finitely presented), 并且有一个有限的表示

$$\langle a_1, a_2, \cdots, a_n | w_1 = z_1, w_2 = z_2, \cdots, w_r = z_r \rangle.$$

半群具有生成元 $a_1, a_2, \cdots, a_n$ 以及定义的关系 $w_1 = z_1, w_2 = z_2, \cdots, w_r = z_r$. 有限表示的概念中, 自由半群 A^+ 是有限生成的, 同时 $\mathbf{R}$ 也是有限集, 两个 "有限" 才定义有限表示的概念.

例如, 按照这种表达方式, 循环半群 $M(m, r)$ 可以记为

$$\langle a | a^m = a^{m+r} \rangle.$$

本节关于半群 A^+ 的结论, 对幺半群 A^* 也适用. 最后给出一个半群表示的例子. 考虑幺半群

$$\langle a, b | ab = 1 \rangle = \{a, b\}^* / \rho,$$

其中 $\rho = \{(ab, 1)\}^\sharp$. 由定义, 对半群 $\{a, b\}^*$ 中的每个字 w, 只要字母 b 在字母 a 之后, 总能找到一个字 w', 使得 $w\rho w'$ 且 $|w'| < |w|$. B 中的元素是 ρ 等价类 $(b^m a^n)\rho \ (m, n \geqslant 0)$, 但无法明确说这些类之间互不相同. 下面采取一种间接的办法说明, 其中体现的思想是重要的.

考虑自然数集上全变换半群 $\mathcal{T}_{\mathbf{N}}$ 的子幺半群 $M = \langle A, B \rangle$, 其中

$$A = \begin{pmatrix} 1 & 2 & 3 & 4 & \cdots \\ 2 & 3 & 4 & 5 & \cdots \end{pmatrix}, \quad B = \begin{pmatrix} 1 & 2 & 3 & 4 & \cdots \\ 1 & 1 & 2 & 3 & \cdots \end{pmatrix},$$

由性质 (F2), 存在唯一的同态 $\psi : \{a, b\}^* \to M$ 使得 $a\psi = A, b\psi = B$. 这样

$$(ab)\psi = AB = 1 = 1\psi,$$

因此 $(ab,1) \in \ker\psi$. 因为 $\ker\psi$ 是个同余, 故 $\rho = \{(ab,1)\}^\sharp \subseteq \ker\psi$, 所以由定理 1.4.9, 存在如下定义的同态 $\bar\psi : \{a,b\}^*/\rho \to M$, 有

$$[(b^m a^n)\rho]\bar\psi = B^m A^n \quad (m,n \geqslant 0).$$

容易计算

$$B^m A^n = \begin{pmatrix} 1 & 2 & \cdots & m+1 & m+2 & m+3 & \cdots \\ n+1 & n+1 & \cdots & n+1 & n+2 & n+3 & \cdots \end{pmatrix},$$

由此可见 $B^m A^n$ 是互不相同的. 由于 $\bar\psi$ 是映射, 所以 $(b^m a^n)\rho$ 是互不相同的.

如果模 ρ 去计算, 那么对任意的 $m,n,p,q \geqslant 0$,

$$(b^m a^n)(b^p a^q) = \begin{cases} b^m a^{q-p+n}, & n \geqslant p, \\ b^{m-n+p} a^q, & n \leqslant p. \end{cases}$$

将两种情形合并可写成

$$(b^m a^n)(b^p a^q) = b^{m-n+t} a^{q-p+t} \quad (t = \max(n,p)).$$

该幺半群同构于幺半群 $\mathbf{N}^0 \times \mathbf{N}^0$, 乘法如下

$$(m,n)(p,q) = (m-n+\max(n,p), q-p+\max(n,p)), \tag{1.5.1}$$

这类半群称为双循环半群 (bicyclic semigroup). 注意到该半群有三种定义方式, 可由问题需要选取不同的表达方式.

下面给出另一个重要的例子. 设

$$B_2 = \langle a,b | a^2 = b^2 = 0, aba = a, bab = b \rangle = (\{a,b\}^+ \cup \{0\})/\rho,$$

其中 $\rho = \{(a^2,0),(b^2,0),(aba,a),(bab,b)\}^\sharp$. 所以, 在模 ρ 的意义下, $(\{a,b\}^+ \cup \{0\})/\rho$ 中的元素为 $0,a,b,ab,ba$. 若我们将 ab,ba 分别记为 e,f, 乘法表如下

	0	a	b	e	f
0	0	0	0	0	0
a	0	0	e	0	a
b	0	f	0	b	0
e	0	a	0	e	0
f	0	0	b	0	f

该半群也可以用如下的 2×2 矩阵 $\{0,A,B,E,F\}$ 来表示, 其中

$$0 = \begin{pmatrix} 0 & 0 \\ 0 & 0 \end{pmatrix}, \quad A = \begin{pmatrix} 0 & 1 \\ 0 & 0 \end{pmatrix}, \quad B = \begin{pmatrix} 0 & 0 \\ 1 & 0 \end{pmatrix},$$

$$E = \begin{pmatrix} 1 & 0 \\ 0 & 0 \end{pmatrix}, \quad F = \begin{pmatrix} 0 & 0 \\ 0 & 1 \end{pmatrix},$$

运算就是普通矩阵的乘法. 也可以用集合 $\{1,2\}$ 上的部分映射来表示, 其中

$$0 = \varnothing, \quad a = \begin{pmatrix} 1 \\ 2 \end{pmatrix}, \quad b = \begin{pmatrix} 2 \\ 1 \end{pmatrix}, \quad e = \begin{pmatrix} 1 \\ 1 \end{pmatrix}, \quad f = \begin{pmatrix} 2 \\ 2 \end{pmatrix}.$$

本节最后介绍理想及 Rees 同余的相关内容, 类似于环论中的商环理论. 在第 6 章介绍的 S-系理论中, 也有 Rees 商的概念、S-系中的 Rees 商系的概念, 和这里讲的 Rees 同余既有区别也有联系, 可以进行比较, 理解其关系.

设 I 是半群 S 的真理想, 定义

$$\rho_I = (I \times I) \cup 1_S,$$

容易证明, ρ_I 是半群 S 上的同余, 并且, $x\rho_I y$ 当且仅当 $x = y$ 或者 $x, y \in I$. 商半群是

$$S/\rho_I = \{I\} \cup \{\{x\} | x \in S \backslash I\},$$

则商半群中的元素是由 I 和 $S \backslash I$ 中的元素构成的. 对任意的 $x, y \in S \backslash I$,

$$xy = \begin{cases} xy, & xy \notin I, \\ I, & xy \in I. \end{cases}$$

并且对任意的 $x \in S$, $xI = Ix = I$. 因此, 一种更简单的方式, 就是将 S/ρ_I 看成 $(S \backslash I) \cup \{0\}$, 其中任意两个元素相乘, 如果不在 $S \backslash I$ 中, 必为 0. 该同余称为Rees 同余. 设 $\phi : S \to T$ 是半群同态, 使得 $\ker\phi$ 是 Rees 同余, 那么称 ϕ 为Rees 同态, 简记为 S/ρ_I 或者 S/I, 当我们讨论 Rees 同态的核时, 一般指理想 I 而不是同余 ρ_I. 当然, 并非每个半群同态都是这种类型的. 例如, 群是半群, 假设 $\phi : G \to H$ 为非平凡群之间的同态, 它的核不可能是 Rees 同态, 因为 G 没有真理想且 H 没有零元. 下面的命题类似于环论中的子环对应定理.

命题 1.5.2 设 I 是半群 S 的真理想. 若 $\mathcal{A}$ 是半群 S 的包含理想 I 的集合, $\mathcal{B}$ 是半群 S/I 的理想的集合. 则映射 $\theta : J \mapsto J/I$ $(J \in \mathcal{A})$ 是从 $\mathcal{A}$ 到 $\mathcal{B}$ 的保持包含关系的双射.

证明 由 Rees 同余的定义及构造, 结论是显然的.　■

第2章 经典半群结构理论

2.1 格 林 关 系

半群上的格林关系是一种等价关系, 在半群理论的研究中起了重要作用.

设 a 是半群 S 中的一个元素, S 中包含 a 的最小左理想是 $Sa \cup \{a\}$, 按照前面的记号, 可以记为 S^1a, 称为由 a 生成的主左理想. S 上的格林关系 $\mathcal{L}$ 定义为: $a\mathcal{L}b$ 当且仅当 $S^1a = S^1b$, 即 a,b 生成了相同的主左理想. 类似地, S 上的格林关系 $\mathcal{R}$ 定义为: $a\mathcal{R}b$ 当且仅当 $aS^1 = bS^1$, 即 a,b 生成了相同的主右理想.

命题 2.1.1 设 a,b 是半群 S 中的元素. $a\mathcal{L}b$ 当且仅当存在 $x,y \in S^1$, 使得 $xa = b, yb = a$. $a\mathcal{R}b$ 当且仅当存在 $u,v \in S^1$, 使得 $au = b, bv = a$.

命题 2.1.2 $\mathcal{L}$ 是个左同余, $\mathcal{R}$ 是个右同余.

在半群理论发展过程中, $\mathcal{L} \cap \mathcal{R}$ 和 $\mathcal{L} \vee \mathcal{R}$ 都是非常重要的, 分别记作 $\mathcal{H}$ 和 $\mathcal{D}$ 关系.

命题 2.1.3 $\mathcal{L}$ 和 $\mathcal{R}$ 是可交换的, 即作为二元关系, $\mathcal{L} \circ \mathcal{R} = \mathcal{R} \circ \mathcal{L}$.

证明 设 S 是半群, $a,b \in S$, 使得 $(a,b) \in \mathcal{L} \circ \mathcal{R}$, 那么存在 $c \in S$, 使得 $a\mathcal{L}c, c\mathcal{R}b$. 即存在 $x,y,u,v \in S^1$, 使得

$$xa = c, \quad cu = b,$$
$$yc = a, \quad bv = c.$$

记 ycu 为 d, 易知

$$au = ycu = d, \quad dv = ycuv = ybv = yc = a;$$

因此 $a\mathcal{R}d$. 而且

$$yb = ycu = d, \quad xd = xycu = xau = cu = b,$$

故 $d\mathcal{L}b$, 这就证明了 $(a,b) \in \mathcal{R} \circ \mathcal{L}$, 即 $\mathcal{L} \circ \mathcal{R} \subseteq \mathcal{R} \circ \mathcal{L}$.

反过来的包含类似可证.

所以由该命题以及推论 1.4.18 可得

$$\mathcal{D} = \mathcal{L} \circ \mathcal{R} = \mathcal{R} \circ \mathcal{L} = \mathcal{L} \vee \mathcal{R}.$$

最后介绍 S 上的 $\mathcal{J}$ 关系. 设 $a,b \in S$, $a\mathcal{J}b$ 当且仅当 $S^1aS^1 = S^1bS^1$, 换言之, 存在 $x,y,u,v \in S^1$ 使得

$$xay = b, \quad ubv = a.$$

显然有 $\mathcal{L} \subseteq \mathcal{J}, \mathcal{R} \subseteq \mathcal{J}$. 由于 $\mathcal{D}$-关系是包含 $\mathcal{L}$ 与 $\mathcal{R}$ 关系的最小等价关系, 所以有 $\mathcal{D} \subseteq \mathcal{J}$.

显然在群 G 上, 有

$$\mathcal{H} = \mathcal{L} = \mathcal{R} = \mathcal{D} = \mathcal{J} = G \times G.$$

在交换半群上

$$\mathcal{H} = \mathcal{L} = \mathcal{R} = \mathcal{D} = \mathcal{J}.$$

命题 2.1.4 若 S 是周期半群, 那么 $\mathcal{D} = \mathcal{J}$.

证明 假设 $a,b \in S$, 使得 $a\mathcal{J}b$. 那么存在 $x,y,u,v \in S^1$, 使得

$$xay = b, \quad ubv = a. \tag{2.1.1}$$

由等式 (2.1.1) 容易知道

$$a = ubv = (ux)a(yv) = (ux)^2a(yv)^2 = (ux)^3a(yv)^3 = \cdots,$$
$$b = xay = (xu)b(vy) = (xu)^2b(vy)^2 = (xu)^3b(vy)^3 = \cdots.$$

因为 S 是周期的, 由命题 1.2.3 可知存在自然数 m, 使得 $(ux)^m$ 是幂等元. 由于

$$a = (ux)^ma(yv)^m = (ux)^m(ux)^ma(yv)^m = (ux)^ma = (ux)^{m-1}u(xa),$$

若令 $c = xa$, 那么显然 $a\mathcal{L}c$. 而且 $cy = xay = b$, 若选择自然数 n 使得 $(vy)^n$ 为幂等元, 那么

$$c = xa = x(ux)^{n+1}a(yv)^{n+1} = (xu)^{n+1}xay(vy)^nv$$
$$= (xu)^{n+1}b(vy)^{2n}v = (xu)^{n+1}b(vy)^{n+1}(vy)^{n-1}v$$
$$= b(vy)^{n-1}v.$$

即 $c\mathcal{R}b$ 成立. ∎

若用 L_a, R_a, J_a 分别表示半群 S 中元素所在的 $\mathcal{L}, \mathcal{R}, \mathcal{J}$ 等价类, 由于 $\mathcal{L}, \mathcal{R}, \mathcal{J}$ 关系分别按照左、右理想和双边理想定义, 所以, 按照理想的包含关系, 有如下的偏序

$$\left.\begin{array}{ll} L_a \leqslant L_b, & S^1a \subseteq S^1b; \\ R_a \leqslant R_b, & aS^1 \subseteq bS^1; \\ J_a \leqslant J_b, & S^1aS^1 \subseteq S^1bS^1. \end{array}\right\} \tag{2.1.2}$$

这样, 可以把 $S/\mathcal{L}, S/\mathcal{R}, S/\mathcal{J}$ 看成偏序集.

2.2 $\mathcal{D}$-类的结构

由 $\mathcal{D}$-类的定义, 半群中的每一个 $\mathcal{D}$-类是 $\mathcal{R}$-类和 $\mathcal{L}$-类的并. 每一个 $\mathcal{L}$-类和 $\mathcal{R}$-类的交要么是空集, 要么是一个 $\mathcal{H}$-类. 由于

$$a\mathcal{D}b \Leftrightarrow R_a \cap L_b \neq \varnothing \Leftrightarrow L_a \cap R_b \neq \varnothing.$$

因此, 把 $\mathcal{D}$-类形象地称为 "蛋箱图". 在图 2.1 中, 每一个小方格形象地代表了一个 $\mathcal{H}$-类, 每个行代表一个 $\mathcal{R}$-类, 每个列代表一个 $\mathcal{L}$-类. 当然, 该 "蛋箱" 也有可能只有一个行、列或者小方格.

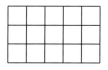

图 2.1

如果 D 是任意的 $\mathcal{D}$-类, $a, b \in D$ 且 $a\mathcal{R}b$, 则存在 $s, s' \in S^1$, 使得

$$as = b, \quad bs' = a.$$

因此, 右平移 $\rho_s : S \to S$ 将 a 映到 b. 但有趣的是, 它实际上把 L_a 整体映到了 L_b. 因为对任意的 $x \in L_a$, 显然由命题 2.1.2, 有 $xs\mathcal{L}as$, 即 $xs \in L_{as} = L_b$. 类似地可证, 右平移 $\rho_{s'} : S \to S$ 把 L_b 整体映到了 L_a. 而且很容易验证, $\rho_s\rho_{s'}$ (从左向右合成) 与 $\rho_{s'}\rho_s$ 分别为 L_a 和 L_b 上的恒等映射. 由此可见, ρ_s 和 $\rho_{s'}$ 分别限制在 L_a 和 L_b 上为互逆的映射. 实际上, 它将 L_a 中的每个 $\mathcal{H}$-类以一一的方式映成了 L_b 中的 $\mathcal{H}$-类, 且保持 $\mathcal{R}$-关系. 因为, 若 $x \in L_a$, 则 $y = x\rho_s$ 是 L_b 中的元素, 由于 ρ_s 和 $\rho_{s'}$ 为互逆的映射, 故满足

$$y = xs, \quad x = ys'.$$

即 $y\mathcal{R}x$. 这说明 ρ_s 将 L_a 映射为 L_b 时, 元素间还保持了 $\mathcal{R}$-关系, 即在 "蛋箱图" 中, 这些元素仍然在同一行. $\rho_{s'}$ 的情形类似. 总结起来有如下结论.

引理 2.2.1 设 a, b 是半群 S 中 $\mathcal{R}$-等价的两个元素, $s, s' \in S^1$, 使得

$$as = b, \quad bs' = a.$$

那么 $\rho_s | L_a$, $\rho_{s'} | L_b$ 分别是从 L_a 到 L_b, 以及 L_b 到 L_a 的互逆且保持 $\mathcal{R}$-关系的双射.

相对于左平移, 类似地有如下引理.

引理 2.2.2 设 a,b 是半群 S 中 $\mathcal{L}$-等价的两个元素, $t,t' \in S^1$, 使得

$$ta = b, \quad t'b = a.$$

那么 $\lambda_t \mid R_a$, $\lambda_{t'} \mid R_b$ 分别是从 R_a 到 R_b, 以及 R_b 到 R_a 的互逆且保持 $\mathcal{L}$-关系的双射.

由引理 2.2.1 和引理 2.2.2 可得如下结论.

引理 2.2.3 设 a,b 是半群 S 中 $\mathcal{D}$-等价的两个元素, 那么 $|H_a| = |H_b|$.

证明 设 $c \in S$, 使得 $a\mathcal{R}c$, $c\mathcal{L}b$, 那么可知 H_a 与 H_b 都与 H_c 之间有双射关系, 故 H_a 与 H_b 之间有双射关系, 因此 $|H_a| = |H_b|$. ■

接下来考虑引理 2.2.1 和引理 2.2.2 的一个特殊情形. 如果 $as\mathcal{R}a$, 那么 $x \mapsto xs$ 是从 H_a 到 H_{as} 的双射. 特别地, 如果 $as\mathcal{H}a$, 那么 $x \mapsto xs$ 就是 H_a 到自身的双射. 对偶地讨论可得如下引理.

引理 2.2.4 设 x,y 是半群 S 中的元素. 若 $xy \in H_x$, 则 $\rho_y \mid H_x$ 是 H_x 到自身的双射. 若 $xy \in H_y$, 则 $\lambda_x \mid H_y$ 是 H_y 到自身的双射.

下面的定理通常被称为 "格林定理".

定理 2.2.5 若 H 是半群 S 的一个 $\mathcal{H}$-类, 则要么 $H \cap H^2 = \varnothing$, 要么 $H = H^2$ 且 H 是 S 的一个子群.

证明 若 $H \cap H^2 \neq \varnothing$, 则存在 $a,b \in H$, 使得 $ab \in H$. 由引理 2.2.4 可知 ρ_b 和 λ_a 都是 H 到自身的双射, 必为满射. 因此对任意的 $h \in H$, $hb, ah \in H$. 再次利用引理 2.2.4 可知 ρ_h 和 λ_h 都是 H 到自身的双射. 因此对任意的 $h \in H$, 有 $Hh = hH = H$, 故 H 是 S 的一个子群且显然 $H = H^2$. ■

推论 2.2.6 若 e 是半群 S 的一个幂等元, 那么 H_e 是 S 的子群. 每一个 $\mathcal{H}$-类至多包含一个幂等元.

2.3 正则 $\mathcal{D}$-类

半群 S 中的元素 a 称为正则元 (regular element), 如果存在 $x \in S$, 使得 $a = axa$. 半群 S 称为正则半群, 如果 S 中的每一个元素为正则元. 群当然是正则半群, 但正则半群未必是群, 例如矩形带是正则半群, 但不是群.

假设 a 是正则元满足 $a = axa$, 若 $b \in L_a$, 则存在 $u,v \in S^1$, 使得 $ua = b, vb = a$, 因此

$$b = ua = uaxa = bxa = b(xv)b,$$

故 b 是正则的, 对 R_a 也有同样的结论, 因此有如下命题.

命题 2.3.1 若 a 是半群 S 中的一个正则元, 则 $\mathcal{D}_a$ 中的每一个元素都是正则的.

由此可见, 每个 $\mathcal{D}$-类中要么全为正则元, 此时称为正则 $\mathcal{D}$-类, 要么没有一个正则元. 但对 $\mathcal{J}$-类则未必有此结果. 在一个半群中, 可能既含有正则元, 也含有非正则元. 因为幂等元是正则元, 所以含有幂等元的 $\mathcal{D}$-类是正则 $\mathcal{D}$-类. 事实上, 反之也对.

命题 2.3.2 在一个正则 $\mathcal{D}$-类中, 每一个 $\mathcal{L}$-类 ($\mathcal{R}$-类) 至少含有一个幂等元.

证明 假设 a 是正则 $\mathcal{D}$-类中的一个元素, 且 $a = axa$, 那么 xa 是一个幂等元且 $xa\mathcal{L}a$. 类似地 ax 也是幂等元且 $ax\mathcal{R}a$. ∎

命题 2.3.3 是显然的.

命题 2.3.3 设 e 是半群 S 的一个幂等元, 则 e 是 $\mathcal{R}_e$ 的左单位元, $\mathcal{L}_e$ 的右单位元.

设 a 是半群 S 的一个元素, $a' \in S$ 称为 a 的逆元, 如果

$$aa'a = a, \quad a' = aa'a. \tag{2.3.1}$$

这里所说的逆元, 当然比群的逆元概念要广. 例如, 元素个数大于 3 的矩形带的每个元素有不止一个逆元. 每一个正则元都有一个逆元. 因为若 $a \in S$ 正则, 则存在 $x \in S$, 使得 $a = axa$, 易验证 xax 就是 a 的逆元. 用 $V(a)$ 代表 a 的逆元的集合. 利用 $\mathcal{D}$-类的 "蛋箱图", 很容易确定逆元的位置. 我们有以下结论.

定理 2.3.4 设 a 是半群 S 的正则 $\mathcal{D}$-类 D 的一个元素.

(1) 若 $a' \in V(a)$, 则 $a' \in D$, 且两个 $\mathcal{H}$-类 $\mathcal{R}_a \cap \mathcal{L}_{a'}$ 与 $\mathcal{L}_a \cap \mathcal{R}_{a'}$ 分别含有幂等元 aa' 和 $a'a$.

(2) 若 $b \in D$, 且 $\mathcal{R}_a \cap \mathcal{L}_b$ 和 $\mathcal{L}_a \cap \mathcal{R}_b$ 分别含有幂等元 e, f, 则 H_b 包含 a 的一个逆元 a^*, 使得 $aa^* = e, a^*a = f$.

(3) 没有 $\mathcal{H}$-类包含 a 的多于一个的逆元.

证明 (1) 若 a 是半群 S 的正则 $\mathcal{D}$-类 D 的一个元素, 那么 a 的每一个逆元仍在 D 中, 因为 $a\mathcal{R}aa', aa'\mathcal{L}a'$. 即 $a\mathcal{D}a'$. 如图 2.2 所示.

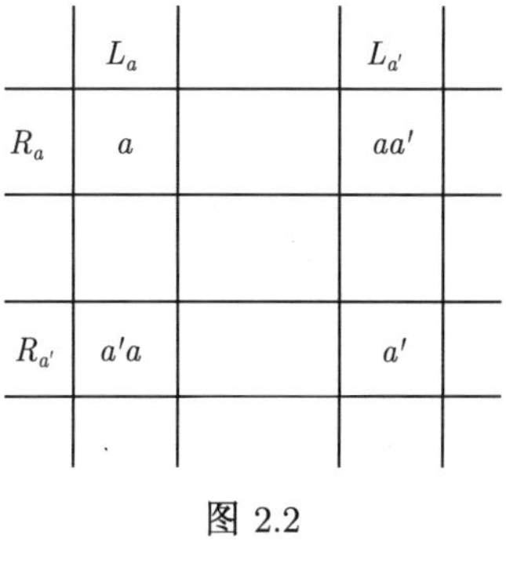

	L_a		$L_{a'}$	
R_a	a		aa'	
$R_{a'}$	$a'a$		a'	

图 2.2

(2) 如图 2.3 所示.

	L_a		L_b	
R_a	a		e	
R_b	f		a^*, b	

图 2.3

因为 $a\mathcal{R}e$, 由命题 2.3.3 可知 $ea = a$, 同理可得 $af = a$. 再次由 $a\mathcal{R}e$, 存在 $x \in S^1$, 使得 $ax = e$. 令 $a^* = fxe$. 那么

$$aa^*a = (af)x(ea) = axa = a,$$

$$a^*aa^* = fx(eaf)xe = fx(ax)e = fxe^2 = fxe = a^*,$$

因此, 由 (1), $a^* \in V(a)$. 而且

$$aa^* = (af)xe = (ax)e = e^2 = e.$$

而且因为 $a\mathcal{L}f$, 存在 $y \in S^1$, 使得 $ya = f$. 因此

$$a^*a = fxea = fxa = yaxa = yea = ya = f.$$

最后容易看出

$$a^* \in L_e \cap R_f = L_b \cap R_b = H_b.$$

(3) 假设 a^*, a' 都是 a 的逆元, 且在同一个 $\mathcal{H}$-类 H_b 中, 因此 aa^*, aa' 属于 $\mathcal{H}$-类 $R_a \cap L_b$. 所以由推论 2.2.6, $aa^* = aa'$. 同理可得 $a^*a = a'a$, 则 $a^* = a^*aa^* = a'aa^* = a'aa' = a'$. ■

该定理事实上告诉我们如何确定一个正则元的逆元. 例如, 在一个有限半群里, 我们立即可以知道一个元素 a 的逆元的个数等于 R_a 与 L_a 中幂等元个数的乘积. 由半群幂等元的性质得到半群性质的方法, 后面要多次出现.

命题 2.3.5 若 e, f 是半群 S 的幂等元, 则 $(e, f) \in \mathcal{D}$ 当且仅当存在 $a \in S$ 以及 a 的逆元 a', 使得 $aa' = e, a'a = f$.

证明 首先假设 $(e, f) \in \mathcal{D}$. 那么 e, f 是同一正则 $\mathcal{D}$-类中的元素. 如图 2.4 所示.

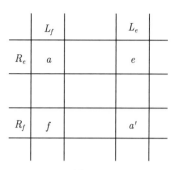

图 2.4

令 $a \in R_e \cap L_f$, 则由定理 2.3.4 的 (2), 存在 a 的逆元 $a' \in R_f \cap L_e$, 使得
$aa' = e, a'a = f$.

反之, 如果存在互逆的元素 $a, a' \in S$, 使得 $aa' = e, a'a = f$, 由定理 2.3.4 的 (1)
可知, $e\mathcal{R}a, a\mathcal{L}f$. 因此 $e\mathcal{D}f$. ∎

命题 2.3.6   若 H 和 K 是同一个 (正则)$\mathcal{D}$-类中的两个群 $\mathcal{H}$-类, 则 H 和 K
是同构的.

证明   假设 $H = H_e$, $K = H_f$, 其中 e, f 分别是群 $\mathcal{H}$-类的单位元. 如图 2.5
所示.

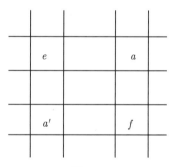

图 2.5

取 $a \in R_e \cap L_f$(由 $e\mathcal{D}f$ 的假设可知该集合非空), 则由定理 2.3.4, 在 $L_e \cap R_f$
中唯一存在 a 的逆元 a', 使得

$$aa' = e, \quad a'a = f, \quad ea = af = a, \quad a'e = fa' = a'.$$

由引理 2.2.1 和引理 2.2.2 可知, $\rho_a | H_e$ 是从 H_e 到 H_a 的双射, $\lambda_{a'} | H_a$ 是从 H_a 到
H_f 的双射. 这样 $\phi : \rho_a \lambda_{a'}$(从左向右合成) 是从 H_e 到 H_f 的双射. 显然 ϕ 的定义
为

$$x\phi = a'xa \quad (x \in H_e),$$

其逆显然为

$$y\phi^{-1} = aya' \quad (y \in H_f).$$

因为对任意的 $x_1, x_2 \in H_e$, e 是 H_e 的单位元, 所以

$$(x_1\phi)(x_2\phi) = a'x_1aa'x_2a = a'x_1ex_2a = a'(x_1x_2)a = (x_1x_2)\phi.$$

故双射 ϕ 实际上是同构.　　　　　　　　　　　　　　　　　　　　　　　　■

命题 2.3.7　设 a, b 是 $\mathcal{D}$-类 D 的元素. 那么 $ab \in R_a \cap L_b$ 当且仅当 $L_a \cap R_b$ 包含一个幂等元.

证明　证明过程如图 2.6 所示.

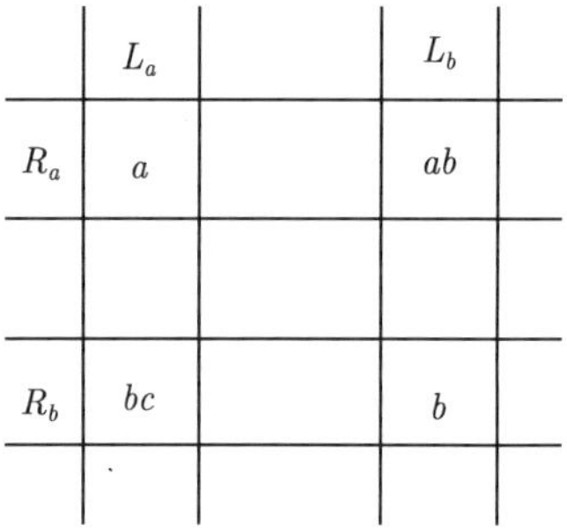

	L_a		L_b	
R_a	a		ab	
R_b	bc		b	

图 2.6

假设 $ab \in R_a \cap L_b$. 则存在 $c \in S$ 使得 $abc = a$, 由引理 2.2.1, $\rho_c : x \mapsto xc$ 将 H_b 映射到 $L_a \cap R_b$. 特别地, $bc \in L_a \cap R_b$. 右平移 $\rho_b : y \mapsto yb$ 将 $L_a \cap R_b$ 映到 H_b, 并且是 ρ_c 的逆. 由此可得

$$(bc)^2 = b\rho_c\rho_b\rho_c = b\rho_c = bc.$$

反之, 假设 $L_a \cap R_b$ 包含幂等元 e. 那么由命题 2.3.3 有 $eb = b$, 因此平移 $x \mapsto xb$ 将 H_a 映到 $R_a \cap L_b$, 特别地, $ab \in R_a \cap L_b$.　　　　　　　■

2.4　正　则　半　群

若半群 S 是正则半群, 则 S 上的格林关系比较特殊, 本节主要讨论这方面的问题. 由于对正则半群 S, 若 $a \in S$, 则 $a = axa \in aS, a \in Sa, a \in SaS$, 因此在讨论格林关系时, 用 S 代替 S^1, 那么

$$a\mathcal{L}b \Longleftrightarrow Sa = Sb,$$

$$a\mathcal{R}b \Longleftrightarrow aS = bS,$$

$$a\mathcal{J}b \Longleftrightarrow SaS = SbS.$$

命题 2.4.1　设 a,b 是正则半群 S 中的元素. 那么

(1) $a\mathcal{L}b$ 当且仅当存在 $a' \in V(a)$, $b' \in V(b)$, 使得 $a'a = b'b$;

(2) $a\mathcal{R}b$ 当且仅当存在 $a' \in V(a)$, $b' \in V(b)$, 使得 $aa' = bb'$;

(3) $a\mathcal{H}b$ 当且仅当存在 $a' \in V(a)$, $b' \in V(b)$, 使得 $a'a = b'b$ 且 $aa' = bb'$.

证明　以下证明中, 可参照图 2.7.

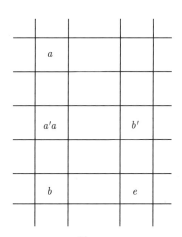

图 2.7

(1) 首先假设 $(a,b) \in \mathcal{L}$. 若 $a' \in V(a)$, 则 $a'a$ 是 $L_a(= L_b)$ 中的幂等元. 由命题 2.3.2, $\mathcal{R}$-类 R_b 中至少含有一个幂等元 e, 故由定理 2.3.4 的 (2) 可知, $\mathcal{H}$-类 $R_{a'a} \cap L_e$ 包含 b 的一个逆元 b', 使得 $b'b = a'a$(并且 $bb' = e$). 事实上, 已经证明了更强的结果

$$(a,b) \in \mathcal{L} \Rightarrow (\forall a' \in V(a))(\exists b' \in V(b))\ a'a = b'b. \tag{2.4.1}$$

反之, 若存在 $a' \in V(a)$, $b' \in V(b)$, 使得 $a'a = b'b$, 那么由 $a\mathcal{L}a'a$, $b'b\mathcal{L}b$ 以及传递性可得 $a\mathcal{L}b$.

(2) 类似于 (1) 可证明

$$(a,b) \in \mathcal{R} \Rightarrow (\forall a' \in V(a))(\exists b' \in V(b))\ aa' = bb'. \tag{2.4.2}$$

(3) 证明过程如图 2.8 所示.

假设 $a\mathcal{H}b$, 且 $a' \in V(a)$. 那么 $aa' \in R_a = R_b$ 且 $a'a \in L_a = L_b$. 因此, 由定理 2.3.4 的 (2) 可知, $\mathcal{H}$-类 $L_{aa'} \cap R_{a'a}$ 包含 b 的逆元 b', 使得 $bb' = aa'$ 且 $b'b = a'a$, 事实上已经证明了

$$(a,b) \in \mathcal{H} \Rightarrow (\forall a' \in V(a))(\exists b' \in V(b))\ a'a = b'b\ 且\ aa' = bb'. \tag{2.4.3}$$

故结论成立.   ■

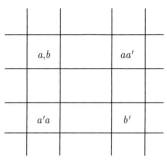

图 2.8

设 S 是正则半群, ρ 是 S 上的同余, 对任意的 $a \in S$, 假设 a' 是 a 的逆元, 那么 $a'\rho$ 是 $a\rho$ 的逆元, 因为

$$(a\rho)(a'\rho)(a\rho) = (aa'a)\rho = a\rho, \quad (a'\rho)(a\rho)(a'\rho) = (a'aa')\rho = a'\rho.$$

所以 S/ρ 是正则半群.

下面的引理称为 Lallement 引理, 在研究正则半群时起到重要作用.

引理 2.4.2　设 ρ 是正则半群 S 上的同余, 且 $a\rho$ 是 S/ρ 的幂等元. 则存在 S 的幂等元 e, 使得 $e\rho = a\rho$. 而且, 可以选择 e, 使得 $R_e \leqslant R_a, L_e \leqslant L_a$.

证明　设 $a\rho$ 是 S/ρ 的幂等元. 那么 $(a, a^2) \in \rho$. 令 x 是 a^2 的逆元:

$$a^2 x a^2 = a^2, \quad x a^2 x = x.$$

令 $e = axa$. 那么

$$e^2 = a(xa^2x)a = axa = e,$$

故 e 是幂等元. 而且, 模 ρ 有

$$e = axa \equiv a^2 x a^2 = a^2 \equiv a,$$

所以 $e\rho = a\rho$. 由 e 的构造以及 (2.1.2) 可知 $R_e \leqslant R_a, L_e \leqslant L_a$.　　　■

由引理 2.4.2 及同态基本定理可得 Lallement 引理的另一种说法.

引理 2.4.3　设 ϕ 是从正则半群 S 到半群 T 的同态. 则 $S\phi$ 是正则的. 并且若 f 是 $s\phi$ 的幂等元, 则存在 S 的幂等元 e, 使得 $e\phi = f$.

需要注意的是, 在此结论中, 如果去掉正则性假设, 则未必存在幂等元. 例如, 从自由的循环半群 a^+ 到有限的循环半群 $M(m,r)$ 有自然的半群同态, 但 $M(m,r)$ 中的幂等元在 a^+ 中没有原像, 因为 a^+ 中没有幂等元.

2.5 单半群和 0-单半群

一个不含有零元的半群称为单半群 (simple semigroup), 如果它没有真理想. 一个带有零元的半群称为0-单半群 (0-simple semigroup), 如果它满足如下两个条件:

(i) $\{0\}$ 和 S 是其仅有的两个理想;

(ii) $S^2 \neq \{0\}$.

命题 2.5.1 半群 S 是 0-单的当且仅当对任意的非零元 $a \in S$ 有 $SaS = S$, 换句话说, 对任意的非零元 $a, b \in S$, 存在 $x, y \in S$, 使得 $xay = b$.

证明 必要性 假设 S 是 0-单半群. 由定义, S^2 作为 S 的理想, 不可能为 $\{0\}$, 只能为 S, 故显然 $S^3 = S$. 对 S 中任意的非零元 a, SaS 作为 S 的理想, 要么为 $\{0\}$, 要么为 S. 若为前者, 显然集合 $I = \{x | SxS = \{0\}\}$ 为 S 的理想, 并且由于 $0 \neq a \in I$, 所以 $I = S$. 因此 $S^3 = \{0\}$, 这与 $S^3 = S$, 矛盾. 即只能有 $SaS = S$.

充分性 假设对任意的非零元 $a \in S$, $SaS = S$, 显然 $S^2 \neq \{0\}$. 设 A 是 S 的任意非零理想, $a \in A$, 那么

$$S = SaS \subseteq SAS \subseteq A,$$

故 $A = S$, 这说明 S 是 0-单的. ∎

推论 2.5.2 半群 S 是单的当且仅当对任意的 $a \in S$ 有 $SaS = S$, 换句话说, 对任意的 $a, b \in S$, 存在 $x, y \in S$, 使得 $xay = b$.

半群 S 中非零理想集合的极小元, 称为 S 的0-极小理想 (0-minimal ideal), 下面的结论表明, 0-单半群是常见的.

命题 2.5.3 若 M 是半群 S 的 0-极小理想, 则要么 $M^2 = \{0\}$, 要么 M 是 0-单半群.

证明 因为 M^2 是 S 的理想, 且包含于 M, 所以要么 $M^2 = \{0\}$, 要么 $M^2 = M$. 若 $M^2 = M$, 则 $M^3 = M$. 任取 M 的非零元 a, $S^1 a S^1$ 作为 S 的非零理想, 包含于 M 中. 因此

$$MaM \subseteq S^1 a S^1 = M = M^3 = M(S^1 a S^1)M = (MS^1)a(S^1 M) \subseteq MaM,$$

故事实上 $MaM = M$. 则由命题 2.5.1 可知 M 是 0-单的. ∎

设 S 是没有零元的半群, 那么 S 若有极小理想, 必唯一. 因为若假设 M, N 都是 S 的极小理想, 那么 MN 是 S 的理想, 且既包含在 M 中, 又包含在 N 中, 由 M 和 N 的极小性可知, $M = MN = N$. 这样, 对于一个没有零元的半群而言, 要么它没有极小理想, 要么有唯一的极小理想, 称为 S 的核, 记作 $K = K(S)$.

命题 2.5.4 设 S 是没有零元的半群. 若 S 有一个核 K, 那么 K 是单半群.

一个含有零元的半群有核, 即其唯一的最小理想 $\{0\}$. 并且, 一个有限半群一定有核, 否则在该半群中会存在理想的严格无限降链, 矛盾.

命题 2.5.5   设 I, J 是半群 S 的理想, 满足条件: $I \subset J$, 且不存在 S 的理想 B, 使得 $I \subset B \subset J$, 那么 J/I 要么是 0-单的, 要么是 null 的 (即其平方等于零).

证明   由命题 1.5.2, J/I 是 S/I 的 0- 极小理想, 故由命题 2.5.3 可得结论. ■

对任意的 $a \in S$, 记由 a 生成的主理想 $S^1 a S^1$ 为 $J(a)$, 根据 S 的 $\mathcal{J}$-类的偏序, $J_x < J_y$ 当且仅当 $J(x) \subset J(y)$. 若 J_a 是 $\mathcal{J}$-类集合中的极小元, 那么 $J(a)$ 是 S 的极小理想, 也就是其核 $K(S)$. 假设 $b \in J(a)$, 那么 $S^1 b S^1$ 是包含在 $J(a)$ 中的理想, 故 $S^1 b S^1 = J(a) = S^1 a S^1$, 故 $b \mathcal{J} a$. 因此

$$J(a) = J_a = K(S). \tag{2.5.1}$$

2.6   Rees   定   理

在古典环理论研究中, 单环是一类重要的环类. 半群理论中的完全单半群, 类似于单环, 因其优美的结构定理 (Rees 定理) 而成为半群理论的经典结果, 本节就来介绍这个结果.

在任意半群的幂等元集合上有一个自然的二元关系

$$e \leqslant f \Leftrightarrow ef = fe = e.$$

该关系显然是自反的和反对称的. 假设已知 $e \leqslant f$ 且 $f \leqslant g$, 那么 $e = ef = fe$ 且 $fg = gf = f$, 因此

$$eg = efg = ef = e, \quad ge = gfe = fe = e,$$

故 $e \leqslant g$, 所以, 该关系是传递的.

假设 S 含有零元, 显然该零元是幂等元集合中的最小元. 非零幂等元集合中的极小元被称为本原幂等元 (primitive idempotent element). 因此本原幂等元 e 具有如下性质

$$ef = fe = f \neq 0 \Rightarrow e = f.$$

一个半群称为完全 0-单半群, 如果它是 0-单半群并且含有本原幂等元.

命题 2.6.1   一个有限的 0-单半群是完全 0-单半群.

证明   设 S 是有限的 0-单半群, 由命题 1.2.3, S 中任意一个元素的某次幂必为幂等元. 如果 0 是 S 中仅有的幂等元, 那么 S 中任意的元素 s 必为幂零的 (nilpotent), 即存在正整数 n 使得

$$s^n = s^{n+1} = s^{n+2} = \cdots = 0.$$

设 A 是 S 中的非零元, 由命题 2.5.1, 存在 $x, y \in S$, 使得

$$a = xay = x^2 ay^2 = x^3 ay^3 = \cdots.$$

由于 x, y 是幂零的, $a = 0$, 矛盾. 因此 S 中非零幂等元的集合是非空的, 故本原幂等元是存在的. 否则, 在 S 中存在非零幂等元的无限降链 $e_1 > e_2 > e_3 > \cdots$, 在有限半群中这是不可能的. ■

下面开始介绍著名的 Rees 定理, 它是 Rees 在 20 世纪 40 年代的成果.

设 G 是群, e 为其幂等元, I, Λ 是非空集合. 令 $P = (p_{\lambda i})$ 是 0-群 $G^0 (= G \cup \{0\})$ 上的 $\Lambda \times I$ 矩阵, 并假设 P 是正则的, 即没有任何一个行或者列全为零元. 换句话说

$$\text{任意的 } i \in I, \text{存在 } \lambda \in \Lambda, \text{使得 } p_{\lambda i} \neq 0,$$
$$\text{任意的 } \lambda \in \Lambda, \text{存在 } i \in I, \text{使得 } p_{\lambda i} \neq 0. \tag{2.6.1}$$

令 $S = (I \times G \times \Lambda) \cup \{0\}$, 在 S 上定义运算如下

$$(i, a, \lambda)(j, b, \mu) = \begin{cases} (i, ap_{\lambda j}b, \mu), & p_{\lambda j} \neq 0, \\ 0, & p_{\lambda j} = 0, \end{cases} \tag{2.6.2}$$
$$(i, a, \lambda)0 = 0(i, a, \lambda) = 0.$$

引理 2.6.2 由 (2.6.2) 定义的 S 是完全 0-单半群.

证明 可以直接验证 (2.6.2) 定义的运算具有结合律. 但下面的方法更具启发性. 由于 $S \backslash \{0\}$ 与矩阵 $(a)_{i\lambda}$ 的集合之间有一一对应, 其中 $(a)_{i\lambda}$ 表示在位置 (i, λ) 的元素为 a, 其余位置元素为 0 的矩阵. 由于 $(0)_{i\lambda}$ 与 i 和 λ 无关, 可以简记为 0. 这样, 在 S 和如下的集合之间存在一一对应

$$T = \{(a)_{i\lambda} | a \in G^0, i \in I, \lambda \in \Lambda\}.$$

很容易验证

$$(a)_{i\lambda} P(b)_{j\mu} = (ap_{\lambda j}b)_{i\mu},$$

其中等式左边就是一般意义上的矩阵乘法. 由 T 中元素的定义可知, 该乘法有意义且不会引起歧义. 由于矩阵乘法具有结合律, 故 S 具有结合律, 并把该运算写作

$$(a)_{i\lambda} \circ (b)_{j\mu} = (a)_{i\lambda} P(b)_{j\mu}.$$

对 S 中任意两个非零元 (i, a, λ) 和 (j, b, μ), 由于矩阵 P 是正则的, 故存在群中元素 p_{vi} 和 $p_{\lambda k}$, 使得如下的等式成立

$$(j, a^{-1}p_{vi}^{-1}, v)(i, a, \lambda)(k, p_{\lambda k}^{-1}b, \mu) = (j, b, \mu).$$

因此 S 是 0-单的.

容易证明 S 中的非零元 (i,a,λ) 是幂等元当且仅当 $p_{\lambda i}\neq 0$, 且 $a=p_{\lambda i}^{-1}$. 任取 S 中的两个非零幂等元 $e=(i,p_{\lambda i}^{-1},\lambda)$ 和 $f=(j,p_{\mu j}^{-1},\mu)$, 那么 $e\leqslant f$ 当且仅当 $ef=fe=e$, 当且仅当

$$(i,p_{\lambda i}^{-1}p_{\lambda j}p_{\mu j}^{-1},\mu)=(j,p_{\mu j}^{-1}p_{\mu i}p_{\lambda i}^{-1},\lambda)=(i,p_{\lambda i}^{-1},\lambda).$$

故 $i=j,\lambda=\mu$, 即 $e=f$. 这其实也说明 S 中每个非零幂等元都是本原的, 当然存在一个本原幂等元, 所以 S 是完全 0-单半群. ∎

按照 (2.6.2) 定义的完全 0-单半群, 记作 $\mathcal{M}^0[G;I,\Lambda;P]$, 简称为 Rees 矩阵半群. 必要的时候, 可以指出 P,I,Λ 以及 0-群 G^0.

定理 2.6.3 (Rees 定理)　设 G^0 是 0-群, I 和 Λ 是非空集合, $P=(p_{\lambda i})$ 是 G^0 上的 $\Lambda\times I$ 矩阵. 假设 P 是 (2.6.1) 定义的正则矩阵. 令 $S=(I\times G\times\Lambda)\cup\{0\}$ 且乘法如 (2.6.2) 所定义. 那么 S 是完全 0-单半群.

反之, 任何一个完全 0-单半群都可以如上构造.

下面开始证明充分性, 由于 S 是完全 0-单半群, 假设 e 是 S 的本原幂等元, 我们先证明以下的结论.

引理 2.6.4　$R_e=eS\backslash\{0\}$.

证明　由命题 2.1.1 显然 $R_e\subseteq eS\backslash\{0\}$.

反之, 设 $a=es$ 是 eS 中的非零元. 那么 $ea=e^2s=es=a$. 因为 S 是 0-单半群, 由命题 2.5.1, 存在 $z,t\in S$ 使得 $e=zat$, 由 e 是幂等元显然可知 $e=(eze)a(te)$, 记 $eze=x,te=y$, 则易知 $e=xay$. 容易知道

$$ex=xe=x,\quad ye=y.$$

令 $f=ayx$, 那么

$$f^2=ayxayx=ayex=ayx=f,$$

即 f 是幂等元. 而且 $f\neq 0$, 否则

$$e=e^2=xayxay=xfay=0,$$

矛盾. 很容易验证 $ef=fe=f$, 即 $f\leqslant e$. 因为 e 是本原幂等元, 故 $e=f$. 最后由 $e=ayx$ 以及 $a\in eS$ 可知 $a\in R_e$. ∎

引理 2.6.5　对任意的 $0\neq a\in S$, $R_a=aS\backslash\{0\}$.

证明　由命题 2.1.1 显然 $R_a\subseteq aS\backslash\{0\}$.

反之, 设 b 是 aS 中的非零元. 因为 S 是 0-单半群, 由命题 2.5.1, 存在 $z,t\in S$, 使得 $a=zet$, 其中 e 为本原幂等元. 故存在 $u\in S$ 使得 $b=zeu$. 由引理 2.6.4, $eu\mathcal{R}et$, 而 $\mathcal{R}$ 是左同余, 所以 $zeu\mathcal{R}zet$, 即 $b\mathcal{R}a$. ∎

对偶地可得如下引理.

引理 2.6.6 对任意的 $0 \neq a \in S$, $L_a = Sa \backslash \{0\}$.

引理 2.6.7 S 是正则的, 恰好只有两个 $\mathcal{D}$-类 $\{0\}$ 和 $D = S \backslash \{0\}$. 若 $a, b \in D$, 则要么 $ab = 0$, 要么 $ab \in R_a \cap L_b$. 后一种情形出现的充要条件是 $L_a \cap R_b$ 包含一个幂等元.

证明 设 $a, b \in S \backslash \{0\}$. 那么 $aSb \neq \{0\}$, 因为由 $aSb = \{0\}$ 可得

$$S^2 = SaSSbS = SaSbS = \{0\},$$

矛盾. 令 $u \in S$, 使得 $aub = c \neq 0$. 则由引理 2.6.5 和引理 2.6.6 可得

$$c \in (aS \backslash \{0\}) \cap (Sb \backslash \{0\}) = R_a \cap L_b,$$

故 $a\mathcal{D}b$. 因为 $\mathcal{D}$-类 $S \backslash \{0\}$ 包含本原幂等元, 其中的所有元素都是正则的. 而 0 显然为正则元, 所以 S 是正则半群.

最后, 若 $ab \neq 0$, 那么

$$ab \in (aS \backslash \{0\}) \cap (Sb \backslash \{0\}) = R_a \cap L_b.$$

由命题 2.3.7, 这等价于 $L_a \cap R_b$ 包含一个幂等元. ■

令 H 是 S 的一个包含在 $\mathcal{D}$-类 $S \backslash \{0\}$ 中的 $\mathcal{H}$-类, 任取 $a, b \in H$. 则要么 $ab \in R_a \cap L_b = H$, 要么 $H = 0$. 对于前一种情形, 由定理 2.2.5, H 是群 $\mathcal{H}$-类. 后一种情形, 由 $ab = 0$ 可得 $H^2 = \{0\}$. 因为对任意的 $c, d \in H$, 存在 $x, y \in H$, 使得 $c = xa, d = by$, 那么

$$cd = (xa)(by) = x(ab)y = 0.$$

由此可知, $\mathcal{D}$-类 D 中的 $\mathcal{H}$-类要么是群 $\mathcal{H}$-类, 要么是零 $\mathcal{H}$-类, 即该 $\mathcal{H}$-类中任意两个元素的乘积为 0.

接下来使 S 具有 Rees 矩阵半群的样子. 用 I 表示 S 的非零 $\mathcal{R}$-类的集合, 用 Λ 表示 S 的非零 $\mathcal{L}$-类的集合. 作为记号, 将 I 和 Λ 看成指标集, 将 $\mathcal{R}$-类记作 $R_i (i \in I)$, $\mathcal{L}$-类记作 $L_\lambda (\lambda \in \Lambda)$. $\mathcal{H}$-类 $R_i \cap L_\lambda$ 记作 $H_{i\lambda}$.

因为 D 是正则 $\mathcal{D}$-类, 由命题 2.3.2, 每一个 R_i 至少包含一个群 $\mathcal{H}$-类 $H_{i\lambda}$. 等价地, 每一个 L_λ 也至少包含一个群 $\mathcal{H}$-类. 不失一般性, 假设存在 $1 \in I \cap \Lambda$, 使得 H_{11} 为群 $\mathcal{H}$-类, 其幂等元设为 e. 因为由命题 2.3.6, 此时所有群 $\mathcal{H}$-类都是同构的, 所以这种选择和考虑方式是合理的. 该群 $\mathcal{H}$-类就是我们在 Rees 矩阵半群中所出现的群 G 的原型.

接下来, 对任意的 $i \in I, \lambda \in \Lambda$, 任意选取元素 $r_i \in H_{i1}, q_\lambda \in H_{1\lambda}$, 见图 2.9.

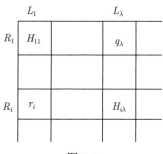

图 2.9

因为 $r_i \mathcal{L} e$, 由命题 2.3.3, $r_i e = r_i$, 由引理 2.2.2, $x \mapsto r_i x$ 以双射的方式把 H_{11} 映到 H_{i1}. 类似地, 由 $e q_\lambda = q_\lambda$ 可知 $y \mapsto y q_\lambda$ 以双射的方式把 H_{i1} 映到 $H_{i\lambda}$. 因此, $H_{i\lambda}$ 中的每一个元素有唯一的表达 $r_i a q_\lambda (a \in H_{11})$. 因为

$$S \backslash \{0\} = \cup \{H_{i\lambda} | i \in I, \lambda \in \Lambda\},$$

并且为不交并 (因为是等价类), 则有一个双射

$$\phi : (I \times H_{11} \times \Lambda) \cup \{0\} \to S,$$

其定义方式为

$$(i, a, \lambda)\phi = r_i a q_\lambda, \quad 0\phi = 0.$$

因为

$$(r_i a q_\lambda)(r_j b q_\mu) = r_i (a q_\lambda r_j b) q_\mu,$$

记 $q_\lambda r_i$ 为 $p_{\lambda i}(i \in I, \lambda \in \Lambda)$, 则由命题 2.3.7,

$$p_{\lambda i} \in R_{q_\lambda} \cap L_{r_i} = H_{11}$$

当且仅当 $\mathcal{H}$-类

$$L_{q_\lambda} \cap R_{r_i} = H_{i\lambda}$$

包含一个幂等元, 当且仅当 $H_{i\lambda}$ 是一个群 $\mathcal{H}$-类. 否则 $p_{\lambda i} = 0$. 因此 $P = (p_{\lambda i})$ 是元素属于 H_{11}^0 的矩阵, 并且是 (2.6.1) 意义下的正则矩阵. 因为每一个 $\mathcal{R}$-类和每一个 $\mathcal{L}$-类至少包含一个群 $\mathcal{H}$-类, 等价于矩阵 P 的正则性.

2.7 完全单半群

设半群 S 不含有零元. 称半群 S 是完全单半群, 如果 S 是单半群, 且含有一个本原幂等元 (幂等元集合中的极小元). 那么由 Rees 定理, 有下述结论.

定理 2.7.1 设 G 是群, I 和 Λ 是非空集合, $P = (p_{\lambda i})$ 是 G 上的 $\Lambda \times I$ 矩阵. 令 $S = I \times G \times \Lambda$ 且定义如下的乘法

$$(i, a, \lambda)(j, b, \mu) = (i, ap_{\lambda j}b, \mu).$$

那么 S 是完全单半群.

反之, 任何一个完全单半群都可以如上构造.

我们将完全单半群 $I \times G \times \Lambda$ 记作

$$\mathcal{M}[G; I, \Lambda; P].$$

定理 2.7.2 设 S 是没有零元的半群. 下述条件等价:

(1) S 是完全单的;

(2) S 是正则的, 具有弱可消性质: 对任意的 $a, b, c \in S$,

$$[ca = cb \text{ 且 } ac = bc] \Rightarrow a = b;$$

(3) S 是正则的, 且对任意的 $a, b \in S$,

$$aba = a \Rightarrow bab = b;$$

(4) S 是正则的, 且每一个幂等元是本原的.

证明 (1)$\Rightarrow$(2) 由定理 2.7.1, 不妨设 $S = I \times G \times \Lambda$, 正则性是显然的. 任取元素 $a = (i, x, \lambda), b = (j, y, \mu), c = (k, z, \nu) \in S$, 假设 $ca = cb$ 且 $ac = bc$, 那么

$$(k, z, \nu)(i, a, \lambda) = (k, z, \nu)(j, b, \mu) \text{ 且 } (i, a, \lambda)(k, z, \nu) = (j, b, \mu)(k, z, \nu),$$

通过计算易知 $a = b$.

(2)$\Rightarrow$(3) 假设 S 是正则的, 且 $aba = a$. 那么

$$a(bab) = ab \text{ 且 } (bab)a = ba,$$

由弱可消性可得 $bab = b$.

(3)$\Rightarrow$(4) 因为 S 是正则的, 必包含幂等元, 设为 e. 假设 f 是幂等元使得 $f \leqslant e$, 那么 $ef = fe = f$, 故 $fef = f$. 由 (3) 可得 $efe = e$. 然而 $f \leqslant e$ 可推出 $efe = f$, 因此 $f = e$, 即每一个幂等元是本原的.

(4)$\Rightarrow$(1) 仅需证明 S 是单的. 因为 S 正则, 每一个 $\mathcal{D}$-类包含一个幂等元, 当然每一个 $\mathcal{J}$-类也包含一个幂等元. 任取一个 $\mathcal{J}$-类 J_e, 其中 e 为本原幂等元. 下证 J_e 是极小的 $\mathcal{J}$-类. 假设 $J_f \leqslant J_e$, 其中 f 为另一个幂等元, 那么存在 $x, y \in S^1$, 使得 $f = xey$. 令 $g = eyfxe$, 由于

$$g^2 = (eyfxe)(eyfxe) = eyf^3xe = eyfxe = g, \quad eg = ge = e.$$

因此 $g \leqslant e$, 但 e 是本原幂等元, 所以 $g = e$. 由此可得

$$xey = f, \quad eyfxe = e,$$

即 $J_f = J_e$.

这里的 e 是任意的, 说明每一个 S 的每一个 $\mathcal{J}$-类都是极小元, 由命题 2.5.4 以及其前段的叙述, S 有唯一的极小理想, $\mathcal{J}$-类都等于它的核 $K(S)$, 所以 $S = K(S)$, 故由命题 2.5.4 可得 S 是单的. ∎

下面的定理给出了两个 Rees 矩阵半群同构的充要条件.

定理 2.7.3 两个 Rees 矩阵半群

$$S = \mathcal{M}^0[G; I, \Lambda; P] \quad \text{和} \quad T = \mathcal{M}^0[K; J, M; Q]$$

同构当且仅当存在同构 $\theta : G \to K$, 双射 $\psi : I \to J, \chi : \Lambda \to M$, 并且对任意的 $i \in I, \lambda \in \Lambda$, 存在元素 $u_i(i \in I), v_\lambda(\lambda \in \Lambda)$ 满足

$$p_{\lambda i}\theta = v_\lambda q_{\lambda\chi, i\psi} u_i. \tag{2.7.1}$$

证明 **充分性** 若已知的同构和映射存在, 并具有给定的性质, 那么容易验证如下定义的 $\phi : S \to T$ 为同构

$$(i, a, \lambda)\phi = (i\psi, u_i(a\theta)v_\lambda, \lambda\chi) \quad ((i, a, \lambda) \in S). \tag{2.7.2}$$

必要性 若 $\phi : S \to T$ 是同构, 那么它把 S 的每一个非零 $\mathcal{R}$-类以双射的方式映到 T 的非零 $\mathcal{R}$-类, 故存在双射 $\psi : I \to J$, 使得 $(i, a, \lambda)\phi \in R_{i\psi}$. 同理存在双射 $\chi : \Lambda \to M$, 使得 $(i, a, \lambda)\phi \in L_{\lambda\chi}$. 而且 ϕ 把群 $\mathcal{H}$-类映成群 $\mathcal{H}$-类, 故 $p_{\lambda i} \neq 0$ 当且仅当 $q_{\lambda\chi, i\psi} \neq 0$.

取定 S 的群 $\mathcal{H}$-类, 不失一般性, 记为 $H_{11}(1 \in I \cap \Lambda)$, 它在同构 ϕ 下的像为 $H_{1\psi, 1\chi}$. 定义 $\alpha : G \to H_{11}$ 为

$$x \mapsto (1, p_{11}^{-1}x, 1) \quad (x \in G),$$

定义 $\beta : K \to H_{1\psi, 1\chi}$ 为

$$y \mapsto (1\psi, q_{1\chi, 1\psi}^{-1}y, 1\chi) \quad (y \in K),$$

容易看出, α, β 均为群同构, 另外还有一个同构为

$$\phi|_{H_{11}} : H_{11} \to H_{1\psi, 1\chi}.$$

令

$$\theta = \alpha\phi|_{H_{11}}\beta^{-1} : G \to K \quad \text{(同构从左向右合成)}.$$

那么 θ 为同构, 并且有性质: 对任意的 $x \in G$,

$$(1, p_{11}^{-1}x, 1)\phi = x\alpha\phi|_{H_{11}} = x\theta\beta = (1\psi, q_{1\chi,1\psi}^{-1}(x\theta), 1\chi).$$

对 S 中任意的元素 (i, a, λ), 有

$$(i, a, \lambda) = (i, e, 1)(1, p_{11}^{-1}a, 1)(1, p_{11}^{-1}, \lambda).$$

如下定义 K 中的元素 u_i, v_λ

$$(i, e, 1)\phi = (i\psi, u_i, 1\chi), \quad (1, p_{11}^{-1}, \lambda)\phi = (1\psi, q_{1\chi,1\psi}^{-1}v_\lambda, \lambda\chi).$$

那么由 ϕ 是同态的性质可知

$$\begin{aligned}
(i, a, \lambda)\phi &= (i\psi, u_i, 1\chi)(1\psi, q_{1\chi,1\psi}^{-1}(a\theta), 1\chi)(1\psi, q_{1\chi,1\psi}^{-1}v_\lambda, \lambda\chi) \\
&= (i\psi, u_i(a\theta)v_\lambda, \lambda\chi).
\end{aligned}$$

因此, 若 $p_{\lambda i} \neq 0$, 那么

$$\begin{aligned}
(i\psi, u_i(p_{\lambda i}\theta)v_\lambda, \lambda\chi) &= (i, p_{\lambda i}, \lambda)\phi \\
&= [(i, e, \lambda)(i, e, \lambda)]\phi = [(i, e, \lambda)]\phi[(i, e, \lambda)]\phi \\
&= (i\psi, u_i v_\lambda, \lambda\chi)(i\psi, u_i v_\lambda, \lambda\chi) \\
&= (i\psi, u_i v_\lambda q_{\lambda\chi,i\psi} u_i v_\lambda, \lambda\chi),
\end{aligned}$$

由于 K 是群, 具有消去律, 由此可得

$$p_{\lambda i}\theta = v_\lambda q_{\lambda\chi,i\psi} u_i,$$

最后注意到, 若 $p_{\lambda i} = 0$, 那么 $q_{\lambda\chi,i\psi} = 0$, 故 (2.7.2) 成立. ∎

2.8 Clifford 分 解

本节介绍研究半群的一种重要的方法: Clifford 分解. 为此, 先从讨论完全正则半群开始. 半群 S 称为完全正则半群, 如果在 S 上存在一个一元运算 $a \mapsto a^{-1}$, 满足性质

$$(a^{-1})^{-1} = a, \quad aa^{-1}a = a, \quad aa^{-1} = a^{-1}a. \tag{2.8.1}$$

下面的两个定理给出了这类半群的特征.

定理 2.8.1   设 S 是半群. 下面的叙述等价:

(1) S 是完全正则的;

(2) S 的每一个元素落入半群的某个子群中;

(3) S 的每个 $\mathcal{H}$-类是子群.

证明   (1)$\Rightarrow$(2)   任取 $a \in S$, 因为 $aa^{-1} = a^{-1}a = e$ 为幂等元, $a \in R_e \cap L_e = H_e$, 由推论 2.2.6, H_e 为 S 的子群.

(2)$\Rightarrow$(3)   任取 $a \in S$, 那么 a 属于 S 的某个子群 G, 设 G 的单位元为 e, a 在 G 中的逆元为 a^*, 那么

$$ea = ae = a \quad 且 \quad aa^* = a^*a = e,$$

那么 $a\mathcal{H}e$, 因此 $H_a = H_e$ 是一个群.

(3)$\Rightarrow$(1)   对任意的 $a \in S$, 记 a^{-1} 是 a 在群 $\mathcal{H}$-类中唯一的逆元 (a 在 S 中可能有多个逆元, 但在 H_a 中只有唯一的一个), 则显然有

$$(a^{-1})^{-1} = a, \quad aa^{-1}a = a, \quad aa^{-1} = a^{-1}a,$$

故 S 是完全正则半群.   ∎

完全单半群显然是完全正则的, 但完全 0-单半群未必, 下面的定理揭示了完全单半群和完全正则半群的关系.

命题 2.8.2   设 S 是半群. 下面的叙述等价:

(1) S 是完全单的;

(2) S 是完全正则的, 且对任意的 $x, y \in S$,

$$xx^{-1} = (xyx)(xyx)^{-1};$$

(3) S 是完全正则的单半群.

证明   (1)$\Rightarrow$(2)   设 S 是完全单半群, 对任意的 $a \in S$, a^{-1} 是 a 在 H_a 中的唯一的逆元. 任取 $x, y \in S$. 因为 S 无零元, 由引理 2.6.7, $x(yx) \in R_x \cap L_{yx}$ 且 $(xy)x \in R_{xy} \cap L_x$, 这说明 $xyx \in R_x \cap L_x = H_x$, 即 $xyx\mathcal{H}x$, 因此 $xx^{-1} = (xyx)(xyx)^{-1}$.

(2)$\Rightarrow$(3)   设 $a, b \in S$. 那么

$$a = aa^{-1}a = aba(aba)^{-1}a,$$

则 $S^1aS^1 \subseteq S^1bS^1$. 交换 a 与 b 的位置, 同理可得 $S^1bS^1 \subseteq S^1aS^1$. 所以 $J_a = J_b$, 即 $\mathcal{J} = S \times S$, 说明 S 是单的.

(3)$\Rightarrow$(1)   假设 S 是完全正则的单半群. 下证 S 的每一个幂等元是本原幂等元, 那么由定理 2.7.2 可知 S 是完全单半群. 设 e 是 S 中任意的幂等元, 若有 S 中

幂等元 f, 使得 $f \leqslant e$, 则 $ef = fe = f$. 由于 S 是单的, 存在 $z, t \in S^1$, 使得 $e = zft$. 若取 $x = ezf, y = fte$, 那么仍然有

$$xfy = (ezf)f(fte) = e(zft)e = e^3 = e,$$

并且 $ex = xf = x$ 且 $fy = ye = y$.

因为 S 是完全正则的, 由定理 2.8.1, x 在某个群 $\mathcal{H}$-类 H_g 中, 其中 g 为幂等元. 那么 $gx = xg = x$, 且存在 $x^{-1} \in H_g$, 使得 $xx^{-1} = x^{-1}x = g$. 因此, $gf = x^{-1}xf = x^{-1}x = g$. 但另一方面

$$gf = gef = gxfyf = xfyf = ef = f,$$

因此, $g = f$. 故

$$f = fe = ge = gxfy = xfy = e.$$

所以 e 是本原幂等元. 这就证明了 S 的非空幂等元集合中的每一个幂等元是本原的. ∎

下面结合完全正则半群的结构, 介绍半群理论中半格分解方法的内容及思想.

设 S 是完全正则半群, 由定理 2.8.1, 对任意的 $a \in S$, a 在 S 的某个群 $\mathcal{H}$-类中, 因此 $a\mathcal{H}a^2$. 所以有

$$a\mathcal{J}a^2. \tag{2.8.2}$$

容易看出, 对任意的 $a, b \in S$,

$$J_{ab} = J_{(ab)^2} = J_{a(ba)b} \leqslant J_{ba}.$$

类似地可得 $J_{ba} \leqslant J_{ab}$. 因此

$$J_{ab} = J_{ba}. \tag{2.8.3}$$

若 $a\mathcal{J}b$, 则存在 $x, y, u, v \in S^1$, 使得 $b = xay, a = ubv$. 对任意的 $c \in S$, 有

$$J_{ca} = J_{cubv} \leqslant J_{cub} = J_{ubc} \leqslant J_{bc} = J_{cb}.$$

类似地可得 $J_{cb} \leqslant J_{ca}$. 因此, $cb\mathcal{J}ca$, 同理可得 $bc\mathcal{J}ac$. 这说明 $\mathcal{J}$ 是 S 上的同余关系. 并且由 (2.8.2) 以及 (2.8.3) 可知, $S/\mathcal{J}$ 是半格.

考虑 S 中一个具体的 $\mathcal{J}$-类 $J = J_a$, 它其实是 S 的子半群, 因为由同余的性质可得

$$(J_a)^2 \subseteq J_{a^2} = J_a.$$

更有趣的是, J 还是单半群. 因为任取 $a, b \in J$, 即 $a\mathcal{J}b$, 则存在 $x, y, u, v \in S$, 使得 $xay = b, ubv = a$ (注意仅由推论 2.5.2 以及 $xay = b$ 并不能得到 J 是单的, 因为 x, y 不一定在 J 中). 但 S 是完全正则半群, 故存在幂等元 $e, f \in J$, 使得 $a \in H_e, b \in H_f$. 因此

$$(fx)a(yf) = fbf = b, \quad (eu)b(ve) = eae = a.$$

显然

$$J_{fx} \geqslant J_{(fx)a(yf)} = J_b = J,$$

当然也有

$$J_{fx} \leqslant J_f = J.$$

因此 $fx \in J$, 同理可得 $yf, eu, ve \in J$. 由推论 2.5.2 可知 J 是单的. 因为它也是完全正则的, 所以它是完全单半群.

若我们记半格 $S/\mathcal{J}$ 为 Y, 对任意的 $\alpha \in Y$, 记 $\alpha(\mathcal{J}^\sharp)^{-1}$ 为 S_α. 每一个 S_α 是 S 的 $\mathcal{J}$-类并且是完全单的子半群. 因此, S 是完全单的子半群 $S_\alpha(\alpha \in Y)$ 的不交并, 并且由同余的性质可得

$$S_\alpha S_\beta \subseteq S_{\alpha\beta}, \tag{2.8.4}$$

此时, 我们称 S 是完全单半群的半格 (semilattice of completely simple semigroup). 即有了如下定理.

定理 2.8.3　每一个完全正则半群是完全单半群的半格.

仅从分解的角度看, 该结果似乎没有太大的意义. 因为, 我们已经知道完全正则半群是群的不交并, 而群的结构相对于完全单半群更简单. 该结论真正的意义在于式 (2.8.4), 它粗略地给出了乘积之所在. 以前我们虽然知道

$$S = \bigcup_{e \in E} H_e,$$

其中 E 为幂等元集合且每一个 H_e 为群. 但对于 H_e 中的元素 x 和 H_f 中的元素 y, 它们乘积的位置却一无所知. 即就是 H_e 和 H_f 中的元素乘积落入同一个 $\mathcal{H}$-类, 也得不到元素位置的任何信息. 但对于半格分解, 我们却知道 S_α 和 S_β 中的元素相乘, 落入了 $S_{\alpha\beta}$, 借此可以粗略地掌握半群的结构. 更好的半格分解是下述的强半格分解 (strong semilattice decomposition).

假设有一个完全单半群 $S_\alpha(\alpha \in Y)$ 的集合, 其中 Y 为指标集且为半格, 并且对任意的 $\alpha, \beta \in Y$, 若 $\alpha \geqslant \beta$, 则存在同态 $\phi_{\alpha,\beta} : S_\alpha \to S_\beta$ 使得

(S1) $(\forall \alpha \in Y) \ \phi_{\alpha,\alpha} = 1_{S_\alpha}$;

(S2) 对任意的 $\alpha, \beta, \gamma \in Y$, 若 $\alpha \geqslant \beta \geqslant \gamma$, 则

$$\phi_{\alpha,\beta}\phi_{\beta,\gamma} = \phi_{\alpha,\gamma} \quad (\text{同态从左向右合成}).$$

在 $S = \cup_{\alpha \in Y} S_\alpha$ 上可以定义乘法如下: 对任意的 $x \in S_\alpha, y \in S_\beta$,

$$xy = (x\phi_{\alpha,\alpha\beta})(y\phi_{\beta,\alpha\beta}). \tag{2.8.5}$$

容易验证, 若 $x \in S_\alpha, y \in S_\beta, z \in S_\gamma$, 那么

$$(xy)z = (x\phi_{\alpha,\alpha\beta\gamma})(y\phi_{\beta,\alpha\beta\gamma})(z\phi_{\gamma,\alpha\beta\gamma}) = x(yz).$$

因此该乘法是结合的. 由此可见 S 是一种特殊类型的完全正则半群, 称之为完全单半群的强半格 (strong semilattice of completely simple semigroup). 记作

$$S = \mathcal{S}[Y; S_\alpha; \phi_{\alpha,\beta}].$$

通过半群的强半格分解和同余研究半群的结构, 是半群理论中重要的研究方法. 一般的强半格分解的定义中, 这里的完全单半群 $S_\alpha (\alpha \in Y)$ 可以是任意半群的集合.

2.9 夹 心 集

本节介绍的夹心集, 在研究正则半群类的性质时是重要的, 并具有一般性.

命题 2.9.1 设 S 是正则半群, E 是幂等元集, 设 $e, f \in E$. 那么如下定义的集合

$$S(e,f) = \{g \in V(ef) \cap E | ge = fg = g\} \tag{2.9.1}$$

是非空的.

证明 设 $x \in V(ef)$, 令 $g = fxe$. 那么

$$(ef)g(ef) = ef^2xe^2f = efxef = ef,$$
$$g(ef)g = fxe^2f^2xe = f(xefx)e = fxe = g,$$

故 $g \in V(ef)$. 而且

$$g^2 = f(xefx)e = fxe = g,$$

所以 $g \in E$. 最后, 显然有 $ge = fg = g$, 即证明了 $g \in S(e,f)$. ∎

集合 $S(e,f)$ 称为 e 和 f 的夹心集. 它显然有另外一种刻画

$$S(e,f) = \{g \in E | ge = fg = g, egf = ef\}. \tag{2.9.2}$$

下面的结论给出了格林等价的一个刻画, 在后面的研究中将会用到.

命题 2.9.2　设 e, f, g 是正则半群中的幂等元.

(1) 若 $e\mathcal{L}f$, 那么 $S(e,g) = S(f,g)$;

(2) 若 $e\mathcal{R}f$, 那么 $S(g,e) = S(g,f)$.

证明　显然要证明 (1), 仅需证明 $S(e,g) \subseteq S(f,g)$. 假设 $e\mathcal{L}f$ 且 $h \in S(e,g)$, 使得

$$ef = e, \quad fe = f, \quad he = gh = h, \quad ehg = eg,$$

那么可得

$$h = he = hef = hf, \quad fhg = fehg = feg = fg.$$ ∎

命题 2.9.3　设 e, f 是正则半群 S 中的幂等元. 那么 $S(e,f)$ 是 S 的子半群, 并且是矩形带.

证明　设 $g, h \in S(e,f)$. 那么

$$ghg = (ge)h(fg) = g(ehf)g = g(ef)g = (ge)(fg) = g^2 = g. \tag{2.9.3}$$

可得 $(gh)^2 = gh$, 故 gh 是个幂等元. 而且

$$(gh)e = g(he) = gh, \quad f(gh) = (fg)h = gh,$$
$$e(gh)f = egfhf = efhf = ehf = ef,$$

所以 $gh \in S(e,f)$. 由等式 (2.9.3) 可得 $S(e,f)$ 是矩形带. ∎

定理 2.9.4　设 S 是正则半群, $a, b \in S$. 若 $a' \in V(a), b' \in V(b)$, $g \in S(a'a, bb')$, 那么 $b'ga' \in V(ab)$.

证明　记 $a'a = e, bb' = f$, 令 $g \in S(e,f)$. 那么

$$(ab)(b'ga')(ab) = afgeb = agb = aa'agbb'b = a(egf)b$$
$$= a(ef)b = aa'abb'b = ab,$$
$$(b'ga')(ab)(b'ga') = b'gefga' = b'g^2a' = b'ga',$$

故 $b'ga' \in V(ab)$. ∎

第 3 章 几类重要的正则半群

3.1 Clifford 半 群

称半群 S 是 Clifford 半群, 如果它是完全正则半群, 并且对任意的 $x, y \in S$,

$$(xx^{-1})(yy^{-1}) = (yy^{-1})(xx^{-1}). \tag{3.1.1}$$

对任意的半群 S, 称 S 中的元素 c 是中心元 (central), 如果对任意的 $s \in S$, 有 $cs = sc$. S 中全体中心元的集合, 称之为 S 的中心 (centre). 下面的定理给出了 Clifford 半群的特征.

定理 3.1.1 设 S 是半群, E 是其幂等元集. 那么下述条件等价:

(1) S 是 Clifford 半群;

(2) S 是群的半格;

(3) S 是群的强半格;

(4) S 正则, 且幂等元是中心元;

(5) S 正则, 且 $\mathcal{D}^S \cap (E \times E) = 1_E$.

证明 (1)$\Rightarrow$(2) 设 S 是 Clifford 半群, 那么由定义它是完全正则半群, 即为完全单半群 S_α 的半格 Y. 显然 S 中每个幂等元 e 总可以写成 xx^{-1} 的形式, 其中 $x \in S$. 那么等式 (3.1.1) 实际上表明 S 中幂等元相乘可交换. 这样由 Rees 定理可知, 此时每一个完全单半群就是群, 故 S 是群的半格.

(2)$\Rightarrow$(3) 对任意的 $\alpha \in Y$, 设 e_α 是 S_α 的单位元. 假设 $\alpha, \beta \in Y$ 且 $\alpha \geqslant \beta$. 对任意的 $a_\alpha \in S_\alpha$, 乘积 $e_\beta a_\alpha \in S_{\alpha\beta} = S_\beta$. 由此可定义映射 $\phi_{\alpha,\beta} : S_\alpha \to S_\beta$ 为 $a_\alpha \phi_{\alpha,\beta} = e_\beta a_\alpha$. 显然 $\phi_{\alpha,\alpha}$ 是 S_α 的恒等映射. 而且 $\phi_{\alpha,\beta}$ 是同态. 因为对任意的 $a_\alpha, b_\alpha \in S_\alpha$,

$$(a_\alpha \phi_{\alpha,\beta})(b_\alpha \phi_{\alpha,\beta}) = (e_\beta a_\alpha)(e_\beta b_\alpha) = ((e_\beta a_\alpha) e_\beta) b_\alpha.$$

然而 $e_\beta a_\alpha \in S_\beta$ 且 e_β 为 S_β 的单位元, 所以

$$(a_\alpha \phi_{\alpha,\beta})(b_\alpha \phi_{\alpha,\beta}) = e_\beta a_\alpha b_\alpha = (a_\alpha b_\alpha) \phi_{\alpha,\beta}.$$

进而, 若 $\alpha \geqslant \beta \geqslant \gamma$, 由群同态群的单位元变成群的单位元, 对任意的 $a_\alpha \in S_\alpha$,

$$(a_\alpha) \phi_{\alpha,\beta} \phi_{\beta,\gamma} = e_\gamma(e_\beta a_\alpha) = (e_\gamma e_\beta) a_\alpha = (e_\beta \phi_{\beta,\gamma}) a_\alpha = e_\gamma a_\alpha = a_\alpha \phi_{\alpha,\gamma},$$

故 $\phi_{\alpha,\beta}\phi_{\beta,\gamma} = \phi_{\alpha,\gamma}$.

最后, 注意到对任意的 $\alpha, \beta \in Y$ 以及 $a_\alpha \in S_\alpha, b_\beta \in S_\beta, a_\alpha$ 与 b_β 的积 $a_\alpha b_\beta$ 落入 S_γ, 其中 $\gamma = \alpha\beta$, 而且

$$
\begin{aligned}
a_\alpha b_\beta &= e_\gamma(a_\alpha b_\beta) = (e_\gamma a_\alpha)b_\beta \\
&= ((e_\gamma a_\alpha)e_\gamma)b_\beta \ (\text{由于 } (e_\gamma a_\alpha \in S_\gamma)) \\
&= (e_\gamma a_\alpha)(e_\gamma b_\beta) = (a_\alpha \phi_{\alpha,\gamma})(b_\beta \phi_{\beta,\gamma}).
\end{aligned}
$$

因此 S 的确同构于群的强半格 $\mathcal{S}[Y; S_\alpha; \phi_{\alpha,\beta}]$.

(3)⇒(4)   每一个强半格 $\mathcal{S}[Y; G_\alpha; \phi_{\alpha,\beta}]$ 当然是正则半群, 其幂等元 e_α 是群 G_α 的单位元. 对任意的 $\beta \in Y$ 以及任意的 $g_\beta \in G_\beta$,

$$
\begin{aligned}
e_\alpha g_\beta &= (e_\alpha \phi_{\alpha,\alpha\beta})(g_\beta \phi_{\beta,\alpha\beta}) = e_{\alpha\beta}(g_\beta \phi_{\beta,\alpha\beta}) = g_\beta \phi_{\beta,\alpha\beta}, \\
g_\beta e_\alpha &= (g_\beta \phi_{\beta,\alpha\beta})(e_\alpha \phi_{\alpha,\alpha\beta}) = (g_\beta \phi_{\beta,\alpha\beta})e_{\alpha\beta} = g_\beta \phi_{\beta,\alpha\beta},
\end{aligned}
$$

即幂等元是中心元.

(4)⇒(5)   假设 $e\mathcal{D}^S f$, 其中 e, f 是幂等元. 则由命题 2.3.5, 存在元素 a 以及 a 的逆元 a', 使得 $aa' = e, a'a = f$. 因此, 利用幂等元是中心元的性质,

$$
\begin{aligned}
e = e^2 &= a(a'a)a' = afa' = faa' = a'aaa' \\
&= a'ae = a'ea = a'aa'a = f^2 = f,
\end{aligned}
$$

由此可得 $\mathcal{D}^S \cap (E \times E) = 1_E$.

(5)⇒(1)   每一个 $\mathcal{D}$-类包含唯一的幂等元, 所以是群, 故 $\mathcal{D} = \mathcal{H}$. S 中每一个元素 a 有唯一的逆元 a^{-1}, 满足

$$
(a^{-1})^{-1} = a, \quad aa^{-1}a = a, \quad aa^{-1} = a^{-1}a.
$$

则 S 是完全正则半群, 即为完全单半群 S_α 的半格 Y. 对任意的 $x, y \in S_\alpha$, 由于 $xy \in R_x \cap L_y$, 故 $x\mathcal{D}y$. 因此每一个 S_α 包含在单个的 $\mathcal{D}$-类中, 所以有唯一的幂等元, 必为群. 由 (2)⇒(3) 的证明过程可知 S 是群的强半格 $\mathcal{S}[Y; S_\alpha; \phi_{\alpha,\beta}]$, 容易知道对任意的 $x \in S_\alpha, y \in S_\beta$,

$$
xx^{-1}yy^{-1} = e_\alpha e_\beta = e_{\alpha\beta} = e_\beta e_\alpha = yy^{-1}xx^{-1}.
$$

即 S 是一个 Clifford 半群.   ■

3.2 逆半群的定义和基本性质

称半群 S 是逆半群, 如果存在 S 上的一元运算 $a \mapsto a^{-1}$, 满足

$$(a^{-1})^{-1} = a, \quad aa^{-1}a = a, \tag{3.2.1}$$

并且对任意的 $x, y \in S$,

$$(xx^{-1})(yy^{-1}) = (yy^{-1})(xx^{-1}). \tag{3.2.2}$$

定理 3.2.1 设 S 是半群, 则下述条件等价:

(1) S 是逆半群;

(2) S 正则, 幂等元相乘可交换;

(3) 每一个 $\mathcal{L}$-类和每一个 $\mathcal{R}$-类包含唯一的幂等元;

(4) S 的每一个元素有唯一的逆元.

证明 (1)$\Rightarrow$(2) 由逆半群的定义, 如果能证明 S 中每个幂等元可以写成 xx^{-1} 的形式即可. 设 e 是 S 的幂等元. 由逆半群的定义, 存在 $e^{-1} \in S$, 使得 $ee^{-1}e = e, (e^{-1})^{-1} = e$. 因此

$$e^{-1} = e^{-1}(e^{-1})^{-1}e^{-1} = e^{-1}ee^{-1} = e^{-1}e^2e^{-1}$$
$$= (e^{-1}e)(ee^{-1}) = (ee^{-1})(e^{-1}e).$$

由此可得

$$e = ee^{-1}e = e(ee^{-1})(e^{-1}e)e = (e^2e^{-1})(e^{-1}e^2) = (ee^{-1})(e^{-1}e) = e^{-1},$$

所以

$$e = e^2 = ee^{-1}.$$

(2)$\Rightarrow$(3) 假设 S 正则, 且幂等元相乘可交换. 由命题 2.3.2, 每一个 $\mathcal{L}$-类至少含有一个幂等元. 假设 e, f 是同一个 $\mathcal{L}$-类中的幂等元, 由命题 2.3.3 有 $ef = e$ 且 $fe = f$, 但幂等元相乘可交换, 所以 $e = f$. $\mathcal{R}$-类的情形类似.

(3)$\Rightarrow$(4) 设 x', x'' 均为 x 在 S 中的逆元. 那么 $xx', xx'' \in R_x$, 因此 $xx' = xx''$. 同理有 $x'x = x''x$. 故

$$x' = x'xx' = x'xx'' = x''xx'' = x''.$$

即其逆元是唯一的.

(4)⇒(1)   对任意的 $x \in S$, 记 x 的唯一的逆元为 x^{-1}. 当然有 $x = xx^{-1}x$. 由逆元的唯一性, x^{-1} 的唯一的逆元为 x. 接下来仅需证明等式 (3.2.2). 记 $e = xx^{-1}, f = yy^{-1}$. z 为 ef 的唯一的逆元. 那么

$$(ef)(fze)(ef) = ef^2ze^2f = efzef = ef,$$
$$(fze)(ef)(fze) = fzefze = fze,$$

所以 fze 也是 ef 的一个逆元. 由逆元的唯一性, $z = fze$, 且 z 是幂等元, 因为

$$(fze)^2 = f(zefz)e = fze.$$

由于 z 和 ef 都是 z 的逆元, $z = ef$, 故 ef 是幂等元. 故 ef 的逆元为它自己. 类似的讨论可知 fe 也为幂等元. 最后由于

$$(ef)(fe)(ef) = (ef)^2 = ef \quad 且 \quad (fe)(ef)(fe) = (fe)^2 = fe,$$

这样 ef 和 fe 都是 ef 的逆元, 由逆元的唯一性, 有 $ef = fe$.   ■

由该定理和命题 1.3.2 可知, 逆半群的幂等元集合事实上是个半格, 即由幂等元构成的交换半群, 记作 E_S 或者 E, 对任意的 $e \in E$, $e^{-1} = e$. 以下命题给出了逆半群的其他一些性质.

命题 3.2.2   设 S 是逆半群, E 是其幂等元半格. 那么
(1) 对任意的 $a, b \in S$, $(ab)^{-1} = b^{-1}a^{-1}$;
(2) 对任意的 $a \in S, e \in E$, aea^{-1} 和 $a^{-1}ae$ 都是幂等元;
(3) 对任意的 $a, b \in S$, $a\mathcal{L}b$ 当且仅当 $a^{-1}a = b^{-1}b$, $a\mathcal{R}b$ 当且仅当 $aa^{-1} = bb^{-1}$;
(4) 对任意的 $e, f \in E$, $e\mathcal{D}f$ 当且仅当存在 $a \in S$, 使得 $aa^{-1} = e, a^{-1}a = f$.

证明   (1) 注意到 $a^{-1}a, bb^{-1}$ 都是幂等元, 所以

$$(ab)(b^{-1}a^{-1})(ab) = a(bb^{-1})(a^{-1}a)b = a(a^{-1}a)(bb^{-1})b = ab,$$
$$(b^{-1}a^{-1})(ab)(b^{-1}a^{-1}) = b^{-1}(a^{-1}a)(bb^{-1})a^{-1} = b^{-1}(bb^{-1})(a^{-1}a)a^{-1}$$
$$= b^{-1}a^{-1},$$

这样, $b^{-1}a^{-1}$ 是 ab 的唯一的逆元, 所以

$$b^{-1}a^{-1} = (ab)^{-1}.$$

(2) 再次利用幂等元相乘可交换,

$$(aea^{-1})^2 = ae(a^{-1}a)ea^{-1} = aa^{-1}ae^2a^{-1} = aea^{-1},$$

同理可得 $(a^{-1}ea)^2 = a^{-1}ea$.

(3) 逆元唯一, 该结论是命题 2.4.1 的特殊情形.

(4) 若 $e\mathcal{D}f$, 由命题 2.3.5, 存在 $a \in S$, 使得 $e\mathcal{R}a, a\mathcal{L}f$, 由 (3) 及逆半群的定义有 $aa^{-1} = e, a^{-1}a = f$. ∎

推论 3.2.3 设 $a_1, a_2, \cdots, a_n$ 是逆半群中的元素. 那么

$$(a_1 a_2 \cdots a_n)^{-1} = a_n^{-1} a_{n-1}^{-1} \cdots a_1^{-1}.$$

特别地, 在逆半群中, 对任意的元素 a, $(a^n)^{-1} = (a^{-1})^n$.

定理 3.2.4 设 S 是逆半群, ϕ 是由 S 到半群 T 的满同态, 则 T 是逆半群, ϕ 是逆半群同态, 即对任意的 $s \in S$, $s^{-1}\phi = (s\phi)^{-1}$.

证明 因为 ϕ 是满的, 任意的 $t \in T$ 总可以写成 $s\phi$ 的形式, $s \in S$. 若 s^{-1} 是 $s \in S$ 的逆元, 那么

$$(s\phi)(s^{-1}\phi)(s\phi) = (ss^{-1}s)\phi = s\phi,$$
$$(s^{-1}\phi)(s\phi)(s^{-1}\phi) = (s^{-1}ss^{-1})\phi = s^{-1}\phi,$$

所以 $s^{-1}\phi$ 是 $s\phi$ 在 T 中的逆元. 故 T 是正则的. 若 e, f 是 T 的幂等元, 则由引理 2.4.2, 存在 S 的幂等元 e, f, 使得 $e\phi = g, f\phi = h$. 因此

$$gh = (e\phi)(f\phi) = (ef)\phi = (fe)\phi = (f\phi)(e\phi) = hg.$$

故 T 是逆半群, 且 $(s\phi)^{-1} = s^{-1}\phi$. ∎

由此可知, 若 S 是逆半群, ρ 是 S 上的同余, 那么对任意的 $s, t \in S$,

$$(s, t) \in \rho \Rightarrow (s^{-1}, t^{-1}) \in \rho. \tag{3.2.3}$$

群、半格和 Clifford 半群都是逆半群的例子, 下面给出对称逆半群 (symmetric inverse semigroup) 的概念及性质. 这类半群和逆半群的关系, 有点像对称群和群 (Cayley 定理), 变换半群和半群, 所以它是很重要的一类逆半群.

设 X 是非空集合, 用 $\mathcal{I}_X$ 表示 X 上所有部分一一映射的集合, 该集合按照如下标准的二元关系的合成 $\circ$ 构成半群. 若 $\alpha, \beta \in \mathcal{I}_X$, 则

$$(x, y) \in \alpha \circ \beta \Leftrightarrow 存在 z \in S, 使得 (x, z) \in \alpha, (z, y) \in \beta.$$

这样, $z = x\alpha, y = z\beta$, 故 $y = (x\alpha)\beta$. 所以对任意的 $x_1, x_2 \in \text{dom}(\alpha \circ \beta)$,

$$x_1(\alpha \circ \beta) = x_2(\alpha \circ \beta) \Rightarrow (x_1\alpha)\beta = (x_2\alpha)\beta$$
$$\Rightarrow x_1\alpha = x_2\alpha \Rightarrow x_1 = x_2.$$

由于 $(x, y) \in \alpha \circ \beta \Leftrightarrow 存在 z \in S, 使得 (x, z) \in \alpha, (z, y) \in \beta$. 这样, $z \in \text{im}\alpha \cap \text{dom}\beta$, 因此

$$\text{dom}(\alpha\beta) = (\text{im}\alpha \cap \text{dom}\beta)\alpha^{-1}, \quad \text{im}(\alpha\beta) = (\text{im}\alpha \cap \text{dom}\beta)\beta.$$

定理 3.2.5 $\mathcal{I}_X$ 是逆半群.

证明   由前述, $\mathcal{I}_X$ 关于合成运算 ∘ 是结合的. 在该结论的证明中把 $\alpha \circ \beta$ 记作 $\alpha\beta$. $\mathcal{I}_X$ 中每个 α 是从 $\mathrm{dom}\,\alpha$ 到 $\mathrm{im}\,\alpha$ 的双射. 所以存在逆映射 $\alpha^{-1} \in \mathcal{I}_X$, 使得

$$\mathrm{dom}(\alpha^{-1}) = \mathrm{im}\,\alpha, \quad \mathrm{im}(\alpha^{-1}) = \mathrm{dom}\,\alpha,$$
$$\alpha\alpha^{-1} = 1_{\mathrm{dom}\,\alpha}, \quad \alpha^{-1}\alpha = 1_{\mathrm{im}\,\alpha}.$$

当然, $\alpha\alpha^{-1}\alpha = \alpha$ 且 $\alpha^{-1}\alpha\alpha^{-1} = \alpha^{-1}$, 故 $\mathcal{I}_X$ 是正则的.

若 α 是 $\mathcal{I}_X$ 的幂等元, 那么

$$\mathrm{dom}(\alpha^2) = (\mathrm{dom}\,\alpha \cap \mathrm{im}\,\alpha)\alpha^{-1} = \mathrm{dom}\,\alpha = (\mathrm{im}\,\alpha)\alpha^{-1}.$$

其中第二个等号利用了 α 是幂等元的性质. 因为 α^{-1} 是双射, 所以 $\mathrm{dom}\,\alpha \cap \mathrm{im}\,\alpha = \mathrm{dom}\,\alpha$, 即 $\mathrm{dom}\,\alpha \subseteq \mathrm{im}\,\alpha$. 类似地, 由

$$\mathrm{im}(\alpha^2) = (\mathrm{dom}\,\alpha \cap \mathrm{im}\,\alpha)\alpha = \mathrm{im}\,\alpha = (\mathrm{dom}\,\alpha)\alpha.$$

可得 $\mathrm{dom}\,\alpha \subseteq \mathrm{im}\,\alpha$. 因此, $\mathrm{dom}\,\alpha = \mathrm{im}\,\alpha$, 不妨记作 A, 并且对任意的 $x \in A$, $x\alpha^2 = x\alpha$. 因为 α 是双射, 所以对 $x \in A$, 有 $x\alpha = x$, 这样 $\alpha = 1_A$, 即 α 为 A 上的恒等映射.

容易证明

$$1_A 1_B = 1_B 1_A = 1_{A \cap B} \quad (A, B \subseteq X), \tag{3.2.4}$$

这样, $\mathcal{I}_X$ 是逆半群, α^{-1} 是 α 的唯一的逆元. ∎

取 $X = \{1, 2\}$, 则 $\mathcal{I}_X$ 中元素是由下列元素构成的

$$0 = \varnothing \text{ (空映射)}, \quad I = \begin{pmatrix} 1 & 2 \\ 1 & 2 \end{pmatrix}, \quad A = \begin{pmatrix} 1 & 2 \\ 2 & 1 \end{pmatrix},$$

$$E = \begin{pmatrix} 1 \\ 1 \end{pmatrix}, \quad F = \begin{pmatrix} 2 \\ 2 \end{pmatrix}, \quad X = \begin{pmatrix} 1 \\ 2 \end{pmatrix}, \quad Y = \begin{pmatrix} 2 \\ 1 \end{pmatrix}.$$

一般说来, 若 $|X| = n$, 容易证明, $\mathcal{I}_X = \sum_{r=0}^{n} \binom{n}{r}^2 r!$.

每一个群以同构的方式嵌入一个对称群 (Cayley 定理), 每一个半群以同构的方式嵌入变换半群 (定理 1.1.1). 下面将证明, 每一个逆半群以同构的方式嵌入对称逆半群. 为此, 先证明如下结论.

引理 3.2.6   设 V 是半群, S 是其逆子半群. 那么

(1) 对任意的幂等元 $e, f \in S$, $Ve = Vf \Rightarrow e = f$, 且 $eV = fV \Rightarrow e = f$;

(2) 对任意的幂等元 $e, f \in S$, $Ve \cap Vf = Vef$, $eV \cap fV = efV$;

(3) 对任意的 $a \in S$, $Vaa^{-1} = Va^{-1}$, $Va^{-1}a = Va$, $aa^{-1}V = aV$, $a^{-1}aV = a^{-1}V$.

证明 (1) 若 $Ve = Vf$, 则存在 $x \in V$, 使得 $e = ee = xf$, 故 $ef = xf^2 = xf = e$. 同理可得, $fe = f$, 由于 S 中幂等元相乘可交换, 所以 $e = f$. 另一个证明类似.

(2) 当然, $Vef \subseteq Vf$, $Vef = Vfe \subseteq Ve$. 这样, $Vef \subseteq Ve \cap Vf$. 另一方面, 若 $z = xe = yf \in Ve \cap Vf$, 那么 $zef = xe^2f = xef = zf = yf^2 = yf = z$, 故 $z = zef \in Vef$, 另一个结论类似可证.

(3) 由于

$$Vaa^{-1} \subseteq Va^{-1} = Va^{-1}aa^{-1} \subseteq Vaa^{-1},$$
$$Va^{-1}a \subseteq Va = Vaa^{-1}a \subseteq Va.$$

结论显然. ∎

下面的定理类似于群论中的 Cayley 定理.

定理 3.2.7 设 S 是逆半群. 则存在对称逆半群 $\mathcal{I}_X$ 以及从 S 到 $\mathcal{I}_X$ 的单同态.

证明 取 $X = S$. 对任意的 $a \in S$, 在 $Sa^{-1} = Saa^{-1}$ 上定义部分映射 ρ_a 如下

$$x\rho_a = xa \quad (x \in Sa^{-1}).$$

映射 ρ_a 的像集为 $Sa^{-1}a = Sa$, 且该映射事实上是双射, 因为任取 $Sa^{-1} = \mathrm{dom}\rho_a$ 中元素 $x = sa^{-1}, y = ta^{-1}$, 那么

$$x\rho_a = y\rho_a \Rightarrow sa^{-1}a = ta^{-1}a$$
$$\Rightarrow x = sa^{-1} = sa^{-1}aa^{-1} = ta^{-1}aa^{-1} = ta^{-1} = y.$$

故 $\rho_a \in \mathcal{I}_X$.

定义映射 $\phi : S \to \mathcal{I}_X$ 如下

$$a\phi = \rho_a \quad (a \in S).$$

下证 ϕ 是单的. 假设 $a\phi = b\phi$, 那么由映射的定义, ρ_a 和 ρ_b 的定义域相等, 即 $Saa^{-1} = Sbb^{-1}$. 由引理 3.2.6, $aa^{-1} = bb^{-1}$, 因此

$$a = aa^{-1}a = aa^{-1}\rho_a = aa^{-1}\rho_b = bb^{-1}\rho_b = b.$$

要证明 ϕ 是同态, 必须证明对任意的 $a, b \in S$, $\rho_a\rho_b = \rho_{ab}$. 先证明 $\rho_a^{-1} = \rho_{a^{-1}}$. 由于 $\rho_{a^{-1}}$ 的定义域为 $Sa = \mathrm{im}\rho_a$, 其像为 $Sa^{-1} = \mathrm{dom}\rho_a$, 并且

$$x\rho_a\rho_{a^{-1}}\rho_a = xaa^{-1}a = xa = x\rho_a \quad (x \in Sa^{-1}),$$
$$x\rho_{a^{-1}}\rho_a\rho_{a^{-1}} = xa^{-1}aa^{-1} = xa^{-1} = x\rho_{a^{-1}} \quad (x \in Sa).$$

因此

$$\mathrm{dom}(\rho_a\rho_b) = (Sa^{-1}a \cap Sbb^{-1})(\rho_a)^{-1} = Sa^{-1}abb^{-1}(\rho_a)^{-1}$$
$$= Sa^{-1}abb^{-1}a^{-1} = Sab(ab)^{-1} = \mathrm{dom}\,\rho_{ab},$$

并且

$$\mathrm{im}(\rho_a\rho_b) = (Sa^{-1}a \cap Sbb^{-1})(\rho_b) = Sa^{-1}abb^{-1}\rho_b$$
$$= Sa^{-1}abb^{-1}b = Sab = \mathrm{im}\rho_{ab}.$$

并且, 对任意的 $x \in \mathrm{dom}(\rho_a\rho_b)$, 有

$$x(\rho_a\rho_b) = (xa)b = x(ab) = x\rho_{ab}.$$

    在该定理的证明中, 如果 S 是群, 就是 Cayley 定理的证明, 因为此时 $Saa^{-1} = Sa^{-1}a = S$.

    由 Rees 定理, 完全 0-单半群同构于正则的 Rees 矩阵半群 $\mathcal{M}^0[G; I, \Lambda; P]$. 一个自然的问题是: 什么条件下完全 0-单半群是逆半群? 显然的结论是: 完全单半群 S 是逆半群当且仅当 S 为群. 但若完全 0-单半群是逆半群, 情形完全不同.

    假设 $S = \mathcal{M}^0[G; I, \Lambda; P]$ 是完全 0-单的逆半群, 由逆半群的性质, S 的每一个 $\mathcal{L}$-类和 $\mathcal{R}$-类包含唯一的幂等元. 由 S 中幂等元的形式 $(i, p_{\lambda i}^{-1}, \lambda)$ 可知, 夹心矩阵的每一行只包含一个非零元, 每一列也只含有一个非零元. 因此存在从 I 到 Λ 的双射: $i \mapsto \lambda$ 当且仅当 $p_{\lambda i} \neq 0$. 所以 $|I| = |\Lambda|$. 故可以假设对 I 和 Λ 中的元素适当排序之后, 可以使得非零元都在 P 的对角线上. 由于 I 和 Λ 仅仅是指标集, 可以假设 $I = \Lambda$. 这样, $S = \mathcal{M}^0[G; I, I; P]$, 其中 P 为对角阵.

    令 $\Delta = [\delta_{ij}]$ 为如下定义的 $I \times I$ 矩阵

$$\delta_{ij} = \begin{cases} e, & i = j, \\ 0, & i \neq j. \end{cases}$$

若取 $u_i = p_{ii}, v_j = e, i, j \in I$, 那么显然有

$$p_{ii} = v_j\delta_{ij}u_i,$$

故由定理 2.7.3 可得 $S \simeq \mathcal{M}^0[G; I, I; \Delta]$. 下面的定理给出了这类半群的结构, 必要性已经证明, 仅需要证明充分性.

    定理 3.2.8 半群 S 是完全 0-单的逆半群当且仅当 $S \simeq \mathcal{M}^0[G; I, I; \Delta]$, 其中 G 是群, I 为指标集.

证明 **充分性** 由假设, 仅需证明 $S = \mathcal{M}^0[G; I, I; \Delta]$ 的幂等元相乘可交换. S 的非零幂等元为 (i, e, i), 其中 e 为群 G 的单位元. 任取不相等的幂等元 (i, e, i) 和 (j, e, j), 显然

$$(i, e, i)(j, e, j) = (j, e, j)(i, e, i) = 0. \qquad\blacksquare$$

3.3 逆半群上的自然序关系

在逆半群上, 可以定义一种自然的偏序关系: 对任意的 $a, b \in S$, 定义

$$a \leqslant b \Leftrightarrow \text{存在幂等元 } e, \text{ 使得 } a = eb.$$

下面证明 $\leqslant$ 的确为偏序关系.

(1) 自反性: 由于对任意的 $a \in A$, $a = (aa^{-1})a$, 所以 $a \leqslant a$.

(2) 反对称性: 设 $a, b \in A$, 使得 $a \leqslant b$ 且 $b \leqslant a$, 那么存在 $e, f \in E(S)$, 使得 $a = eb, b = fa$, 那么

$$a = eb = efa = fea = fb = b.$$

(3) 传递性: 设 $a, b \in A$, 使得 $a \leqslant b$ 且 $b \leqslant c$, 那么存在 $e, f \in E(S)$, 使得 $a = eb, b = fc$, 因此

$$a = eb = efc,$$

因 S 是逆半群, ef 为幂等元, 故 $a \leqslant c$. 并且, 该序还是相容的. 即

$$a \leqslant b \text{ 并且 } c \in S \Rightarrow ac \leqslant bc \text{ 并且 } ca \leqslant cb. \qquad (3.3.1)$$

右相容是显然的, 因为由 $a = eb$ 可得 $ac = e(bc)$. 对左相容, 因为若 $a = eb$, 则

$$ca = ceb = cc^{-1}ceb = cec^{-1}cb = (cec^{-1})cb,$$

其中 cec^{-1} 是幂等元.

偏序对于求逆也是相容的, 即

$$a \leqslant b \Rightarrow a^{-1} \leqslant b^{-1}. \qquad (3.3.2)$$

因为由 $a = eb$ 可得

$$a^{-1} = b^{-1}e = b^{-1}bb^{-1}e = b^{-1}ebb^{-1} = (b^{-1}eb)b^{-1},$$

其中 $b^{-1}eb$ 是幂等元.

注记 3.3.1　显然, 若 S 是群, 则上述的自然序关系为恒等关系. 若 S 是半格, 或者由幂等元构成的交换半群, 则命题 1.3.2 中的序关系, 与这里定义的序是一致的. 对称逆半群 $\mathcal{I}_X$ 的偏序自然地定义为 $\alpha \leqslant \beta$ 当且仅当 $\alpha \subseteq \beta$, 这里把 α, β 均看成 $X \times X$ 的子集. 更直观的解释是: $\alpha \leqslant \beta$ 当且仅当 α 是 β 的限制, 当且仅当 $\operatorname{dom}\alpha \subseteq \operatorname{dom}\beta$, 且对任意的 $x \in \operatorname{dom}\alpha$, $x\alpha = x\beta$.

命题 3.3.2　设 S 是逆半群, E 是其幂等元半格, $a, b \in S$. 下列叙述等价:

(1) $a \leqslant b$; 　　　　(2) $(\exists e \in E)a = be$;

(3) $aa^{-1} = ba^{-1}$; 　　(4) $aa^{-1} = ab^{-1}$;

(5) $a^{-1}a = b^{-1}a$; 　　(6) $a^{-1}a = a^{-1}b$;

(7) $a = ab^{-1}a$; 　　　(8) $a = aa^{-1}b$.

证明　仅需证明 (1)⇔(3)⇔(7). 其余同理.

(1)⇒(3)　假设 $a = eb$, 其中 e 为幂等元. 那么
$$aa^{-1} = ebb^{-1}e = bb^{-1}e = b(eb)^{-1} = ba^{-1}.$$

(3)⇒(7)　假设 $aa^{-1} = ba^{-1}$. 那么 $a^{-1} = a^{-1}aa^{-1} = a^{-1}ba^{-1}$, 两边求逆可得 $a = ab^{-1}a$.

(7)⇒(1)　由于 $a = ab^{-1}a$, 故 $(ab^{-1})^2 = ab^{-1}$, 故 $a = eb$, 其中 $e = ab^{-1}$.　∎

设 S 是逆半群, H 是 S 的子集. H 的闭包 (closure)$H\omega$ 定义为
$$H\omega = \{s \in S | 存在 h \in H, 使得 h \leqslant s\}.$$

关于闭包, 有以下事实. 设 H, K 均为 S 的子集, 那么
$$H \subseteq H\omega, \tag{3.3.3}$$
$$H \subseteq K \Rightarrow H\omega \subseteq K\omega, \tag{3.3.4}$$
$$(H\omega)\omega = H\omega. \tag{3.3.5}$$

子集 H 被称为闭的 (closed), 如果 $H\omega = H$.

逆半群的任意子半群未必为逆半群. 逆半群 S 的子半群 H 是逆半群当且仅当
$$对任意的 s \in S, 由 s \in H \Rightarrow s^{-1} \in H.$$
此时称 H 为 S 的逆子半群.

命题 3.3.3　设 H 是逆半群 S 的逆子半群, 那么 $H\omega$ 是 S 的闭逆子半群.

证明　由等式 (3.3.5) 可知 $H\omega$ 是闭的. 任取 $x, y \in H\omega$, 由定义, 存在 $h, k \in H$, 使得 $x \geqslant h, y \geqslant k$. 由条件 (3.3.1) 可得 $xy \geqslant hk \in H$. 故 $xy \in H\omega$. 说明 $H\omega$ 为 S 的子半群. 对任意的 $x \in H\omega$, 存在 $h \in H$, 使得 $x \geqslant h$. 所以 $x^{-1} \geqslant h^{-1} \in H$. 这样 $x^{-1} \in H\omega$, 故 $H\omega$ 为逆子半群.　∎

3.4 逆半群上的同余

先考虑一下半群上同余的研究背景. 设 G 是群, ρ 是 G 上的同余, e 为 G 的单位元, 容易证明 $e\rho$ 是 G 的正规子群. 若记 $e\rho$ 为 N, 那么容易看出

$$(x,y) \in \rho \text{ 当且仅当 } xy^{-1} \in N.$$

对任意的 $x \in G$, ρ 同余类 $x\rho$ 是陪集 Nx(因为 N 是正规子群, 故 $Nx = xN$). 因为同余完全可以由 N 来决定, 所以通常将商群 S/ρ 记作 G/N.

设 R 是环, ρ 是 R 上的同余, 那么 0ρ 是 R 的双边理想. 将 0ρ 记作 I, 那么

$$(x,y) \in \rho \text{ 当且仅当 } x - y \in I.$$

在这种情形下, $x\rho$-类就是其同余类 $x + I$. 同余完全由 I 决定, 故商环的标准记号为 R/I.

研究半群的结构, 考虑其同余是重要方法之一. 由于逆半群和群的某种相似性, 研究逆半群的同余, 可以在某种程度上采用群同余的研究方法.

设 ρ 是逆半群上的同余, E 是其幂等元半格. 将 ρ 限制在 E 上, 就是 E 上的同余, 称之为 ρ 的迹 (trace), 记作 $\tau = \mathrm{tr}\rho$. 每一个 τ-类等于 $e\rho \cap E$. 同余 τ 称为正规的 (normal), 如果

$$e\tau f \Rightarrow (\forall a \in S)a^{-1}ea\tau a^{-1}fa.$$

由于 $a^{-1}ea$ 和 $a^{-1}fa$ 均为幂等元, 且 $a^{-1}ea \ \tau \ a^{-1}fa$, 故如上定义.

命题 3.4.1 设 ρ 是逆半群 S 上的同余. 那么 S/ρ 是群当且仅当 $\mathrm{tr}\rho = E \times E$.

证明 首先假设 S/ρ 是群. 那么 S 的每个幂等元通过自然满同态 $\rho^{\natural} : S \to S/\rho$ 映成了 S/ρ 的幂等元, 即群的唯一的幂等元. 因此, $\mathrm{tr}\rho = E \times E$. 反之, 假设 $\mathrm{tr}\rho = E \times E$. 由引理 2.4.2, S/ρ 的每个幂等元一定是 S 的某个幂等元在自然满同态 $\rho^{\natural}$ 下的像, 因此 S/ρ 是包含唯一幂等元的逆半群, 所以是群. ∎

下一步, 类似于群论的情形, 定义 $N = \ker\rho$, 即 ρ 的核为所有幂等元所在 ρ-类的并

$$N = \ker\rho = \bigcup_{e \in E} e\rho.$$

利用逆半群上同余的性质容易证明 N 为 S 的逆子半群. 而且 N 还是全 (full)逆子半群, 也就是说 N 中包含了全部的幂等元. 更进一步, N 还是自共轭的 (self-conjugate), 意思是说

$$a \in N \Rightarrow (\forall x \in S) \ x^{-1}ax \in N,$$

因为由 $a \in e\rho$ 可得 $x^{-1}ax \in (x^{-1}ex)\rho \subseteq N$.

　　称逆半群的逆子半群是正规的 (normal), 如果它是全的和自共轭的逆子半群. 因此 $N = \mathrm{Ker}\rho$ 是正规的逆子半群. 注意正规同余和正规逆子半群是两个概念.

　　下面将证明, S 的同余 ρ 的性质完全可以由其 $\mathrm{Ker}\rho$ 和 $\mathrm{tr}\rho$ 来描述. 首先, 对任意的 $a \in S, e \in E$,

$$ae \in \mathrm{Ker}\rho \text{ 且 } (e, a^{-1}a) \in \mathrm{tr}\rho \Rightarrow a \in \mathrm{Ker}\rho. \tag{3.4.1}$$

因为, 若 $f \in E$ 且 $ae\rho f$, 那么

$$a = aa^{-1}a\rho ae\rho f,$$

所以 $a \in \mathrm{Ker}\rho$. 而且

$$a \in \mathrm{Ker}\rho \Rightarrow (aa^{-1}, a^{-1}a) \in \mathrm{tr}\rho. \tag{3.4.2}$$

因为, 若 $a \in e\rho$, 其中 $e \in E$. 那么易知 $a^{-1} \in e\rho$, 因此 $aa^{-1}, a^{-1}a \in e\rho$. 因此, $(aa^{-1}, a^{-1}a) \in \mathrm{tr}\rho$.

　　设 S 是逆半群, E 是其幂等元半格, N 是 S 的正规子半群, τ 是 E 上的正规同余. 称 (N, τ) 是 S 的同余对 (congruence pair), 若对任意的 $a \in S, e \in E$, 满足条件:

　　(C1) 由 $ae \in N$ 以及 $(e, a^{-1}a) \in \tau$ 可推出 $a \in N$;

　　(C2) 由 $a \in N$ 可推出 $(aa^{-1}, a^{-1}a) \in \tau$.

　　在证明主要定理之前, 先看一个引理.

　　引理 3.4.2　设 S 是逆半群, (N, τ) 是同余对, $a, b \in S, e \in E$. 那么

　　(1) 若 $aeb \in N$ 且 $e\tau a^{-1}a$, 那么 $ab \in N$.

　　(2) 若 $(a^{-1}a, b^{-1}b) \in \tau$ 且 $ab^{-1} \in N$, 那么对任意的 $e \in E$, $(a^{-1}ea, b^{-1}eb) \in \tau$.

　　证明　(1) 假设 $aeb \in N$ 且 $e\tau a^{-1}a$. 那么

$$aeb = aebb^{-1}b = ab \cdot b^{-1}eb = ab \cdot f,$$

其中 $f = b^{-1}eb \in E$, 因此, $ab \cdot f \in N$. 因为 τ 是正规的, 由 $e\tau a^{-1}a$ 可得 $f = b^{-1}eb\tau b^{-1}a^{-1}ab = (ab)^{-1}(ab)$. 故由 (C1) 可得结论.

　　(2) 假设 $(a^{-1}a, b^{-1}b) \in \tau$, $ab^{-1} \in N$ 且 $e \in E$. 那么在模 τ 的意义下有

$$
\begin{aligned}
a^{-1}ea &= (a^{-1}ea)(a^{-1}a)(a^{-1}ea) \\
&\equiv (a^{-1}ea)(b^{-1}b)(a^{-1}ea) \text{ (因为 } a^{-1}a\tau b^{-1}b \text{ 且 } \tau \text{ 正规)} \\
&\equiv (a^{-1}e)(ab^{-1})(ab^{-1})^{-1}ea
\end{aligned}
$$

$$\equiv (a^{-1}e)(ba^{-1})(ab^{-1})ea \text{ (因为 } ab^{-1} \in N \text{ 且 } \tau \text{ 正规, 由 (C2) 可得)}$$

$$= a^{-1}(ab^{-1}e)^{-1}(ab^{-1}e)a$$

$$\equiv a^{-1}a(b^{-1}eb)a^{-1}a \text{ (因为 } ab^{-1}e \in N \text{ 且 } \tau \text{ 正规, 由 (C2) 可得)}$$

$$\equiv b^{-1}b(b^{-1}eb)b^{-1}b \text{ (因为 } \tau \text{ 是同余)}$$

$$= b^{-1}eb. \qquad \blacksquare$$

下面给出逆半群同余的主要结论.

定理 3.4.3 设 S 是逆半群, E 是其幂等元半格. 若 ρ 是 S 的同余, 那么 $(\mathrm{Ker}\rho, \mathrm{tr}\rho)$ 是同余对. 反之, 若 (N, τ) 是同余对, 那么如下定义的关系

$$\rho_{(N,\tau)} = \{(a,b) \in S \times S \mid (a^{-1}a, b^{-1}b) \in \tau, ab^{-1} \in N\}$$

是 S 上的同余. 而且, $\mathrm{Ker}\rho_{(N,\tau)} = N$, $\mathrm{tr}\rho_{(N,\tau)} = \tau$, 并且 $\rho_{(\mathrm{Ker}\rho, \mathrm{tr}\rho)} = \rho$.

证明 由 (3.4.1) 和 (3.4.2) 可知定理的前半部分成立. 假设 (N, τ) 是同余对, 令 $\rho = \rho_{(N,\tau)} = \{(a,b) \in S \times S \mid (a^{-1}a, b^{-1}b) \in \tau, ab^{-1} \in N\}$. 因为 N 是全的, 故 ρ 是自反关系. 由于 τ 是对称的且 N 是逆子半群, 故 ρ 是对称的. 下证 ρ 是传递的. 设 $(a,b), (b,c) \in \rho$, 那么 $(a^{-1}a, b^{-1}b) \in \tau, (b^{-1}b, c^{-1}c) \in \tau$, 故 $(a^{-1}a, c^{-1}c) \in \tau$. 而且 由 $ab^{-1}, bc^{-1} \in N$, 可得 $a(b^{-1}b)c^{-1} = aec^{-1} \in N$, 其中 $e = b^{-1}b$. 因为 $e\tau a^{-1}a$, 由 引理 3.4.2 的 (1) 可得 $ac^{-1} \in N$. 因此 $(a,c) \in \rho$, 至此证明了 ρ 是等价关系.

假设 $(a,b) \in \rho$ 且 $c \in S$. 那么 $a^{-1}a\tau b^{-1}b$, 因此在模 τ 的意义下

$$(ac)^{-1}(ac) = c^{-1}(a^{-1}a)c \equiv c^{-1}(b^{-1}b)c = (bc)^{-1}(bc).$$

而且

$$(ac)(bc)^{-1} = a(cc^{-1})b^{-1} = a(cc^{-1})(b^{-1}b)b^{-1} = ab^{-1}(bcc^{-1}b^{-1}) \in N.$$

因此, $ac\rho bc$. 在模 τ 的意义下

$$(ca)^{-1}(ca) = a^{-1}(c^{-1}c)a \equiv b^{-1}(c^{-1}c)b = (cb)^{-1}(cb),$$

由于 N 是正规的, 由引理 3.4.2 的 (2) 可得 $(ca)(cb)^{-1} = c(ab^{-1})c^{-1} \in N$. 即 $ca\rho cb$. 这样就证明了 $\rho = \rho_{(N,\tau)}$ 是同余.

显然若 $a \in e\rho$, 其中 $e \in E$, 那么 $a^{-1}a\tau e$ 且 $ae \in N$. 由条件 (C1) 可得 $a \in N$. 这样 $\mathrm{Ker}\rho \subseteq N$. 反之, 若 $a \in N$, 那么 $ae^{-1} \in N$, 其中 $e = a^{-1}a$, 当然 $a^{-1}a\tau e^{-1}e$(实际上 $a^{-1}a$ 和 $e^{-1}e$ 相等), 因此由 ρ 的定义可得 $(a,e) \in \rho$, 则 $a \in e\rho \subseteq \mathrm{Ker}\rho$. 所以 $\mathrm{Ker}\rho_{(N,\tau)} = N$.

下面证明 $\mathrm{tr}\rho_{(N,\tau)} = \tau$, 设 $e, f \in E$ 且 $(e,f) \in \rho = \rho_{(N,\tau)}$. 那么

$$e = e^{-1}e\tau f^{-1}f = f.$$

因此 $\mathrm{tr}\rho \subseteq \tau$. 反之, 若 $e\tau f$, 那么

$$e^{-1}e = e\tau f = f^{-1}f$$

并且 $ef^{-1} = ef \in E \subseteq N$, 因此, $(e,f) \in \rho \cap (E \times E) = \mathrm{tr}\rho$. 这样就证明了 $\mathrm{tr}\rho_{(N,\tau)} = \tau$.

最后证明 $\rho_{(\mathrm{Ker}\rho,\mathrm{tr}\rho)} = \rho$. 设 $(a,b) \in \rho$. 那么 $(a^{-1}, b^{-1}) \in \rho$, 因此 $(a^{-1}a, b^{-1}b) \in \rho$. 因为 $a^{-1}a, b^{-1}b$ 是幂等元, 事实上有 $(a^{-1}a, b^{-1}b) \in \mathrm{tr}\rho$. 而且 $(ab^{-1}, bb^{-1}) \in \rho$, 因此 $ab^{-1} \in (bb^{-1})\rho \subseteq \mathrm{Ker}\rho$. 故有 $\rho \subseteq \rho_{(\mathrm{Ker}\rho,\mathrm{tr}\rho)}$.

反之, 假设 $(a,b) \in \rho_{(\mathrm{Ker}\rho,\mathrm{tr}\rho)}$, 则 $(a^{-1}a, b^{-1}b) \in \mathrm{tr}\rho$, 并且 $ab^{-1} \in \mathrm{Ker}\rho$. 那么 $(ab^{-1})\rho$ 是 S/ρ 的幂等元, 故

$$(ab^{-1})\rho = ((ab^{-1})^{-1}\rho)((ab^{-1})\rho) = (ba^{-1}ab^{-1})\rho,$$

那么, 在模 ρ 的意义下

$$a = aa^{-1}a \equiv ab^{-1}b = ba^{-1}ab^{-1}b \equiv bb^{-1}bb^{-1}b = b.$$

换言之, $(a,b) \in \rho$. 故最后证明了 $\rho_{(\mathrm{Ker}\rho,\mathrm{tr}\rho)} = \rho$. ∎

下面考虑一些特殊情形的同余.

命题 3.4.4 设 S 是逆半群, E 是其幂等元半格, τ 是 E 上的正规同余. 那么

(1) 如下定义的关系 $\tau_{\min}$

$$\{(a,b) \in S \times S | aa^{-1}\tau bb^{-1} \text{ 且存在 } e \in E, \text{使得 } e\tau aa^{-1}, ea = eb\}$$

是迹为 τ 的最小同余;

(2) 如下定义的关系 $\tau_{\max}$

$$\{(a,b) \in S \times S | \text{ 对任意的 } e \in E, a^{-1}ea\tau b^{-1}eb\}$$

是迹为 τ 的最大同余.

证明 (1) 先证明 $\tau_{\min}$ 是等价关系. 显然 $\tau_{\min}$ 是自反的和对称的. 下证它也是传递的. 设 $(a,b), (b,c) \in \tau_{\min}$. 那么 $aa^{-1}\tau bb^{-1}\tau cc^{-1}$, 因此存在 $e, f \in (aa^{-1})\tau$, 使得 $ea = eb, fb = fc$. 那么 $ef \in (aa^{-1})\tau$ 且 $efa = efc$, 故 $(a,c) \in \tau_{\min}$.

再证 $\tau_{\min}$ 是同余. 假设 $(a,b) \in \tau_{\min}, c \in S$. 那么 $aa^{-1}\tau bb^{-1}$ 且存在 $e \in (aa^{-1})\tau$ 使得 $ea = eb$. 由 τ 是正规的可得 $(ca)(ca)^{-1} = c(aa^{-1})c^{-1}\tau c(bb^{-1})c^{-1}$, 并且有

$cec^{-1} \in ((ca)(ca)^{-1})\tau$, 使得 $(cec^{-1})ca = cea = ceb = (cec^{-1})cb$. 即 $(ca, cb) \in \tau_{\min}$. 另一方面, 在模 τ 的意义下

$$(ac)(ac)^{-1} = a(cc^{-1})a^{-1} = aa^{-1}a(cc^{-1})a^{-1}$$
$$\equiv eacc^{-1}a^{-1} = eacc^{-1}a^{-1}e = ebcc^{-1}b^{-1}e = ebcc^{-1}b^{-1}$$
$$\equiv bb^{-1}bcc^{-1}b^{-1} = (bc)(bc)^{-1}.$$

用 f 表示幂等元 $e(ac)(ac)^{-1}$. 那么 $f\tau aa^{-1}(ac)(ac)^{-1} = (ac)(ac)^{-1}$, 并且

$$f(ac) = e(ac)(ac)^{-1}(ac) = (ac)(ac)^{-1}(ea)c = (ac)(ac)^{-1}(eb)c$$
$$= e(ac)(ac)^{-1}(bc) = f(bc).$$

下面证明 $\mathrm{tr}\tau_{\min} = \tau$. 假设 $(e, f) \in \tau$, 那么 $ee^{-1}\tau ff^{-1}$, 存在 $ef \in E$, 使得 $ef\tau ee^{-1}$ 且 $(ef)e = (ef)f$. 因此 $(e, f) \in \mathrm{tr}\tau_{\min}$. 反之, 假设 $(e, f) \in \tau_{\min} \cap (E \times E)$, 那么 $e = ee^{-1}\tau ff^{-1} = f$.

最后证明, $\tau_{\min}$ 是迹为 τ 的最小同余. 假设 ρ 是以 τ 为迹的任意同余, 即 ρ 限制在幂等元集上就是 τ, $(a, b) \in \tau_{\min}$. 那么 $aa^{-1}\rho bb^{-1}$, 且存在幂等元 e 使得 $e\rho aa^{-1}$ 并且 $ea = eb$. 故模 ρ 可得

$$a = aa^{-1}a \equiv ea = eb \equiv bb^{-1}b = b.$$

(2) 显然 $\tau_{\max}$ 是等价关系. 设 $(a, b) \in \tau_{\max}$, $c \in S$. 对任意的 $e \in E$, 模 τ 可得

$$(ac)^{-1}e(ac) = c^{-1}(a^{-1}ea)c \equiv c^{-1}(b^{-1}eb)c = (bc)^{-1}e(bc),$$

故 $(ac, bc) \in \tau_{\max}$. 因为对任意的 $e \in E$, $c^{-1}ec \in E$, 利用 $\tau_{\max}$ 的定义中幂等元的任意性, 模 τ 有

$$(ca)^{-1}e(ca) = a^{-1}(c^{-1}ec)a \equiv b^{-1}(c^{-1}ec)b = (cb)^{-1}e(cb),$$

故 $(ca, ca) \in \tau_{\max}$.

下证 $\mathrm{tr}\tau_{\max} = \tau$, 假设 $(e, f) \in \tau$. 对任意的 $i \in E$, 模 τ 有

$$e^{-1}ie = ie \equiv if = f^{-1}if,$$

故 $(e, f) \in \mathrm{tr}\tau_{\max}$. 反之, 假设 $(e, f) \in \tau_{\max} \cap (E \times E)$. 那么对任意的 $i \in E$, $ie\tau if$. 特别地, $e = ee\tau ef$ 并且 $fe\tau ff = f$, 故 $(e, f) \in \tau$.

最后证明 $\tau_{\max}$ 是迹为 τ 的最大同余. 假设 ρ 是迹为 τ 的同余且 $(a, b) \in \rho$. 那么 $(a^{-1}, b^{-1}) \in \rho$, 故对任意的 $e \in E$, 有

$$(a^{-1}ea, b^{-1}eb) \in \rho \cap (E \times E) = \tau.$$

说明 $(a,b) \in \tau_{\max}$.

以下两个同余是很有趣的. 首先, 若 $\tau = E \times E$, 即 E 上的泛同余. 那么

$$\tau_{\min} = \{(a,b) \in S \times S | 存在 e \in E, 使得 ea = eb\}. \tag{3.4.3}$$

由命题 3.4.1 和命题 3.4.4 可知, $\tau_{\min}$ 是使得 S/ρ 为群的最小群同余. 一般用记号 σ 表示, 称之为 S 上的最小群同余 (minimum group congruence). 从另一角度看, S/σ 是 S 的最大群同态像, 意思是对 S 上任意的同余 γ, 若 S/γ 是群, 则存在同态 $\varsigma : S/\sigma \to S/\gamma$, 使得图 3.1 交换.

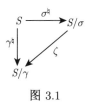

图 3.1

下面的定理刻画了 $\mathrm{Ker}\,\sigma$.

定理 3.4.5　设 S 是逆半群, E 是其幂等元半格, σ 是 S 的最小群同余, 那么 $\mathrm{Ker}\sigma = E\omega$, 故

$$\sigma = \{(a,b) \in S \times S | ab^{-1} \in E\omega\}.$$

证明　因为对任意的 $e,f \in E, e\sigma = f\sigma$, 故任意选取 S 的幂等元 $i \in E$, 有 $\mathrm{Ker}\sigma = i\sigma$. 任取 $a \in \mathrm{Ker}\sigma$, $(a,i) \in \sigma$, 故由等式 (3.4.3) 可知对某个幂等元 $e \in E$, $ea = ei$. 因此 $a \geqslant ea = ei \in E$, 故 $a \in E\omega$.

反之, 假设 $a \in E\omega$, 故存在幂等元 $e \in E$, 使得 $a \geqslant e$. 所以有 $f \in E$, 使得 $fa = e = fe$, 即 $a\sigma e$. 剩下的证明由定理 3.4.3 可得.　　　　■

另外一种有趣的特殊情形是 $1_{\max}$. 一个同余的迹如果是恒等同余, 则该同余 1 就称为幂等元可分离同余 (idempotent-separating congruence). 通常用记号 μ 来表示 $1_{\max}$, 并称之为 S 上的最大幂等元可分离同余 (maximum idempotent-separating congruence). 该同余为

$$\mu = \{(a,b) \in S \times S | 任意的 e \in E, a^{-1}ea = b^{-1}eb\}. \tag{3.4.4}$$

为确定 μ 的核, 需要中心化子的概念. 称如下定义的 $E\zeta$ 为幂等元集合 E 在 S 中的中心化子 (centralizer of E)

$$E\zeta = \{a \in S | 任意的 e \in E, ae = ea\}. \tag{3.4.5}$$

关于 $E\zeta$ 有如下结果.

定理 3.4.6 设 S 是逆半群, E 是其幂等元半格, μ 是 S 的最大幂等元可分离同余, 那么 $\operatorname{Ker}\mu = E\zeta$, 因此

$$\mu = \{(a,b) \in S \times S | a^{-1}a = b^{-1}b \text{ 且 } ab^{-1} \in E\zeta\}.$$

证明 假设 $a \in \operatorname{Ker}\mu$, 那么对某个 $i \in E$, 有 $a\mu i$. 因此, $a^{-1} \equiv i^{-1} = i$, 故 $a^{-1}a\mu i^2 = i$, 所以 $a \equiv a^{-1}a \pmod{\mu}$, 那么对任意的 $e \in E$, 由等式 (3.4.4)

$$a^{-1}ea = a^{-1}aea^{-1}a = a^{-1}ae.$$

这样有

$$ea = eaa^{-1}a = aa^{-1}ea = aa^{-1}ae = ae,$$

即 $a \in E\zeta$.

反之, 设 $a \in E\zeta$, 则对任意的 $e \in E$,

$$a^{-1}ea = a^{-1}ae = a^{-1}aea^{-1}a = (a^{-1}a)^{-1}ea^{-1}a,$$

这样, $a\mu a^{-1}a$, 故 $a \in \operatorname{Ker}\mu$. 剩下的证明由定理 3.4.3 可得. ∎

定理 3.4.7 设 S 是逆半群, E 是其幂等元半格, μ 是 S 的最大幂等元可分离同余, 那么 $\mu = \mathcal{H}^b$, 即 S 上包含在 $\mathcal{H}$ 中的最大幂等元可分离同余.

证明 设 $(a,b) \in \mu$, 由定理 3.4.6 可得 $a^{-1}a = b^{-1}b$. 因为 $(a^{-1},b^{-1}) \in \mu$, 故也有 $aa^{-1} = bb^{-1}$, 即 $(a,b) \in \mathcal{H}$. 故证明了 $\mu \subseteq \mathcal{H}$.

设 ρ 为任意的同余且 $\rho \subseteq \mathcal{H}$, 任取 $(a,b) \in \rho$, 则 $(a^{-1},b^{-1}) \in \rho$, 因此对任意的 $e \in E$, 有

$$(a^{-1}ea, b^{-1}eb) \in \rho \subseteq \mathcal{H}.$$

由推论 2.2.6 可得 $a^{-1}ea = b^{-1}eb$, 因此 $(a,b) \in \mu$. ∎

称逆半群 S 是基本的 (fundamental), 如果其最大幂等元可分离同余是恒等同余 1_S.

定理 3.4.8 设 S 是逆半群, E 是其幂等元半格, μ 是 S 的最大幂等元可分离同余, 那么 S/μ 是基本的, 其幂等元半格同构于 E.

证明 S/μ 的每一个幂等元都有形式 $e\mu$, 其中 $e \in E$. 设 $(a\mu, b\mu) \in \mu_{S/\mu}$, 那么对任意的 $e \in E$,

$$(a\mu)^{-1}(e\mu)(a\mu) = (b\mu)^{-1}(e\mu)(b\mu),$$

故 $(a^{-1}ea, b^{-1}eb) \in \mu$. 因为 μ 是幂等元可分离的, 所以 $a^{-1}ea = b^{-1}eb$, 即 $a\mu = b\mu$. 说明 S/μ 是基本的. 由于同态 $\mu^\natural$ 可以使幂等元分离, 故定理剩下的部分显然. ∎

3.5　逆半群的表示

如前所述, 逆半群 S 的表示, 指的是存在逆半群 S 到某个对称逆半群 $\mathcal{I}_X$ 的同态 ϕ. 若 ϕ 是单的, 则称该表示是忠实的. 特别地, 定理 1.1.1 所描述的表示 $\phi: S \to \mathcal{I}_S$, 称之为 Vagner-Preston 表示. 由定理 3.2.4 可知, 对任意的表示 $\phi: S \to \mathcal{I}_X$, $S\phi$ 是 $\mathcal{I}_X$ 的逆子半群. 本节主要讨论逆子半群 $S\phi$ 的特征. 设 H 是 $\mathcal{I}_X$ 的逆子半群, 其中 X 是任意的非空集合. 设 τ_H 是如下定义的关系

$$\{(a,b) \in X \times X | 存在 \kappa \in H, 使得 a \in \mathrm{dom}\kappa, 并且 a\kappa = b\}.$$

称 τ_H 为 H 上的传递关系.

引理 3.5.1　若 H 是对称逆半群 $\mathcal{I}_X$ 的逆子半群, 则 τ_H 是 X 上对称的和传递的关系.

证明　若 $(x,y) \in \tau_H$, 则存在 $\kappa \in H$, 使得 $x\kappa = y$. 那么 $y \in \mathrm{im}\kappa = \mathrm{dom}\kappa^{-1}$, 并且 $y\kappa^{-1} = x$. 因为 $\kappa^{-1} \in H$, 可得 $(y,x) \in \tau_H$. 假设 $(x,y),(y,z) \in \tau_H$. 那么存在 $k, \lambda \in H$, 使得 $x\kappa = y, y\lambda = z$. 由此可得, $x \in \mathrm{dom}(\kappa\lambda)$ 并且 $x(\kappa\lambda) = z$. 这样 $(x,z) \in \tau_H$. ∎

一般来讲, τ_H 未必是等价关系, 也就是说, 它未必是自反的. 因为可能存在 $x \in X$ 使得 x 不在 H 中任一元素的定义域中. 这相当于是说存在 $x \in X$, 使得 $(x,x) \notin \tau_H$, 因为若有 $(x,y) \in \tau_H$, 由对称性和传递性可得 $(x,x) \in \tau_H$. 定义 τ_H 的定义域 dom 为如下的集合

$$X_{\tau_H} = \{x \in X | (x,x) \in \tau_H\},$$

则由此可得 τ_H 是其定义域 X_{τ_H} 上的等价关系. 称 H 是 $\mathcal{I}_X$ 的有效的 (effective)逆子半群, 如果 $X_{\tau_H} = X$, 在这种情形之下, τ_H 是 X 上的等价关系.

X_{τ_H} 中的 τ_H-类称为 H 的传递类, H 被称为传递的 (transitive), 如果 τ_H 是 X_{τ_H} 上的泛关系. 所以 H 是有效的和传递的当且仅当对任意的 $a, b \in X$, 存在 $\kappa \in H$ 使得 $a\kappa = b$. 称 $\phi: S \to \mathcal{I}_X$ 是有效的 (传递的) 表示, 如果 $S\phi$ 是 I_X 的有效的 (传递的) 逆子半群.

设 $\{X_i | i \in I\}$ 是两两不相交的集合, 令

$$X = \bigcup_{i \in I} X_i.$$

设 S 是逆半群, 假设对任意的 $i \in I$, 均有一个表示 $\phi_i: S \to \mathcal{I}_{X_i}$. 对任意的 $s \in S$, 可以将 $s\phi_i$ 看成 $X_i \times X_i$ 的子集. 那么

$$\bigcup_{i \in I} s\phi_i$$

是 X 上的一个部分一一映射, 其定义域为 $\bigcup_{i \in I} \operatorname{dom} \phi_i$. 将这个映射记作 ϕ, 称之为表示 ϕ_i 的和 (sum). 并用如下记号表示

$$X = \bigoplus_{i \in I} \phi_i. \tag{3.5.1}$$

若 $I = \{1, 2, \cdots, n\}$, 就写为

$$\phi = \phi_1 \oplus \phi_2 \oplus \cdots \oplus \phi_n.$$

因为 (3.5.1) 是按照集合的并定义的, 其交换性和结合律是成立的.

若 $\phi : S \to \mathcal{I}_X$ 和 $\psi : S \to \mathcal{I}_Y$ 均为逆半群 S 的表示, 称表示 ϕ 和 ψ 是等价的, 若存在双射 $\theta : X \to Y$ 使得对任意的 $s \in S$,

$$s\psi = \{(x\theta, x'\theta) \in Y \times Y \,|\, (x, x') \in s\phi\}.$$

换句话说, $\operatorname{dom}(s\psi) = (\operatorname{dom}(s\phi))\theta$, 并且对任意的 $x \in \operatorname{dom}(s\phi)$,

$$(x(s\phi))\theta = (x\theta)(s\psi).$$

等价的两个表示仅仅是名字上的不同. 等价的重要作用之一, 就是在需要的时候可以构造两个表示的和. 例如, 若 X_1 和 X_2 是两个相交的集合, 并且有两个表示 $\phi_1 : S \to \mathcal{I}_{X_1}$ 和 $\phi_2 : S \to \mathcal{I}_{X_2}$. 若有一个表示 $\psi_2 : S \to \mathcal{I}_{Y_2}$ 等价于表示 $\phi_2 : S \to \mathcal{I}_{X_2}$, 且 $X_1 \cap Y_2 = \varnothing$, 则就可以有和: $\phi_1 \oplus \psi_2$, 而和的结构在很多问题的研究中有某种方便性.

下面的结论揭示了有效的和传递的表示的重要性.

定理 3.5.2 逆半群 S 的每一个有效的表示是一族可唯一决定的有效的和传递的表示的和.

证明 设 $\phi : S \to \mathcal{I}_X$ 是逆半群 S 的一个有效的表示, 记 $S\phi$ 为 H. 传递性关系 τ_H 是 X 上的等价关系. 用 $X_i (i \in I)$ 表示 τ_H-类. 那么

$$\tau_H = \bigcup_{i \in I} (X_i \times X_i), \quad \bigcup_{i \in I} X_i = X.$$

对任意的 $i \in I$, 如下定义表示 ϕ_i

$$s\phi_i = s\phi \cap (X_i \times X_i) \quad (s \in S).$$

也就是说, $s\phi_i$ 是部分映射 $s\phi$ 在 $\operatorname{dom}(s\phi) \cap X_i$ 上的限制. 因为 X_i 是 H 的传递类, 自然有 $\operatorname{im}(s\phi_i) \subseteq X_i$, 事实上

$$\operatorname{im}(s\phi_i) = \operatorname{im}(s\phi) \cap X_i.$$

为证明 ϕ_i 是一个表示, 注意到对任意的 $s, t \in S$,

$$(st)\phi_i = (st)\phi \cap (X_i \times X_i) = (s\phi)(t\phi) \cap (X_i \times X_i).$$

因此 $(x, y) \in (s\phi)(t\phi)$ 当且仅当存在 $z \in X$ 使得 $(x, z) \in s\phi$ 且 $(z, y) \in t\phi$. 事实上, 若 $x, y \in X_i$, 那么由于 X_i 是 $H = S\phi$ 的传递类, 故 $z \in X_i$. 因此

$$(s\phi)(t\phi) \cap (X_i \times X_i) = (s\phi \cap (X_i \times X_i))(t\phi \cap (X_i \times X_i)),$$

故有 $(st)\phi_i = (s\phi_i)(t\phi_i)$.

因为对任意的 $(x, y) \in X_i \times X_i$, 由 τ_H 的定义, 存在 $s\phi$, 使得 $(x, y) \in s\phi$. 故 $(x, y) \in s\phi \cap (X_i \times X_i) = s\phi_i$, 则每一个 ϕ_i 是传递的和有效的.

对任意的 $s \in S$,

$$\begin{aligned}
\bigcup_{i \in I} \{s\phi_i | i \in I\} &= \bigcup_{i \in I} \{s\phi \cap (X_i \times X_i) | i \in I\} \\
&= (s\phi) \cap \bigcup_{i \in I} \{X_i \times X_i | i \in I\} \\
&= s\phi \left(\text{因为} s\phi \subseteq \bigcup_{i \in I} \{X_i \times X_i | i \in I\} \right).
\end{aligned}$$

故 ϕ 表示 ϕ_i 的和.

最后, 证明族 $\{\phi_i | i \in I\}$ 是唯一的. 假设 $\psi_j : S \to Y_j$ 是 S 的有效的和传递的表示且 ϕ 是 $\{\psi_j | j \in J\}$ 的和, X 是两两不交的集合 Y_j 的并. 和 $\phi = \oplus_{j \in J} \psi_j$ 的传递类是集合 Y_j, 并且对任意的 $s \in S$, 有

$$(s\phi) \cap (Y_j \times Y_j) = s\psi_j.$$

这说明, 经过适当排序, 每一个 Y_j 就是某个 X_i, 且 ψ_j 恰好等价于 ϕ_i. ■

接下来进一步讨论有效的和传递的表示, 首先考虑逆半群的一种特殊类型的表示, 它与逆半群的闭逆子半群有关, 首先, 从推广群论中右陪集的概念开始. 设 S 是逆半群, H 是 S 的逆子半群, $s \in S$, 则子集 Hs 未必包含 s, 但如果 $ss^{-1} \in H$, 那么 Hs 一定包含 s. 故定义 S 的右陪集为 Hs, 其中 $s \in S$ 并且 $ss^{-1} \in H$. 即使 H 是闭的, 然而 Hs 未必为闭的. 右陪集 Hs 的闭包 $(Hs)\omega$ 称为 H 的右 ω-陪集. 注意到任意子集 Hs 未必为右陪集, 除非 $ss^{-1} \in H$. 事实上, $H\omega$ 就是右 ω-陪集. 因为对任意的 $h \in H$, 容易证明 $H\omega = (Hh)\omega$.

用 $\mathcal{C}$ 表示 H 的所有右 ω-陪集的集合.

命题 3.5.3 设 H 是逆半群 S 的逆子半群, $(Ha)\omega, (Hb)\omega$ 是 H 的右 ω-陪集. 则下述条件等价:

(1) $(Ha)\omega = (Hb)\omega$;   (2) $ab^{-1} \in H\omega$;

(3) $a \in (Hb)\omega$;   (4) $b \in (Ha)\omega$.

证明 $(1) \Rightarrow (2)$ 假设 $(Ha)\omega = (Hb)\omega$. 那么

$$a = aa^{-1}a \in Ha \subseteq (Ha)\omega = (Hb)\omega,$$

故存在 $h \in H$, 使得 $a \geqslant hb$. 由此可得

$$ab^{-1} \geqslant hbb^{-1} \in H,$$

故 $ab^{-1} \in H\omega$.

$(2) \Rightarrow (3)$ 若 $ab^{-1} \in H\omega$, 那么存在 $h \in H$, 使得 $ab^{-1} \geqslant h$, 因此

$$a \geqslant ab^{-1}b \geqslant hb.$$

则 $a \in (Hb)\omega$.

$(3) \Rightarrow (1)$ 假设 $a \in (Hb)\omega$. 那么存在 $h \in H$, 使得 $a \geqslant hb$. 对任意的 $s \in (Ha)\omega$, 存在 $k \in H$, 使得 $s \geqslant ka$, 因此 $s \geqslant khb$. 因为 $kh \in H$, 故 $s \in (Hb)\omega$. 说明 $(Ha)\omega \subseteq (Hb)\omega$. 接下来证明反包含. 假设 $t \in (Hb)\omega$, 故存在 $k \in H$, 使得 $t \geqslant kb$. 由假设 $a \geqslant hb$ 以及命题 3.3.2 的 (8) 可得

$$hb = hbb^{-1}h^{-1}a,$$

因此有

$$t \geqslant kb \geqslant kh^{-1}hb = kh^{-1}hbb^{-1}h^{-1}a \in Ha.$$

故 $t \in (Ha)\omega$. 至于 (4) 与其余三条等价, 由 a 与 b 的对称性可得. ∎

对任意的 $s \in S$, 定义 $\mathcal{I_C}$ 的一个元素 $s\phi_H$ 如下

$$s\phi_H = \{((Hx)\omega, (Hxs)\omega) | (Hx)\omega, (Hxs)\omega \in \mathcal{C}\}. \tag{3.5.2}$$

因此, $s\phi_H$ 的定义域为

$$\{(Hx)\omega \in \mathcal{C} | (Hxs)\omega \in \mathcal{C}\}.$$

所以对定义域中每个元素 $(Hx)\omega$, 有

$$((Hx)\omega)(s\phi_H) = (Hxs)\omega.$$

下证 $s\phi_H$ 的确属于 $\mathcal{I_C}$. 假设 $(Hx)\omega = (Hy)\omega$, 并且 $(Hxs)\omega \in \mathcal{C}$. 那么 $xx^{-1}, yy^{-1}, xss^{-1}x^{-1} \in H$. 由 $(Hx)\omega = (Hy)\omega$ 以及命题 3.5.3, $xy^{-1} \in H\omega$. 因此

$$(xy)(ys)^{-1} = xss^{-1}y^{-1} = xx^{-1}xss^{-1}y^{-1} = xss^{-1}x^{-1} \cdot xy^{-1} \in H\omega.$$

再次由命题 3.5.3 可得 $(Hxs)\omega = (Hys)\omega$.

而且, $s\phi_H$ 是一一的, 因为如果 $(Hxs)\omega = (Hys)\omega$, 那么

$$xy^{-1} \geqslant xss^{-1}y^{-1} \in H\omega.$$

所以 $xy^{-1} \in (H\omega)\omega = H\omega$, 可得 $(Hx)\omega = (Hy)\omega$. 这样就证明了 $s\phi_H \in \mathcal{I}_\mathcal{C}$.

命题 3.5.4　设 H 是逆半群 S 的闭逆子半群, 那么按照式 (3.5.2) 定义的映射 $\phi_H : S \to \mathcal{I}_\mathcal{C}$ 是 S 的一个有效的、传递的表示.

证明　先证明 ϕ_H 是一个表示. 考虑 $(st)\phi_H$ 的如下元素

$$((Hx)\omega, (Hxst)\omega),$$

那么由定义, $xx^{-1}, xstt^{-1}s^{-1}x^{-1} \in H$. 由于 $xss^{-1}x^{-1} \geqslant xstt^{-1}s^{-1}x^{-1} \in H\omega = H$. 因此

$$((Hx)\omega, (Hxs)\omega) \in s\phi_H, \quad ((Hxs)\omega, (Hxst)\omega) \in t\phi_H,$$

所以 $((Hx)\omega, (Hxst)\omega) \in (s\phi_H)(t\phi_H)$, 说明 $(st)\phi_H \subseteq (s\phi_H)(t\phi_H)$. 反之, 假设

$$((Hx)\omega, (Hy)\omega) \in (s\phi_H)(t\phi_H),$$

则存在 $(Hz)\omega \in \mathcal{C}$, 使得

$$((Hx)\omega, (Hz)\omega) \in s\phi_H, \quad ((Hz)\omega, (Hy)\omega) \in t\phi_H,$$

那么 $(Hz)\omega = (Hxs)\omega$, $(Hy)\omega = (Hxst)\omega$, 因此 $((Hx)\omega, (Hy)\omega) \in (st)\phi_H$, 所以 ϕ_H 是一个表示.

下证 ϕ_H 是有效的和传递的.

任取 $((Hx)\omega, (Hy)\omega) \in \mathcal{C}$, 令 $s = x^{-1}y$, 下证 $((Hx)\omega, (Hy)\omega) \in s\phi_H$. 因为首先注意到, 由假设, $xx^{-1}, yy^{-1} \in H$, 故

$$(xs)(xs)^{-1} = xx^{-1}yy^{-1}xx^{-1} \in H,$$

所以 $(Hx\omega)\omega \in \mathcal{C}$, 从而由

$$(xs)y^{-1} = xx^{-1}yy^{-1} \in H = H\omega$$

以及命题 3.5.3 可得 $((Hx)\omega, (Hy)\omega) \in s\phi_H$.　∎

下面将证明, 逆半群 S 的每一个有效和传递的表示 $\psi : S \to \mathcal{I}_\mathcal{C}$ 都等价于如下形式的 ϕ_H.

命题 3.5.5 设 X 是集合, $\psi : S \to \mathcal{I}_X$ 是逆半群 S 的一个有效的和传递的表示. 设 z 是 X 中任意一个固定的元素, 令

$$H = \{s \in S | (z, z) \in s\psi\}.$$

那么 H 是 S 的闭逆子半群, 且 ψ 等价于 (3.5.2) 所定义的 ϕ_H.

证明 因为 $(z, z) \in s\psi$ 且 $(z, z) \in t\psi$, 那么 $(z, z) \in (s\psi)(t\psi) = (st)\psi$, 所以 H 是子半群. 由于 ψ 是同态, 则 $s^{-1}\psi = (s\psi)^{-1}$, 因此

$$s \in H \Rightarrow (z, z) \in s\psi \Rightarrow (z, z) \in s^{-1}\psi \Rightarrow s^{-1} \in H.$$

故 H 是逆子半群.

下证 H 是闭的. 假设 $k \in H\omega$, 故存在 $h \in H$, 使得 $k \geqslant h$. 因为偏序是按照乘法定义的, 所以在 $\mathcal{I}_X$ 中 $k\psi \geqslant h\psi$, 故看作 $X \times X$ 的子集有 $k\psi \supseteq h\psi$. 由于 $h \in H$, $(z, z) \in h\psi$, 所以有 $(z, z) \in k\psi$. 这样 $k \in H$, 即 H 是闭的.

为证明 ψ 等价于 ϕ_H, 必须定义从 X 到 H 的右 ω-陪集的集合 $\mathcal{C}$ 的双射. 若 $x \in X$, 因为 ψ 是有效的和传递的, 存在 $a_x \in S$, 使得 $(z, x) \in a_x\psi$. a_x 必然满足性质 $a_x a_x^{-1} \in H$. 因为

$$(z, x) \in a_x\psi \text{ 且 } (x, z) \in a_x^{-1}\psi,$$

故 $(z, z) \in a_x a_x^{-1}\psi$. 故 $(Ha_x)\omega$ 是 H 的右 ω-陪集. 对任意的 $s \in (Ha_x)\omega$, 那么存在 $h \in H$ 使得 $s \geqslant ha_x$, 故 $s\psi \supseteq (h\psi)(a_x\psi)$. $(z, z) \in h\psi$ 且 $(z, x) \in a_x\psi$, 故 $(z, x) \in s\psi$. 反之, 若 $(z, x) \in s\psi$, 由 $(x, z) \in a_x^{-1}\psi$, 可得 $sa_x^{-1} \in H$. 因此, 由命题 3.5.3 可知 $s \in (Ha_x)\omega$. 所以 $(Ha_x)\omega$ 可以如下刻画

$$(Ha_x)\omega = \{s | (z, x) \in s\psi\}. \tag{3.5.3}$$

元素 a_x 未必由 x 唯一决定. 但是, 如果 b_x 也满足条件 $(z, x) \in b_x\psi$, 那么由 (3.5.3) 可得 $b_x \in (Ha_x)\omega$, 因此由命题 3.5.3 可得

$$(Ha_x)\omega = (Hb_x)\omega.$$

因此可以说 $(Ha_x)\omega$ 是由 x 唯一决定的.

如下定义映射 $\theta : X \to \mathcal{C}$

$$x\theta = (Ha_x)\omega \quad (x \in X),$$

其中 a_x 是满足条件 $(z, x) \in a_x\psi$ 的任意元素. 由刚才的讨论可得 θ 是有定义的. 而且 θ 是单的, 因为若 $x\theta = x'\theta = (Ha_x)\omega$, 那么

$$(z, x) \in a_x\psi \, (z, x') \in a_x\psi,$$

而 $a\psi$ 是部分一一映射, 所以 $x = x'$. 事实上 θ 也是满的, 因为若 $(Ha)\omega$ 是 H 的右 ω- 陪集, 那么由定义可知 $aa^{-1} \in H$. 因此

$$(z, z) \in (aa^{-1})\psi = (a\psi)(a^{-1}\psi).$$

因此存在 $x \in X$, 使得 $(z, x) \in a\psi, (x, z) \in a^{-1}\psi$, 故有 $x\theta = (Ha)\omega$.

假设 $x, y \in X, s \in S$, 使得 $(x, y) \in s\psi$, 下证 $(x\theta, y\theta) \in s\phi_H$. 记 $x\theta = (Ha)\omega, y\theta = (Hb)\omega$, 因此 $(z, x) \in a\psi, (z, y) \in b\psi$. 那么由

$$(z, x) \in a\psi, \quad (x, y) \in s\psi, \quad (y, x) \in s^{-1}\psi \quad 且 \quad (x, z) \in a^{-1}\psi$$

可得 $(z, z) \in (ass^{-1}a^{-1})\psi$, 因此 $ass^{-1}a^{-1} \in H$. 由 $(z, x) \in a\psi$ 且 $(x, y) \in s\psi$, 可得 $(z, y) \in (as)\psi$. 由等式 (3.5.3) 和命题 3.5.3 可得 $(Hb)\omega = (H(as))\omega$, 因此

$$(x\theta, y\theta) = ((Ha)\omega, (Has)\omega) \in s\phi_H.$$

已经证明了 $s\psi \subseteq s\phi_H$. 假设

$$(x\theta, y\theta) = ((Ha)\omega, (Has)\omega) \in s\phi_H.$$

由 θ 的定义, 有 $(z, x) \in a\psi, (z, y) \in (as)\psi$. 所以可得

$$(x, y) \in (a^{-1}as)\psi \subseteq s\psi. \qquad \blacksquare$$

上述结论可以总结为如下的定理.

定理 3.5.6　设 S 是逆半群. S 的每一个有效的表示可以唯一地表示为有效的、传递的表示 $\psi_i (i \in I)$ 的和, 每一个 ψ_i 等价于 S 的某个闭逆子半群 H_i 决定的 ϕ_{H_i}.

该定理表达的表示的意义, 在于将 S 中元素映射到 $\mathcal{I}_X$ 中时, 就是要考虑 X 中哪些元素是 "用到" 的, 即总是作为 $S\psi$ 中元素的定义域或者值域中的元素, 即对表示是 "有用" 的.

3.6　E-单式逆半群

设 S 是逆半群, E 是其幂等元半格. 称 S 是 E-单式的, 若 E 是 S 的 E-单式的子半群. 换言之, 对任意的 $e \in E, s \in S$,

$$es \in E \Rightarrow s \in E;$$

$$se \in E \Rightarrow s \in E.$$

事实上, E-单式定义中的两条, 只需要一条也可以. 比如, 若假设只有第一个条件成立, 则如果 $e, se \in E$, 那么显然 $se = (ses^{-1})s \in E$, 由第一个条件可知, $s \in E$.

定理 3.6.1   设 S 是逆半群, E 是其幂等元半格, σ 是 S 上的最小群同余. 那么下述条件等价:

(1) S 是 E-单式的;

(2) $E\omega(\mathrm{Ker}\sigma)=E$;

(3) $\sigma\cap\mathcal{L}=1_S$.

证明   (1)$\Rightarrow$(2)   假设 S 是 E-单式的逆半群, 任取 $a\in E\omega$, 则存在幂等元 $e\in E$ 使得 $a\geqslant e$. 故存在幂等元 $f\in E$ 使得 $e=fa$. 由 $f,fa\in E$ 可得 $a\in E$.

(2)$\Rightarrow$(3)   假设 $E\omega(\mathrm{Ker}\sigma)=E$, $a,b\in S$ 使得 $a\sigma b$ 且 $a\mathcal{L}b$. 那么由命题 3.2.2 可得 $a^{-1}a=b^{-1}b$, 由定理 3.4.5 可得 $ab^{-1}\in E\omega=E$. 因此 $ab^{-1}=(ab^{-1})^{-1}ab^{-1}=ba^{-1}ab^{-1}$. 所以有

$$a=aa^{-1}a=ab^{-1}b=ba^{-1}ab^{-1}b=bb^{-1}bb^{-1}b=b,$$

所以 $\sigma\cap\mathcal{L}=1_S$.

(3)$\Rightarrow$(1)   假设 $\sigma\cap\mathcal{L}=1_S$, 以及 $e,ea\in E$. 由于 $(a,a^{-1}a)\in\mathcal{L}$ 以及 $a\geqslant ea\in E$, 因此 $a\in E\omega$. 由定理 3.4.5 可得对任意的 $i\in E$, $a\sigma i$. 特别地, $(a,a^{-1}a)\in\sigma$. 因此 $(a,a^{-1}a)\in\sigma\cap\mathcal{L}$, 故 $a=a^{-1}a\in E$. ∎

注记 3.6.2   从证明的本质可以看出, 如果定理 3.6.1 的 (3) 改为 $\sigma\cap\mathcal{R}=1_S$, 结论仍然是成立的.

下面给出一种方法, 去构造任意的 E-单式逆半群. 首先, 假设 $\mathcal{X}$ 是带有偏序 $\leqslant$ 的集合, $\mathcal{Y}$ 是 $\mathcal{X}$ 的子集, 满足以下条件:

(P_1) $\mathcal{Y}$ 关于偏序 $\leqslant$ 是下半格, 即对任意的 $A,B\in\mathcal{Y}$, 其最大下界 $A\wedge B\in\mathcal{Y}$;

(P_2) $\mathcal{Y}$ 是一个序理想, 即对任意的 $A,X\in\mathcal{X}$,

$$A\in\mathcal{Y} \text{ 且 } X\leqslant A\Rightarrow X\in\mathcal{Y}.$$

设 $\alpha:\mathcal{X}\to\mathcal{X}$ 是双射, α 被称为序同构, 如果对任意的 $A,B\in\mathcal{X}$, $A\leqslant B\Leftrightarrow\alpha A\leqslant\alpha B$. 记 $\mathrm{Aut}\mathcal{X}$ 为 $\mathcal{X}$ 上所有序自同构按照映射合成作成的群. 设 G 是一个群, G 通过 $\mathcal{X}$ 上的自同构作用在 $\mathcal{X}$ 上. 换言之, 存在从群 G 到 $\mathrm{Aut}\mathcal{X}$ 的群同态 θ, 使得对任意的 $g,h\in G$, $A\in\mathcal{X}$, 有

$$(g\theta)((h\theta)A)=((g\theta)(h\theta))A=((gh)\theta)A.$$

为简单, 通常不写 θ, 而直接说群 G 作用在 $\mathcal{X}$ 上. 因此, 序自同构的性质表明

$$gA=gB\Leftrightarrow A=B,\quad(\forall B\in\mathcal{X})(\exists A\in\mathcal{X})gA=B,$$

$$A\leqslant B\Leftrightarrow gA\leqslant gB.$$

同态的性质可写为

$$g(hA) = (gh)A,$$

其中 $g, h \in G$, $A, B \in \mathcal{X}$.

对任意的 $g \in G$, 映射 $A \mapsto gA$ 是序自同构的特征表明, 若 $A, B \in \mathcal{X}$ 且 $A \wedge B$ 存在, 那么 $gA \wedge gB$ 也存在, 并且

$$gA \wedge gB = y(A \wedge B).$$

最后假设三元组 $(G, \mathcal{X}, \mathcal{Y})$ 还满足如下的性质:

(P$_3$) $G\mathcal{Y} = \mathcal{X}$; 换言之, 对任意的 $X \in \mathcal{X}$, 存在 $g \in G$ 以及 $A \in \mathcal{Y}$, 使得 $gA = X$;

(P$_4$) 对任意的 $g \in G$, $g\mathcal{Y} \cap \mathcal{Y} \neq \varnothing$.

称满足性质 (P$_1$)—(P$_4$) 的三元组为 McAlister 三元组. 给定这样一个三元组, 令

$$S = \mathcal{M}(G, \mathcal{X}, \mathcal{Y}) = \{(A, g) \in \mathcal{Y} \times G | g^{-1}A \in \mathcal{Y}\}, \tag{3.6.1}$$

按照如下规则定义 S 上的乘法

$$(A, g)(B, h) = (A \wedge gB, gh).$$

下证 S 关于此运算封闭. 首先, $g^{-1}A \wedge B$ 存在, 因为 $g^{-1}A$ 和 B 都在 $\mathcal{Y}$ 中, 而 $\mathcal{Y}$ 为下半格. 因此, $g(g^{-1}A \wedge B) = A \wedge gB$ 存在, 因为 $A \wedge gB \leqslant A \in \mathcal{Y}$, 而 $\mathcal{Y}$ 为序理想. 而且

$$(gh)^{-1}(A \wedge gB) = h^{-1}g^{-1}A \wedge h^{-1}B \leqslant h^{-1}B \in \mathcal{Y},$$

故 $(gh)^{-1}(A \wedge gB) \in \mathcal{Y}$.

而且, 运算是结合的, 因为若 $(A, g), (B, h), (C, k) \in S$, 那么

$$(A \wedge gB) \wedge (gh)C = A \wedge g(B \wedge hC).$$

这样 S 是半群. 并且 S 是正则半群, 因为对任意的 $(A, g) \in S$, $(g^{-1}A, g^{-1}) \in S$, 并且

$$(A, g)(g^{-1}A, g^{-1})(A, g) = (A, 1)(A, g) = (A, g),$$

$$(g^{-1}A, g^{-1})(A, g)(g^{-1}A, g^{-1}) = (g^{-1}A, g^{-1})(A, 1) = (g^{-1}A, g^{-1}).$$

并且 (A, g) 是幂等元当且仅当 $g = 1$. 并且对任意的幂等元 $(A, 1), (B, 1)$, 有

$$(A, 1)(B, 1) = (B, 1)(A, 1) = (A \wedge B, 1).$$

故 S 是逆半群.

最后注意到该逆半群 S 上的自然偏序如下给出

$$(A,g) \leqslant (B,h) \text{ 当且仅当 } A \leqslant B \text{ 且 } g = h.$$

而 $(A,g) \in E\omega$ 当且仅当存在 $(B,1)$, 使得 $(B,1) \leqslant (A,g)$, 即 $g = 1$. 换言之, $(A,g) \in E$, 说明 $E\omega = E$. 由定理 3.6.1 可知 S 是 E-单式的逆半群.

至此, 已经证明了下面定理的一半.

定理 3.6.3 设 $(G, \mathcal{X}, \mathcal{Y})$ 是一个 McAlister 三元组. 那么 $\mathcal{M}(G, \mathcal{X}, \mathcal{Y})$ 是 E-单式的逆半群. 反之, 任何一个 E-单式的逆半群都同构于这种形式的逆半群.

证明 设 S 是 E-单式的逆半群. 下面找出一个 McAlister 三元组, 使得

$$S \simeq \mathcal{M}(G, \mathcal{X}, \mathcal{Y}).$$

设 $G = S/\sigma$, 并且对任意的 $s \in S$, 如下定义 $E \times G$ 中元素 s^0

$$s^0 = (s^{-1}s, s\sigma).$$

注意到由定理 3.6.1 的 (3) 可得

$$s^0 = t^0 \Rightarrow s = t.$$

若 T 是 S 的子集, 那么 T^0 表示 $\{t^0 | t \in T\}$.

设 $\mathcal{R}$ 是 S 的所有主右理想的集合. 因为 S 的每一个主右理想可以被唯一地表示为 eS, 其中 $e \in E$, 集合 $\mathcal{R}$ 和 E 具有一一对应关系, 因此和如下定义的 $\mathcal{Y}$ 也有一一对应关系

$$\mathcal{Y} = \{A^0 | A \in \mathcal{R}\}.$$

这种一一对应甚至是 E 与 $(\mathcal{Y}, \cap)$ 之间的半格同构. 因为

$$efS = eS \cap fS.$$

定义 G 在 $E \times G$ 上的如下作用

$$g(e, h) = (e, gh).$$

记 $\mathcal{GY}$ 为 $\mathcal{X}$, 即 $\mathcal{X} = \{gA^0 | g \in G, A^0 \in \mathcal{Y}\}$. $\mathcal{X}$ 和 $\mathcal{Y}$ 都是 $E \times G$ 的子集, 偏序关系为集合的包含关系, 且 $\mathcal{Y} \subseteq \mathcal{X}$.

G 在 $\mathcal{Y}$ 上的作用可以拓展到 $\mathcal{X}$: 对任意的 $g \in G, hA^0 \in \mathcal{X}$, 其中 $h \in G, A^0 \in \mathcal{Y}$, 定义

$$g(hA^0) = (gh)A^0.$$

若在 $\mathcal{Y}$ 中有 $hA^0 = kB^0$, 那么有

$$A^0 = (h^{-1}k)B^0 = ((gh)^{-1}(gk))B^0,$$

故 $(gh)A^0 = (gk)B^0$. 所以, 尽管 $\mathcal{X}$ 中元素 hA^0 的表达不唯一, 但该定义是有意义的.

进一步有如下引理.

引理 3.6.4 按照上述的定义, $\mathcal{Y}$ 是 $\mathcal{X}$ 的序理想.

证明 设 $g(eS)^0$ 是 $\mathcal{X}$ 中的元素, 假设 $g(eS)^0 \subseteq (fS)^0$, 其中 $f \in E$. 在 $(eS)^0$ 中含有元素 $(e,1)$, 其中 1 是群的单位元. 因此, 特别地, 对某个 $u \in fS$, 有

$$(e,g) = g(e,1) = u^0 = (u^{-1}u, u\sigma).$$

因此, $g = u\sigma$ 且 $e = u^{-1}u$, 故

$$\begin{aligned}
g(eS)^0 &= (u\sigma)(u^{-1}uS)^0 \\
&= (u\sigma)\{(u^{-1}us)^0 | s \in S\} \\
&= (u\sigma)\{(s^{-1}u^{-1}us, (u^{-1}us)\sigma) | s \in S\} \\
&= \{((us)^{-1}us, (us)\sigma) | s \in S\} = (uS)^0.
\end{aligned}$$

这样就证明了 $g(eS)^0 \in \mathcal{Y}$. ■

至此, 事实上我们已经证明了 $(G, \mathcal{X}, \mathcal{Y})$ 满足条件 (P_1), (P_2) 和 (P_3). 要证明它是 McAlister 三元组, 需要证明它也满足条件 (P_4). 假设 $g \in G$. 令 $s \in S$ 满足条件 $s\sigma = g^{-1}$. 那么

$$\begin{aligned}
g(sS)^0 &= (s\sigma)^{-1}\{((st)^{-1}(st), (st)\sigma) | t \in S\} \\
&= \{((s^{-1}st)^{-1}(s^{-1}st), (s^{-1}st)\sigma) | t \in S\} \\
&= (s^{-1}sS)^0 \in \mathcal{Y}.
\end{aligned}$$

这样有 $g\mathcal{Y} \cap \mathcal{Y} \neq \varnothing$, 故 $(G, \mathcal{X}, \mathcal{Y})$ 是一个 McAlister 三元组.

下证 $S \simeq \mathcal{M}(G, \mathcal{X}, \mathcal{Y})$. $\mathcal{Y} \times G$ 中的元素 $((sS)^0, g)$ 属于 $\mathcal{M}(G, \mathcal{X}, \mathcal{Y})$ 当且仅当 $g^{-1}(sS)^0 \in \mathcal{Y}$. 由前面的讨论可知 $g = s\sigma$. 假设 $g^{-1}(sS)^0 = (tS)^0 \in \mathcal{Y}$, 则存在 $u \in tS$ 使得 $g^{-1}(ss^{-1})^0 = u^0$. 即

$$(ss^{-1}, g^{-1}) = u^0 = (u^{-1}u, u\sigma),$$

故 $ss^{-1} = u^{-1}u, g = (u^{-1})\sigma$. 所以有

$$((sS)^0, g) = ((u^{-1}S)^0, (u^{-1})\sigma),$$

这说明, 对任意的 $g^{-1}(sS)^0 \in \mathcal{Y}$, 存在 $v \in S$, 使得 $((sS)^0, g) = ((vS)^0, v\sigma)$.

如下定义映射 $\phi : S \to \mathcal{M}(G, \mathcal{X}, \mathcal{Y})$

$$s\phi = ((sS)^0, s\sigma) \quad (s \in S),$$

由前面的讨论可知 ϕ 是满射. 显然 ϕ 是单的. 因为对任意的 $s, t \in S$, 由定理 3.6.1 可得

$$s\phi = t\phi \Rightarrow (sS)^0 = (tS)^0, s\sigma = t\sigma$$
$$\Rightarrow sS = tS, s\sigma = t\sigma$$
$$\Rightarrow (s, t) \in \sigma \cap \mathcal{R}$$
$$\Rightarrow s = t,$$

下证 ϕ 是同态. 在 $\mathcal{M}(G, \mathcal{X}, \mathcal{Y})$ 中

$$((sS)^0, s\sigma)((tS)^0, t\sigma) = ((sS)^0 \cap (s\sigma)(tS)^0, (st)\sigma),$$

故要证明同态, 必须要证明

$$(sS)^0 \cap (s\sigma)(tS)^0 = (stS)^0.$$

首先证明 $(sS)^0 \cap (s\sigma)(tS)^0 \subseteq (stS)^0$. 假设 $(e, g) \in (sS)^0 \cap (s\sigma)(tS)^0$, 那么存在 $u, v \in S$, 使得

$$(e, g) = (su)^0 = (s\sigma)(tv)^0,$$

因此, $(s\sigma)^{-1}(su)^0 = (tv)^0$, 故有

$$(tv)^0 = ((su)^{-1}(su), (s^{-1}su)\sigma) = ((s^{-1}su)^{-1}(s^{-1}su), (s^{-1}su)\sigma)$$
$$= (s^{-1}su)^0.$$

由此可得 $tv = s^{-1}su$. 因此 $su = stv$, 故 $(e, g) = (stv)^0 \in (stS)^0$.

反之, 任取 $(e, g) \in (stS)^0$, 那么当然 $(e, g) \in (sS)^0$, 且存在 $u \in S$ 使得 $(e, g) = (stu)^0$. 令 $v = (st)^{-1}(st)u$. 那么 $v\sigma = u\sigma$, 并且

$$(tv)^{-1}(tv) = (stu)^{-1}(stu).$$

因此, 有

$$(e, g) = ((stu)^{-1}(stu), (stu)\sigma) = ((tv)^{-1}(tv), (stv)\sigma)$$
$$= (s\sigma)((tv)^{-1}(tv), (tv)\sigma) \in (s\sigma)(tS)^0.$$

这样有 $(e, g) \in (sS)^0 \cap (s\sigma)(tS)^0$. 即证明了 $(stS)^0 \subseteq (sS)^0 \cap (s\sigma)(tS)^0$. ∎

下面的引理刻画了半群 $S = \mathcal{M}(G, \mathcal{X}, \mathcal{Y})$ 的基本性质.

引理 3.6.5　设 $(A,g),(B,h)$ 是半群 $S = \mathcal{M}(G,\mathcal{X},\mathcal{Y})$ 中的元素. 那么

(1) $(A,g)^{-1} = (g^{-1}A,g^{-1})$;

(2) $(A,g)\mathcal{R}(B,h)$ 当且仅当 $A = B$;

(3) $(A,g)\mathcal{L}(B,h)$ 当且仅当 $g^{-1}A = h^{-1}B$;

(4) $(A,g)\mathcal{D}(B,h)$ 当且仅当存在 $z \in G$, 使得 $zA = B$;

(5) $(A,g)\mathcal{J}(B,h)$ 当且仅当存在 $z,t \in G$, 使得 $zA \leqslant B, tB \leqslant A$;

(6) $(A,g) \leqslant (B,h)$ 当且仅当存在 $A \leqslant B$ 且 $g = h$;

(7) $(A,g)\sigma(B,h)$ 当且仅当 $g = h$.

证明　大部分性质在前面已经证明过或者比较显然. 这里仅证明 (5). 假设 $(A,g)\mathcal{J}(B,h)$. 那么有 $(A,g) = (C,x)(B,h)(D,y)$, 所以

$$A = C \wedge xB \wedge xhD, \quad g = xhy.$$

因此 $A \leqslant xB$, 若取 $z = x^{-1}$, 则有 $zA \leqslant B$. 类似地可证 $tB \leqslant A$.

反之, 假设 $z,t \in G$, 使得 $zA \leqslant B, tB \leqslant A$. 那么 $(A,z^{-1}),(zA,z) \in S$, 并且

$$(A,1) = (A,z^{-1})(B,1)(zA,z).$$

类似地

$$(B,1) = (B,t^{-1})(A,1)(tB,t),$$

故 $(A,1)\mathcal{J}(B,1)$. 由于 $(A,g)\mathcal{R}(A,1)$ 且 $(B,h)\mathcal{R}(B,1)$, 则 $(A,g)\mathcal{J}(B,h)$.　∎

定理 3.6.6　设 $(G,\mathcal{X},\mathcal{Y})$ 和 $(G',\mathcal{X}',\mathcal{Y}')$ 均为 McAlister 三元组, $\theta : G \to G'$ 是群同构, $\psi : \mathcal{X} \to \mathcal{Y}$ 为序同构, 使得 $\psi|\mathcal{Y}$ 是从半格 $\mathcal{Y}$ 到半格 $\mathcal{Y}'$ 的半格同构. 而且假设对任意的 $g \in G, X \in X'$

$$\psi : (gX)\psi = (g\theta)(X\psi). \tag{3.6.2}$$

那么如下定义的映射 $\phi : \mathcal{M}(G,\mathcal{X},\mathcal{Y}) \to \mathcal{M}(G',\mathcal{X}',\mathcal{Y}')$

$$(A,g)\phi = (A\psi,g\theta) \ ((A,g) \in \mathcal{M}(G,\mathcal{X},\mathcal{Y}))$$

是同构. 反之, 每一个从 $\mathcal{M}(G,\mathcal{X},\mathcal{Y})$ 到 $\mathcal{M}(G',\mathcal{X}',\mathcal{Y}')$ 的同构一定是这种类型的.

证明　前半段证明容易验证, 仅证明后半段.

为简单, 记 $\phi : \mathcal{M}(G,\mathcal{X},\mathcal{Y}) = M$, $\mathcal{M}(G',\mathcal{X}',\mathcal{Y}') = M'$, 假设存在同构 $\phi : M \to M'$. 那么 ϕ 将 M 的幂等元以同构的方式映成了 M' 的幂等元, 由此诱导了一个半格同构 $\psi : \mathcal{Y} \to \mathcal{Y}'$, 如下定义

$$(A,1)\phi = (A\psi,1) \quad (A \in \mathcal{Y}).$$

因为 G 和 G' 分别是 M 和 M' 的最大群同态像, 故存在同构 $\theta: G \to G'$, 使得图 3.2 可换.

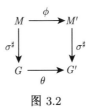

图 3.2

若记 $(A, g)\phi$ 为 (A', g'), 容易看出

$$g' = (A', g')\sigma^\sharp = (A, g)\phi\sigma^\sharp = (A, g)\sigma^\sharp\theta = g\theta.$$

因此, $(A, g)\phi = (A', g\theta)$, 其中 $A' \in \mathcal{Y}$. 因为在 M 中, $(A, g)\mathcal{R}(A, 1)$, 故在 M' 中,

$$(A, g)\phi\mathcal{R}(A, 1)\phi.$$

换言之, $(A', g\theta)\mathcal{R}(A\psi, 1)$, 故

$$(A, g)\phi = (A\psi, g\theta).$$

若 $A, gA \in \mathcal{Y}$, 那么 $(gA, g) = (A, g^{-1})^{-1}$. 因此

$$(gA, g)\phi = ((A\psi, g^{-1})\phi)^{-1},$$

故对任意的 $A, gA \in \mathcal{Y}$, 有

$$(gA)\psi = (g\theta)(A\psi), \tag{3.6.3}$$

利用性质 (P_3) 可将 ψ 从 $\mathcal{Y}$ 扩张到 $\mathcal{X}$, 将 $\mathcal{X}$ 中每个元素表示为 gA 的形式, 并且定义

$$(gA)\psi = (g\theta)(A\psi).$$

为证明它是有定义的, 假设 $gA = hB$. 那么 $A = g^{-1}hB \in \mathcal{Y}$, 故有

$$(A, 1)\phi = (g^{-1}hB, 1)\phi.$$

因此由 (3.6.3) 有

$$A\psi = ((g^{-1}h)\theta)(B\psi) = (g\theta)^{-1}(h\theta)(B\psi),$$

故 $(g\theta)(A\psi) = (h\theta)(B\psi)$. 容易证明映射 $\psi: \mathcal{X} \to \mathcal{X}'$ 保序, 并且对任意的 $g \in G, X \in \mathcal{X}$, 有

$$(gX)\psi = (g\theta)(X\psi). \qquad\blacksquare$$

设 S 是任意的逆半群, G 是一个群. 称 E-单式的逆半群 P 是 S 在 G 上的 E-单式覆盖, 如果满足条件

(1) $P/\sigma \simeq G$;

(2) 存在从 P 到 S 的幂等元分离的满同态.

下面将证明, 总存在逆半群 P 满足这个性质. 设 S 是逆半群, G 是由 S 中可逆元构成的群. S 被称为可分解的 (factorizable), 如果

$$(\forall a \in S)(\exists g \in G)\ a \leqslant g.$$

换言之, $S = EG$. 那么有如下命题.

命题 3.6.7　任意逆半群都可嵌入一个可分解的逆半群中.

证明　由 Vagner-Preston 定理, 可假设 S 是某个集合 X 上对称逆半群 $\mathcal{I}_X$ 的逆子半群. 若 S 是有限半群, 可假设 X 也是有限集. 则对任意的 $\alpha \in \mathcal{I}_X$, 由 $|\mathrm{dom}\alpha| = |\mathrm{im}\alpha|$ 可得 $|X \backslash \mathrm{dom}\alpha| = |X \backslash \mathrm{im}\alpha|$, 故 α 能扩张成 $\mathcal{I}_X$ 中的一个变换 γ. 所以 $\alpha \leqslant \gamma$, 故 $\mathcal{I}_X$ 是可分解的.

若 X 是无限集, 其基数 $\kappa \geqslant \aleph_0$, 那么定义 $Y = X \cup X'$, 其中 $X \cap X' = \varnothing$ 且 $X' = \kappa$. 利用常规的方法可以验证如下定义的子集

$$T = \{\alpha \in \mathcal{I}_Y | (\exists \gamma \in \mathcal{G}_Y)\alpha \leqslant \gamma\}$$

是一个可分解的逆半群. 而且 T 包含了 $\mathcal{I}_X$, 故也包含了 S, 因为对任意的 $\alpha \in \mathcal{I}_X$, 在 $\mathcal{I}_Y$ 中有

$$|Y \backslash \mathrm{dom}\alpha = Y \backslash \mathrm{im}\alpha| = \kappa,$$

故 α 可以扩张成 Y 上的变换. ∎

定理 3.6.8　设 S 是逆半群, F 是可分解逆半群, G 是其可逆元构成的群, $\theta : S \to F$ 是单同态. 那么如下定义的 $S \times G$ 的逆子半群

$$P = \{(s, g) \in S \times G | s\theta \leqslant g\}$$

是 S 在群 G 上的 E-单式覆盖.

证明　首先容易证明 P 是 $S \times G$ 的逆子半群. $S \times G$ 的幂等元为形如 $(e, 1)$ 的元素, 其中 1 是群 G 单位元, e 是 S 的幂等元. 事实上, 每一个形如这样的幂等元, 也是 P 的幂等元, 因为 $e\theta$ 作为 F 的幂等元, 总是有性质 $e\theta \leqslant 1$. 故已经证明了 $E_P = E_S \times \{1\}$.

为证明 P 是 E-单式的, 假设在半群 P 中 $(s, g)(e, 1) = (f, 1)$, 那么 $g = 1$, 故 $s\theta \leqslant 1$. 可得 $s\theta$ 是 F 的幂等元, 由 θ 是单的, 说明 s 是 S 的幂等元. 因此 $(s, g) \in E_S \times \{1\} = E_P$, 即 P 是 E-单式的.

P 上的最小群同余 σ 可以由规则给出: $(s,g)\sigma(t,h)$ 当且仅当 $(st^{-1}, gh^{-1}) \in E_P$. 因为对此种情形, 有 $(st^{-1})\theta \leqslant 1$, 故 $st^{-1} \in E_S$, 说明 $g = h$. 可得 $P/\sigma \simeq G$.

由 F 是可分解的性质, 如下定义的投影同态 $\pi: P \to G$

$$(s,g)\pi = s \ ((s,g) \in P)$$

为满同态. 它还可分离幂等元, 因为对任意的 $e,f \in E_S$, 有

$$(e,1)\pi = (f,1)\pi \Rightarrow e = f. \qquad\blacksquare$$

3.7　自由逆半群

对于自由逆半群, 先按照其泛性质给出其定义. 非空集合 X 上的自由逆半群指的是逆半群 FI_X 以及映射 $\theta: X \to \mathrm{FI}_X$, 具有性质: 对任意的逆半群 S 以及映射 $\alpha: X \to S$, 存在唯一的同态 $\bar\alpha: \mathrm{FI}_X \to S$, 使得 $\theta\bar\alpha = \alpha$, 即有交换图 3.3.

图 3.3

类似于以前对自由半群的讨论可知, 这样的对象若存在, 必唯一. 另一方面, 对任意的集合 X, 自由逆幺半群总存在, 下面来描述它. 令

$$X' = \{x^{-1} | x \in X\}$$

是与集合 X 一一对应且不相交的集合. 令 $Y = X \cup X'$ 且 Y^* 是 Y 上的自由幺半群. 对 Y^* 中的元素如下定义形式上的逆元

$$1^{-1} = 1,$$
$$(x^{-1})^{-1} = x \ (x \in X),$$
$$(y_1 y_2 \cdots y_n)^{-1} = y_n^{-1} \cdots y_2^{-1} y_1^{-1} \quad (y_1, y_2, \cdots, y_n \in Y).$$

由此注意到对任意的 $w \in Y^*$, 有 $(w^{-1})^{-1} = w$.

设 τ 是 Y^* 上由如下集合

$$\mathbb{T} = \{(ww^{-1}ww, w)|w \in Y^*\} \cup \{(ww^{-1}zz^{-1}, zz^{-1}ww^{-1})|w,z \in Y^*\}$$

生成的同余.

那么有如下定理.

定理 3.7.1 按照上述的定义, Y^*/τ 是集合 X 上的自由逆半群.

证明 先按照逆半群的定义来验证 Y^*/τ 是逆幺半群. 当然, 在 Y^*/τ 有如下两个运算

$$(w\tau)(z\tau) = (wz)\tau, \quad (w\tau)^{-1} = w^{-1}\tau,$$

其中后一个运算可以这样来看: 由集合 $\mathbb{T}$ 生成同余的本质可以看出, 如果有一个 $\mathbb{T}$-传递序列连接 w 和 z, 必然有一个 $\mathbb{T}$-传递序列连接 w^{-1} 和 z^{-1}. 并且容易看出, 对任意的 $w\tau, z\tau \in Y^*/\tau$, 有

$$(w\tau)(w^{-1}\tau)(w\tau) = w\tau, \quad ((w\tau)^{-1})^{-1} = w\tau,$$
$$(w\tau)(w\tau)^{-1}(z\tau)(z\tau)^{-1} = (z\tau)(z\tau)^{-1}(w\tau)(w\tau)^{-1}.$$

因此, Y^*/τ 是一个逆幺半群, 其中每一个元素 $(y_1 y_2 \cdots y_n)\tau$ 的逆元是 $(y_n^{-1} \cdots y_2^{-1} y_1^{-1})\tau$.

定义从 X 到 Y^*/τ 的映射 $\theta : x \mapsto x\tau$. 假设 S 是逆幺半群, 且存在映射 $\alpha : X \to S$. 对任意的 $x \in X$, 定义 $x^{-1}\alpha = (x\alpha)^{-1}$, 则 α 扩张到了 Y. 因为 Y^* 是 Y 上的自由幺半群, 如下定义幺半群同态 $\hat{\alpha} : Y^* \to S$

$$(y_1 y_2 \cdots y_n)\hat{\alpha} = (y_1\alpha)(y_2\alpha) \cdots (y_n\alpha).$$

那么对任意的 $w \in Y^*$, 由 S 的逆幺半群的性质可得

$$(ww^{-1}w)\hat{\alpha} = w\hat{\alpha},$$

并且对任意的 $w, z \in Y^*$, 有

$$(ww^{-1}zz^{-1})\hat{\alpha} = (zz^{-1}ww^{-1})\hat{\alpha},$$

由此可得 $\hat{\alpha}$ 可通过 Y^*/τ 分解, 换言之, 存在同态 $\bar{\alpha} : Y^*/\tau \to S$ 使得图 3.4 可换.

图 3.4

同态 $\bar{\alpha}$ 定义为

$$((y_1 y_2 \cdots y_n)\tau)\bar{\alpha} = (y_1\alpha)(y_2\alpha) \cdots (y_n\alpha).$$

那么, 因为对任意的 $x \in X$, $(x\tau)\bar{\alpha} = x\alpha$, 故图 3.5 可换.

图 3.5

最后证明使得交换图 3.5 成立的同态 $\bar{\alpha}$ 是唯一的. 假设 β 是从 Y^*/τ 到 S 的同态使得 $\theta\beta = \alpha$, 那么对任意的 $x \in X$, $(x\tau)\beta = x\alpha$, 所以由 β 的性质可得

$$(x^{-1}\tau)\beta = (x\tau)^{-1}\beta = ((x\tau)\beta)^{-1} = (x\alpha)^{-1}.$$

因此, 对任意的 $(y_1 y_2 \cdots y_n)\tau \in Y^*/\tau$, 有

$$((y_1 y_2 \cdots y_n)\tau)\beta = (y_1\alpha)(y_2\alpha) \cdots (y_n\alpha),$$

故 $\beta = \bar{\alpha}$. ∎

注记 3.7.2 在上述的结论中, 若用 Y^+ 代替 Y^*, 就可以得到自由逆半群的相应结论.

下面对 FI_X 进行具体的描述, 就是对适当的 McAlister 三元组 $(\mathcal{G}, \mathcal{X}, \mathcal{Y})$, 将 FI_X 表达成 $\mathcal{M}(\mathcal{G}, \mathcal{X}, \mathcal{Y})$.

设 X 是非空集合, $G = FG_X$ 是集合 X 上的自由群. G 中的元素是字母表 $Y = X \cup X'$ 中的群约简字 (group-reduced word), 即对任意的 $x \in X$, 其中不出现形如 xx^{-1} 以及 $x^{-1}x$ 的表达 (该表达可以看成群约简字中的空字 1). 其乘积就按照自由幺半群 Y^* 中的乘法, 只是要去除形如 xx^{-1} 以及 $x^{-1}x$ 的表达部分. 例如, FG_X 中元素 $x_1 x_2 x_3^{-1}$ 与 $x_3 x_2^{-1} x_3^{-1} x_2$ 的积是 $x_1 x_3^{-1} x_2$. 将 Y^* 中的群约简字用 R 来表示.

接下来, FG_X 中群约简字 u 和 v 的积用 $u \cdot v$ 来表示, 而在 Y^* 中的乘积用 uv 来表示. 从 Y^* 中的字 w 得到的唯一的群约简字记作 $\overline{w}$. 注意到 $\overline{w} = w$ 当且仅当 w 是群约简的, 并且对任意的 $w, z \in Y^*$, 有

$$\overline{wz} = \overline{w} \cdot \overline{z}. \tag{3.7.1}$$

要构造 $\mathcal{Y}$, 需要一个概念. 令 $w = y_1 y_2 \cdots y_n$ 是 Y^* 中的群约简字. 定义

$$w^{\downarrow} = \{1, y_1, y_1 y_2, \cdots, y_1 y_2 \cdots y_n\} \tag{3.7.2}$$

是 w 的所有左因子的集合, 包括 1 和 w 本身. 由群约简字组成的非空集合 A 被称为饱和的 (saturated), 如果对任意的 w,

$$w \in A \Rightarrow w^{\downarrow} \subseteq A.$$

尽管要求 A 是非空集合, $A = \{1\}$ 也是合理的. 显然, 对 R 中任意一对元素 w, z, 有

$$(w \cdot z)^{\downarrow} \subseteq w^{\downarrow} \cup w \cdot (z^{\downarrow}), \tag{3.7.3}$$

以及对任意的 $w \in R$, 有

$$w^{-1} \cdot (w^{\downarrow}) = (w^{-1})^{\downarrow}. \tag{3.7.4}$$

令

$$\mathcal{Y} = \{A \subseteq R | A \text{是有限的且饱和的}\}, \tag{3.7.5}$$

注意到对任意的 $w \in R, w^{\downarrow} \in \mathcal{Y}$.

在 $\mathcal{Y}$ 上定义偏序 $\leqslant$ 如下

$$A \leqslant B \text{ 当且仅当 } A \supseteq B.$$

那么 $\mathcal{Y}$ 是下半格. 因为容易看出, 若 $A, B \in \mathcal{Y}$, 那么 $A \cup B \in \mathcal{Y}$. G 在 $\mathcal{Y}$ 上的作用为, 对 $g \in G$,

$$g \cdot A = \{g \cdot w | w \in A\}.$$

定义

$$\mathcal{X} = \{g \cdot A | g \in G, A \in \mathcal{Y}\}.$$

那么, 如同 $\mathcal{Y}$ 一样, 定义 $A \leqslant B$ 当且仅当 $A \supseteq B$, 则 $\mathcal{X}$ 是一个偏序集, 常规方法可证明, G 通过序自同构作用在 $\mathcal{X}$ 上.

现在证明 $(G, \mathcal{X}, \mathcal{Y})$ 是一个 McAlister 三元组. 按照其构造, 条件 (P_1) 和 (P_3) 已经满足. 为证明 $\mathcal{Y}$ 是 $\mathcal{X}$ 的序理想, 任取 $Z = g \cdot A \in \mathcal{X}$, 其中 $g \in G, A \in \mathcal{Y}$, 且假设 $Z \leqslant B$, 其中 $B \in \mathcal{Y}$. 由此, $B \subseteq Z = g \cdot A$. 因为 B 是饱和的, 特别地, 有 $1 \in B \subseteq g \cdot A$. 因此, $g^{-1} \in A$, 由 A 也是饱和的, 有 $(g^{-1})^{\downarrow} \subseteq A$, 利用 (3.7.4) 可得

$$g^{\downarrow} = g \cdot (g^{-1})^{\downarrow} \subseteq g \cdot A = Z. \tag{3.7.6}$$

任取 $v \in Z$, 那么 $v = g \cdot u$, 其中 $u \in A$. 因为 $u^{\downarrow} \subseteq A$, 由 (3.7.3) 和 (3.7.6) 可得

$$v^{\downarrow} \subseteq g^{\downarrow} \cup g \cdot (u^{\downarrow}) \subseteq g \cdot A \subseteq Z.$$

故 Z 是饱和的且 $Z \in \mathcal{Y}$, 至此证明了条件 (P_2).

为证明条件 (P_4), 考虑 $g \in G$. 那么由 (3.7.4) 可得

$$g \cdot (g^{-1})^{\downarrow} = g^{\downarrow} \in g \cdot \mathcal{Y} \cap \mathcal{Y}.$$

由此给出了 E-单式的逆半群 $\mathcal{M}(G, \mathcal{X}, \mathcal{Y})$, 与 (3.6.1) 一样, 有

$$\mathcal{M}(G, \mathcal{X}, \mathcal{Y}) = \{(A, g) \in \mathcal{Y} \times G | g^{-1} \cdot A \in \mathcal{Y}\}, \tag{3.7.7}$$

其乘法如下给出

$$(A, g)(B, h) = (A \cup g \cdot B, gh). \tag{3.7.8}$$

在 (3.7.7) 中的 $g^{-1} \cdot A \in \mathcal{Y}$ 可以表达得更简单

$$g^{-1} \cdot A \in \mathcal{Y} \text{ 当且仅当 } g \in A. \tag{3.7.9}$$

因为若首先假设 $g^{-1} \cdot A \in \mathcal{Y}$. 那么 $g^{-1} \cdot A$ 中的每一个元素 $w = g^{-1} \cdot u$ 满足 $w^{\downarrow} \subseteq g^{-1} \cdot A$. 特别地, 因为 $1 \in w^{\downarrow}, 1 = g^{-1} \cdot v$, 其中 $v \in A$. 因此 $g = v \in A$. 反之, 假设 $g \in A$, 那么 $g^{\downarrow} \subseteq A$, 故由 (3.7.3) 和 (3.7.4), 对任意的 $w = g^{-1} \cdot u \in g^{-1}A$,

$$w^{\downarrow} \subseteq (g^{-1})^{\downarrow} \cup g^{-1} \cdot (u^{\downarrow}) = g^{-1} \cdot (g^{\downarrow} \cup u^{\downarrow}) \subseteq g^{-1} \cdot A.$$

因此, $g^{-1} \cdot A$ 是饱和的, 是 $\mathcal{Y}$ 中的元素.

下面重新定义半群 $\mathcal{M}(G, \mathcal{X}, \mathcal{Y})$, 为简便记作 M_X, 如下

$$M_X = \{(A, g) \in \mathcal{Y} \times G | g \in A\}. \tag{3.7.10}$$

设 $A \in \mathcal{Y}, w \in A, w$ 被称为极大的 (maximal), 如果它不是 A 中任何元素的一个真的左因子. 因为 A 是有限的, 故极大元的存在性是没问题的. 事实上, 如果 A 有极大元 $w_1, w_2, \cdots, w_m$, 那么

$$A = w_1^{\downarrow} \cup w_2^{\downarrow} \cup \cdots \cup w_m^{\downarrow}.$$

式 (3.7.10) 中的 $g \in A$ 说明 g 是 A 中某个极大元 w 的左因子.

现在证明 M_X 是 X 上的自由逆半群. 显然有如下定义的映射 $\theta: X \to M_X$

$$x\theta = (x^{\downarrow}, x) \quad (x \in X).$$

注意到右边括号中的第一个 x 代表 Y^* 中的群约简字, 第二个 $x(= \bar{x})$ 代表 X 上自由群中的元素. 假设 S 是逆半群, 并且有映射 $\alpha: X \to S$. 定义 $(x^{-1})\alpha = (x\alpha)^{-1}$, 将 α 扩张到 Y 上, 从而按照如下定义扩张到 Y^* 上

$$(y_1 y_2 \cdots y_n)\alpha = (y_1\alpha)(y_2\alpha) \cdots (y_n\alpha).$$

设 $A = w_1^\downarrow \cup w_2^\downarrow \cup \cdots \cup w_m^\downarrow$ 为 $\mathcal{Y}$ 中的一个元素, 定义 S 的幂等元 e_A 如下

$$e_A = ((w_1 w_1^{-1})(w_2 w_2^{-1}) \cdots (w_m w_m^{-1}))\alpha. \tag{3.7.11}$$

注意到 e_A 与 $w_1, w_2, \cdots, w_m$ 出现的顺序无关, 仅仅依赖于集合 A. 也将 e_A 记作 e_M, 其中 $M = \{w_1, w_2, \cdots, w_m\}$ 是 A 的极大元的集合, 因为 e_A 仅仅依赖于极大元. 显然对任意的 $A, B \in \mathcal{Y}$, 有

$$e_A e_B = e_{A \cup B}. \tag{3.7.12}$$

对 Y^* 的任意有限子集 Z, 我们也可以定义 e_Z, 仅需要选择 Z 的极大元 $w_1, w_2, \cdots,$ w_m, 然后利用公式 (3.7.11) 即可. 注意到对任意的 $A \in \mathcal{Y}$ 以及 $g \in G$, 有

$$(g\alpha)e_A = e_{gA}(g\alpha). \tag{3.7.13}$$

为此, 先考虑一个具体的乘积 $(g\alpha)(w\alpha)(w\alpha)^{-1}$, 其中 g 和 w 是 Y^* 中的群约简字, 假设 $g = hu, w = u^{-1}v$, 并且 $g \cdot w = hv$. 那么

$$
\begin{aligned}
(g\alpha)(w\alpha)(w\alpha)^{-1} &= (h\alpha)(u\alpha)(u\alpha)^{-1}(v\alpha)(v\alpha)^{-1}(u\alpha) \\
&= (h\alpha)(v\alpha)(v\alpha)^{-1}(u\alpha) \\
&= [(h\alpha)(v\alpha)(v\alpha)^{-1}(h\alpha)^{-1}](h\alpha)(u\alpha) \\
&= ([(g \cdot w)(g \cdot w)^{-1}]\alpha)(g\alpha).
\end{aligned}
$$

假设 A 有一个由极大元组成的集合 $M = \{w_1, \cdots, w_m\}$, 则在逆半群 S 中有

$$
\begin{aligned}
(g\alpha)e_A &= (g\alpha)((w_1\alpha)(w_1^{-1}\alpha)) \cdots ((w_m\alpha)(w_m^{-1}\alpha)) \\
&= ([(g \cdot w_1)(g \cdot w_1)^{-1}]\alpha)(g\alpha)e_{\{w_2, \cdots, w_m\}} \\
&= ([(g \cdot w_1)(g \cdot w_1)^{-1}]\alpha)([(g \cdot w_2)(g \cdot w_2)^{-1}]\alpha)(g\alpha)e_{\{w_3, \cdots, w_m\}} \\
&= \cdots = e_{g \cdot A}(g\alpha),
\end{aligned}
$$

因为 $g \cdot A$ 的极大元为 $g \cdot w_1, \cdots, g \cdot w_m$.

任取 $(A, g) \in M_X$, 定义 $\bar{\alpha} : M_X \to S$ 如下

$$(A, g)\bar{\alpha} = e_A(g\alpha) \quad ((A, g) \in M_X). \tag{3.7.14}$$

为证明它是同态, 首先由 (3.7.12) 和 (3.7.14) 可得

$$
\begin{aligned}
[(A, g)\bar{\alpha}][(B, h)\bar{\alpha}] &= e_A[(g\alpha)e_B](h\alpha) \\
&= e_A e_{gB}(g\alpha)(h\alpha) = e_{A \cup g \cdot B}[(gh)\alpha].
\end{aligned}
$$

假设 $g = ac$, $h = c^{-1}b$, $g \cdot h = ab$. 因为 $g \in A$, 存在因子 $[(acd)(acd)^{-1}]\alpha \in e_{A \cup g \cdot B}$. 那么

$$
\begin{aligned}
([(acd)(acd)^{-1}]\alpha)(g\alpha)(h\alpha) &= [(acdd^{-1}c^{-1}a^{-1})(acc^{-1}b)]\alpha \\
&= [(acdd^{-1}c^{-1}a^{-1})(ab)]\alpha \\
&= ([(acd)(acd)^{-1}]\alpha)[(g \cdot h)\alpha].
\end{aligned}
$$

现在容易得到

$$
\begin{aligned}
[(A,g)\bar\alpha][(B,h)\bar\alpha] &= e_{A \cup g \cdot B}[(g \cdot h)\alpha] \\
&= (A \cup g \cdot B, g \cdot h)\bar\alpha = [(A,g)(B,h)]\bar\alpha.
\end{aligned}
$$

当然对任意的 $x \in X$, 有

$$
x\theta\bar\alpha = (x^{\downarrow}, x)\bar\alpha = [(xx^{-1})\alpha](x\alpha) = x\alpha. \tag{3.7.15}
$$

如果能证明 $\bar\alpha$ 是从 M_X 到 S 的满足 (3.7.15) 的唯一的同态, 就证明了 M_X 是 X 上的自由逆幺半群. 而如果能说明元素 $x\theta = (x^{\downarrow}, x)$ 生成了 M_X, 也就证明了唯一性. 因为如果同态 $\beta : M_X \to S$ 与 $\bar\alpha$ 在元素 $x\theta$ 上一致, 那么就在整个半群 M_X 上一致.

用 T_X 表示 M_X 的由元素 $x\theta = (x^{\downarrow}, x)$ 生成的逆子幺半群, 其中 $x \in X$. 利用引理 3.6.5 的 (1) 和 (3.7.4) 可得, 对任意的 $x \in X$, 有

$$
(x^{\downarrow}, x)^{-1} = ((x^{-1})^{\downarrow}, x^{-1}) \in T_X,
$$

故如下的乘积

$$
(x^{\downarrow}, x)((x^{-1})^{\downarrow}, x^{-1}) = (x^{\downarrow}, 1), \tag{3.7.16}
$$

$$
((x^{-1})^{\downarrow}, x^{-1})(x^{\downarrow}, x) = ((x^{-1})^{\downarrow}, 1) \tag{3.7.17}
$$

属于 T_X.

下一步证明对 Y^* 中的每一个群约简字 w, $(w^{\downarrow}, 1) \in T_X$. 我们对 w 的长度 $|w|$ 进行归纳. 若 $|w| = 1$, 由 (3.7.16) 和 (3.7.17) 可知显然成立. 若 w 长度为 n, 设 $w = y_1 y_2 \cdots y_n$, 那么 $w = y_1 z$, 其中 $z = y_2 y_3 \cdots y_n$, 归纳的过程依赖于下述等式

$$
(y_1^{\downarrow}, y_1)(z^{\downarrow}, 1)((y_1^{\downarrow}), y^{-1}) = ((y_1 z)^{\downarrow}, 1).
$$

接下来证明对 Y^* 中每一个群约简字 w 及其左因子 u, $(w^{\downarrow}, u) \in T_X$. 设 $w = y_1 y_2 \cdots y_n$, $u = y_1 y_2 \cdots y_j$, 其中 $0 \leqslant j \leqslant n$. 我们对 j 进行归纳, 显然若 $j = 0$ 时必然成立, 归纳过程由下式可得

$$
(w^{\downarrow}, y_1 y_2 \cdots, y_j) = (w^{\downarrow}, y_1 y_2 \cdots, y_{j-1})(y_j^{\downarrow}, y_j).
$$

最后, 任取 $A = w_1^{\downarrow} \cup w_2^{\downarrow} \cup \cdots \cup w_m^{\downarrow}$, 以及 w_m 的任意左因子 u, 那么

$$(A, u) = (w_1^{\downarrow}, 1)(w_2^{\downarrow}, 1) \cdots (w_{m-1}^{\downarrow}, 1)(w_m^{\downarrow}, u),$$

故 $(A, u) \in T_X$.

定理 3.7.3 设 X 是非空集合, $X' = \{x^{-1} | x \in X\}$ 是一个与 X 不想交的且元素一一对应是集合. 设 G 是 X 上的自由群. 设 $\mathcal{Y}$ 是 $(X \cup X')^*$ 中群约简字的有限的饱和的集合, 且 $\mathcal{X} = G\mathcal{Y}$. 那么 $(G, \mathcal{X}, \mathcal{Y})$ 是一个 McAlister 三元组, $\mathcal{M}(G, \mathcal{X}, \mathcal{Y})$ 是 X 上的自由逆幺半群.

X 上自由逆半群的唯一性, 说明在 M_X 和 Y^*/τ 之间存在同构. 如果在 (3.7.13) 中用 Y^*/τ 代替 S, 可以得到同构 $\phi: \mathcal{M}(G, \mathcal{X}, \mathcal{Y}) \to Y^*/\tau$ 如下

$$(w_1^{\downarrow} \cup \cdots \cup w_m^{\downarrow}, u)\phi = [(w_1 w_1^{-1}) \cdots (w_m w_m^{-1})u]\tau.$$

由此, 事实上给出了 Y^* 中的字模 τ 的标准形式. 同构 ϕ 的存在性表明 Y^* 中的每一个元素 w 等价于如下的字

$$(w_1 w_1^{-1}) \cdots (w_m w_m^{-1})u, \tag{3.7.18}$$

其中

(1) 每一个 w_i 是 Y^+ 中的一个群约简字;

(2) 没有 w_i 是任何 w_j 的真左因子;

(3) u 是某个 w_i 的左因子, 且 $u = \bar{w}$.

(3.7.18) 表示的字事实上是唯一的, 只有因子 $w_i w_i^{-1}$ 的次序可以改变.

对于 Y^* 中的一个给定的字, 同构 ϕ 并没有给出如何找到 (3.7.18) 中的标准字. 本节的最后, 将解决这个问题. 对 Y^* 中一个给定的字 $w = y_1 y_2 \cdots y_n$, 对左因子的集合 $\{1, y_1, y_1 y_2, \cdots, y_1 y_2 \cdots y_n\}$, 计算对应于每一个左因子的群约简字, 就得到集合 $A(w)$. 集合 $A(w)$ 是饱和的. 定义集合 $M(w)$ 为 w 的极大的群约简左因子的集合.

例 3.7.4 取 $X = \{a, b, c\}$, 令

$$w = ab^{-1}bcaa^{-1}b^{-1}a^{-1}abc^{-1}c.$$

那么

$$A(w) = \{a, ab^{-1}, ac, aca, acb^{-1}, acb^{-1}a^{-1}\},$$

并且 $M(w) = \{ab^{-1}, aca, acb^{-1}a^{-1}\}$.

容易看出, 对任意的 $w_1, w_2 \in Y^*$,

$$A(w_1 w_2) = A(w_1) \cup \overline{w_1} \cdot A(w_2). \tag{3.7.19}$$

对 Y^* 的群约简元的任意集合 $D = \{d_1, d_2, \cdots, d_k\}$, 令

$$e_D = \{(d_1 d_1^{-1})(d_2 d_2^{-1}) \cdots (d_k d_k^{-1})\}.$$

元素 e_D 在 Y^* 中是没有定义的, 因为它依赖于 $d_1, d_2, \cdots, d_k$ 的次序, 但该元素模 τ 却是有定义的. 对任意的 $w \in Y^*$, 我们有如下引理.

引理 3.7.5 按照上述定义

$$e_{A(w)} \tau e_{M(w)}.$$

证明 对任意的的两个字 u 以及 $v = uz$,

$$(uu^{-1})(vv^{-1}) = (uu^{-1})(uzz^{-1}u^{-1}) \tau uzz^{-1}u^{-1} = vv^{-1}.$$

换言之, 若 u 是 v 的左因子, 那么 uu^{-1} 是多余的. ∎

定理 3.7.6 设 $w \in Y^*$, 令 $M(w) = \{w_1, w_2, \cdots, w_m\}$, $\overline{w}$ 是 w 的群约简字. 那么

$$w \tau e_{M(w)} \overline{w}.$$

证明 由引理 3.7.5, 仅需证明 $w \tau e_{A(w)} \overline{w}$. 若 $w = 1$, 即空字, 那么 $A(w) = \{1\}$, $\overline{w} = 1$, 结论显然. 若 $w = x \in X$, 那么 $A(w) = \{1, x\}$, $\overline{x} = x$, 显然 $x\tau(11^{-1})$ $(xx^{-1})x$. $w = x^{-1}$ 类似可证. 故假设 $|w| > 1$, 且 u 是 w 的最长的群约简左因子. 若 $v = w$, 则已成立, w 已经是一个标准字. 否则 $w = uv$, 其中 $|u|, |v| \geqslant 1$. 由 u 的选择有分解 $u = u_1 z, v = z^{-1} v_1$, 其中 $|z| \geqslant 1$, 可以假设以及选择了尽可能长的 z. 那么, 模 τ 可得

$$\begin{aligned}
w &\equiv (u_1 z z^{-1} u_1^{-1}) u_1 z z^{-1} v_1 \\
&\equiv (u_1 z z^{-1} u_1^{-1}) u_1 v_1 \quad \text{(幂等元相乘可交换)} \\
&\equiv (uu^{-1}) u_1 v_1 = (uu^{-1}) w_1 (\text{记} u_1 v_1 = w_1).
\end{aligned}$$

故由 $w = u_1 z z^{-1} v_1$, 显然有 $\overline{w_1} = \overline{w}$. 由引理 3.7.5 有 $uu^{-1} \tau e_{A(u)}$. 由等式 (3.7.19) 有

$$A(w_1) = A(u_1) \cup \overline{u_1} \cdot A(v_1),$$

然而

$$A(w) = A(u_1 z z^{-1}) \cup \overline{u_1} \cdot A(v_1) = A(u) \cup \overline{u_1} \cdot A(v_1).$$

因为 $A(u_1) \subseteq A(u)$, 可得

$$A(w) = A(u) \cup A(w_1).$$

而 $|w_1| = |w| - 2|z| < |w|$, 故由归纳假设可得 $w_1 \tau e_{A(w_1)} \overline{w_1}$. 因此, 模 τ 有

$$w \equiv (uu^{-1})w_1 \equiv e_{A(u)} e_{A(w_1)} \overline{w_1} \equiv e_{A(u) \cup A(w_1)} \overline{w} = e_{A(w)} \overline{w}. \quad \blacksquare$$

例 3.7.7　重新考虑例 3.7.4 中的字

$$w = ab^{-1}bcaa^{-1}b^{-1}a^{-1}abc^{-1}c,$$

其中 $u = ab^{-1}, z = b^{-1}, u_1 = a$, 故第一步的归纳是

$$w \to (ab^{-1}ba^{-1})w_1,$$

其中 $w_1 = acaa^{-1}b^{-1}a^{-1}abc^{-1}c$. 关于 w_1 重复这个过程, 可得

$$w_1 \to (acaa^{-1}c^{-1}a^{-1})w_2,$$

其中 $w_2 = acb^{-1}a^{-1}abc^{-1}c$. 关于 w_2 重复这个过程, 有

$$w_2 \to (acb^{-1}a^{-1}c^{-1}a^{-1})ac,$$

结论是

$$w\tau(ab^{-1}ba^{-1})(acaa^{-1}c^{-1}a^{-1})(acb^{-1}a^{-1}abc^{-1}a^{-1})ac.$$

当然也不是必须通过这个过程, 利用定理 3.7.6 容易看出 w 的三个极大的约简左因子为 $ab^{-1}, aca, acb^{-1}a^{-1}$, 并且 $\bar{w} = ac$.

可以方便地采用图示的方式, 对 Y^* 中的任意一个字 w, 找到 $A(w)$ 和 $M(w)$. 为此, 我们通过画一个带标签的"字树", 用 α 代表起点, 用 β 代表终点 (可能与 α 相同), 归纳地完成寻找的过程. 首先用只有一个顶点, 但没有边的"字树"代表空字 1(故此时 $\alpha = \beta$), 按照约定, 字 x 和 x^{-1} 如下表示 (图 3.6).

$$
\begin{array}{ccc}
\overset{x}{\underset{\alpha \longrightarrow \beta}{}} & & \overset{x}{\underset{\alpha \longleftarrow \beta}{}} \\
(a) & & (b)
\end{array}
$$

图 3.6

假设 $w = y_1 y_2 \cdots y_m$, 并且我们对 $y_1 y_2 \cdots y_{m-1}$ 已经构造了一个字树, 其顶点分别为 α 和 β. 为构造 w 的字树, 按照 $y_m = x \in X$ 或者 $y_m = x^{-1} \in X'$, 需要附加上如下的一个新的边 (图 3.7).

$$
\begin{array}{ccc}
\overset{x}{\underset{\beta \longrightarrow \beta'}{}} & \text{或者} & \overset{x}{\underset{\beta \longleftarrow \beta'}{}}
\end{array}
$$

图 3.7

如果 $y_{m-1} = y_m^{-1}$, 那么就将新边 "折起来" 使之与 y_{m-1} 相对应的边重合, 如图 3.8 所示.

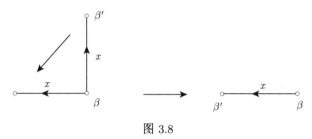

图 3.8

或者如图 3.9 所示.

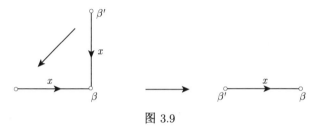

图 3.9

在所有的情形中, 新的最后的顶点是 β'.

例 3.7.8　再次考虑例 3.7.4 和例 3.7.7 中的字

$$w = ab^{-1}bcaa^{-1}b^{-1}a^{-1}abc^{-1}c.$$

该字的相应字树如图 3.10 所示.

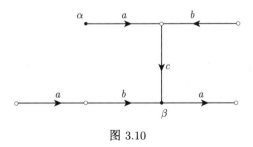

图 3.10

在一个字树里面, 所谓的 α 路线 指的是一个路径 (未必考虑方向), 从 α 开始, 每个顶点连接的下一个顶点不多于一个. α 路线 中的每一步, 如果沿着箭头方向走, 就用 x 来标记, 如图 3.11 所示.

图 3.11

如果沿着箭头反方向走, 就用 x^{-1} 来标记. α 路径的标签就是通过边的标签的积. 不难看出, 在字树中, w 的约简的左因子就是 α 路径的标签, w 的极大的约简左因子就是那些结束于最后顶点的 α 路径的标签, 与 w 相对应的自由群元素, 就是结束于 β 的 α 路径的标签.

3.8　局部逆半群

逆半群的研究, 无论从性质还是结构, 都取得了很大成功, 这就自然地推动了对其推广的研究. 关于逆半群的推广形式有多种, 其中重要的方向之一, 就是对正则半群的幂等元集合进行推广. 本节将介绍其重要的推广之一, 称之为局部逆半群. 从其研究的方法, 可以在一定程度上从一个侧面看出逆半群的推广与逆半群本身的某种联系.

对任意正则半群 S 的一个幂等元 e, eSe 显然为其子半群. 甚至是正则的子半群, 因为对任意的 $x = ese \in eSe$, 以及 x 的任意逆元 x', 有

$$x = xx'x = (xe)x'(ex) = x(ex'e)x.$$

设 S 为正则半群, E 为其幂等元集合, S 被称为局部逆半群 (locally inverse semigroup), 如果对任意的 $e \in E$, eSe 为逆半群. 为研究此类半群的性质, 先给出逆半群上自然序关系在正则半群上的一种推广.

设 S 是正则半群, E 为其幂等元集, $a, b \in S$, 定义 $a \leqslant b$, 如果

$$R_a \leqslant R_b \ \wedge \ (\exists e \in E \cap R_a) \ a = eb. \tag{3.8.1}$$

那么有如下定理.

定理 3.8.1　设 S 为正则半群, E 为其幂等元集. 那么按照 (3.8.1) 定义的关系 $\leqslant$ 是一种偏序关系. 在幂等元集合 E 上, 这种序关系和如下的自然序关系是一致的, 即

$$e \leqslant f \text{ 当且仅当 } ef = fe = e.$$

证明　对任意的 $s \in S$, 仅需选择 $e = aa'$, 则易知道 $a \leqslant a$. 假设 $a \leqslant b$ 且 $b \leqslant a$. 那么当然 $a\mathcal{R}b$. 而且, 存在幂等元 $e, f \in R_a = R_b$, 使得 $a = eb$ 且 $b = fa$. 因为 $e\mathcal{R}f$, 所以有 $fe = e$, 容易得到

$$a = eb = feb = fa = b.$$

为证明 $\leqslant$ 是传递的, 假设 $a \leqslant b, b \leqslant c$. 当然 $R_a \leqslant R_b \leqslant R_c$, 存在 $e \in E \cap R_a, f \in E \cap R_b$, 使得 $a = eb, b = fc$. 由于 $R_e = R_a \leqslant R_b = R_f$, 故 $fe = e$. 因此

$$(ef)^2 = e(fe)f = e^2 f = ef.$$

而显然 $a = (ef)c$, 由

$$R_a = R_{efc} \leqslant R_{ef} \leqslant R_e = R_a$$

可得 $ef \in E \cap R_a$.

为证明幂等元集合上偏序的一致性, 对任意的 $e, f \in E$, $e \leqslant f$ 当且仅当 $R_e \leqslant R_f$, 且存在 $i \in E \cap R_e$ 使得 $e = if$, 换言之, 当且仅当 $fe = e$, $ef = e$. ∎

下面的定理将式 (3.8.1) 所定义的偏序刻画得更清楚.

定理 3.8.2 设 S 是正则半群, E 是其幂等元集, $a, b \in S$. 那么下述条件等价:

(1) $a \leqslant b$;

(2) $a \in bS$ 且存在 $a' \in V(a)$ $a = aa'b$;

(3) 存在 $e, f \in E$, 使得 $a = eb = bf$;

(4) $H_a \leqslant H_b$ 且对任意的 $b' \in V(b)$, 有 $a = ab'a$;

(5) $H_a \leqslant H_b$ 且存在 $b' \in V(b)$, 使得 $a = ab'a$.

证明 (1)⇒(2) 这是显然的. 因为 $e \in E \cap R_a$ 当且仅当存在 $a' \in V(a)$, 使得 $aa' = e$.

(2)⇒(3) 假设 $a = bu, u \in S$ 且 $a = (aa')b$. 记 $aa' = e$. 注意到

$$(ua'b)^2 = ua'bua'b = ua'aa'b = ua'b.$$

因此若记 $f = ua'b$, 则可得

$$bf = bua'b = aa'b = a.$$

(3)⇒(4) 假设 $a = eb = bf$, 其中 $e, f \in E$. 那么 $R_a \leqslant R_b$, 且 $L_a \leqslant L_b$, 故 $H_a \leqslant H_b$. 而且对任意的 $b' \in V(b)$, 有

$$ab'a = ebb'bf = ebf = a.$$

(4)⇒(5) 显然.

(5)⇒(1) 假设 $H_a \leqslant H_b$, 则存在 b 的逆元 b', 使得 $a = ab'a$. 当然 $R_a \leqslant R_b$. 对 a 的每一个逆元 a', 有

$$a(a'ab')a = ab'a = a \quad 且 \quad (a'ab')a(a'ab') = a'(ab'a)a'ab' = a'ab';$$

因此 $a'ab' \in V(a)$. 令 $e = aa'ab'$, 那么 $e \in E \cap R_a$. 由 $L_a \leqslant L_b$ 可得 $a = ub, u \in S$. 那么

$$eb = aa'ab'b = ab'b = ubb'b = ub = a.$$

∎

注记 3.8.3　按照定理 3.8.2 的刻画, 偏序 $\leqslant$ 也能够以左、右对称的方式来定义. 比如

$$a \leqslant b \Longleftrightarrow L_a \leqslant L_b \wedge (\exists e \in E \cap L_a)\ a = be. \tag{3.8.2}$$

并且容易证明, 当 S 是逆半群的时候, 该偏序关系和前面定义的逆半群上的自然序关系是一致的.

逆半群上的自然偏序关系关于乘法是相容的, 也就是说,

$$a \leqslant b \text{ 且 } c \in S \Rightarrow ca \leqslant cb \text{ 且 } ac \leqslant bc.$$

但对一般正则半群上的上述序关系, 却未必如此. 但有下述的结论.

定理 3.8.4　设 S 是正则半群, E 是其幂等元集. 那么下述条件等价:

(1) S 是局部逆半群;

(2) $\leqslant$ 是相容的;

(3) 对任意的 $e, f \in E$, $|S(e, f)| = 1$.

证明　(1)$\Rightarrow$(2)　假设 $a \leqslant b, c \in S$. 那么 $R_a \leqslant R_b$, 并且存在 $e \in E \cap R_a$, 使得 $a = eb$. 取 $a' \in V(a)$, 使得 $aa' = e$, 令 $c' \in V(c), g \in S(a'a, cc')$, 那么有 $ga'a = cc'g = g, a'agcc' = a'acc'$. 而且由定理 2.9.4, 有 $c'ga' \in V(ac)$, 故 $f = acc'ga' \in E \cap R_{ac}$. 而且

$$f(bc) = acc'ga'bc = aga'bc = aga'aa'bc = aga'ebc = aga'ac = agc = ac.$$

接下来要证明 $R_{ac} \leqslant R_{bc}$. 由 $R_a \leqslant R_b$ 知存在 $u \in S$, 使得 $a = bu$. 因此对任意的 $b' \in V(b)$ 有

$$(b'a)^2 = b'ab'a = b'ebb'bu = b'ebu = b'ea = b'a;$$

故 $b'a \in E$. 而且

$$b'b \cdot b'a = b'a,\ b'a \cdot b'b = b'eb \cdot b'b = b'eb = b'a,$$

所以 $b'a \leqslant b'b$.

由

$$a = bu = bb'bu = bb'a \tag{3.8.3}$$

可得 $a\mathcal{L}b'a$, 因此存在 a 的逆元 a'', 使得 $a''a = b'a$. 总之, 有

$$a''a = b'a \leqslant b'b. \tag{3.8.4}$$

由等式 (3.8.3) 可得

$$a = ba''a. \tag{3.8.5}$$

取 $c' \in V(c), h \in S(a''a, cc')$. 由等式 (3.8.4) 有

$$(a''ah)^2 = a''a(ha''a)h = a''ah^2 = a''ah,$$
$$(b'bh)^2 = b'bha''ab'bh = b'bha''ah = b'bh^2 = b'bh,$$

故 $a''ah, b'bh \in E$. 事实上, 由等式 (3.8.4) 可得 $b'ba'' = b'bb'a = b'a = a''a$. 由 $a''a \leqslant b'b$, 存在幂等元 e, 使得 $a''a = eb'b$, 从而 $a''ab'b = eb'bb'b = eb'b = a''a$, 故

$$a''ah = a''aha''a = b'ba''aha''ab'b \in b'bSb'b,$$
$$b'bh = b'bha''a = b'bha''ab'b \in b'bSb'b,$$

即 $a''ah$ 和 $b'bh$ 是逆半群 $b'bSb'b$ 中的幂等元. 可推出

$$a''ah = a''aha''ah = a''aha''ab'bh = (a''ah)(b'bh) = (b'bh)(a''ah) = b'bh.$$

最后, 记幂等元 $c'ha''ac$ 为 f, 利用等式 (3.8.5) 可得

$$(bc)f = bcc'ha''ac = bhc = bb'bhc = ba''ahc = ahc = ac,$$

故证得 $R_{ac} \leqslant R_{bc}$.

(2)⇒(3) 设 $g, h \in S(e, f)$, 其中 $e, f \in E$. 那么 $fg = g$, 故 $(gf)^2 = g(fg)f = g^2f = gf$. 而且

$$f(gf)f = gf, \quad (gf)f = gf,$$

故 $gf \leqslant f$. 类似地, $eg \in E$ 且 $eg \leqslant e$. 由相容性可推出

$$gh = g(fh) = (gf)h \leqslant fh = h, \quad hg = (he)g = h(eg) \leqslant he = h.$$

换言之

$$(gh)h = h(gh) = gh, \quad (hg)h = h(hg) = hg,$$

故 $gh = hg$. 然而, 由命题 2.9.3, $S(e, f)$ 是矩形带. 因此

$$g = ghg = g^2h = gh = hg = h(hg) = hgh = h.$$

故可得 $|S(e, f)| = 1$.

(3)⇒(1) 设 $e \in E, a \in eSe, a' \in V(a) \cap eSe$. 那么因为 $a'aa'a = a'a, ea'a = a'a$ 并且 $a'a(a'a)e = a'ae$, 故 $a'a \in S(a'a, e)$. 由假设, $a'a$ 是 $S(a'a, e)$ 中仅有的元

素. 基于同样的理由, 若 a'' 是 a 在 eSe 中仅有的逆元, 那么 $S(a''a, e) = \{a''a\}$. 显然 $a''a \mathcal{L} a \mathcal{L} a'a$. 但由命题 2.9.2, 有 $S(a'a, e) = S(a''a, e)$, 故有 $a''a = a'a$. 类似地, 考虑 $S(e, aa')$ 和 $S(e, aa'')$, 可得 $aa'' = aa'$, 因此

$$a'' = a''aa'' = a'aa'' = a'aa' = a'.$$

因此 eSe 是逆半群.　　　　　　　　　　　　　　　　　　　　　　　■

　　本章主要介绍了一些重要的正则半群类, 正则半群有许多重要推广和应用, 并获得了一系列漂亮的研究成果. 如果要对某一类正则半群或者推广进行深入了解和研究, 可以参考一些专著. 例如广义正则半群就是一类重要的推广, 西安建筑科技大学的任学明教授对广义正则半群的研究做出了重要贡献, 可参见任学明教授的专著《广义正则半群》, 即文献 [33].

第4章 半群的 S-系方法

4.1 基数和序数

集合 X 称为偏序集, 如果 $\leqslant$ 是 X 上的二元关系, 且满足以下条件:

(1) 自反性: 对任意的 $x \in X$, $x \leqslant x$;

(2) 反对称性: 对任意的 $x, y \in X$, 若 $x \leqslant y$ 且 $y \leqslant x$, 则 $x = y$;

(3) 传递性: 对任意的 $x, y, z \in X$, 若 $x \leqslant y$ 且 $y \leqslant z$, 则 $x \leqslant z$.

设集合 X 为偏序集, 如果对任意的 $x, y \in X$, 或者 $x \leqslant y$ 或者 $y \leqslant x$, 则称 X 为全序集.

设集合 X 为偏序集, S 为 X 的子集, 称 S 具有诱导序, 如果 S 上的序和 X 上的序是一致的.

设集合 X 称为偏序集, $x \in X$ 称为 X 的子集 S 的上界, 假如对任意的 $y \in S$, $y \leqslant x$.

$x \in X$ 称为 X 的极大元, 如果 $y \in X$ 且 $x \leqslant y$, 那么 $x = y$.

设集合 X 为偏序集, 如果 X 的任意具有诱导序的全序子集在 X 中有上界, 就称 X 的偏序为归纳序.

引理 4.1.1 (Zorn 引理) 每一个归纳偏序集有极大元.

偏序集 X 中的元素 x 称为 X 的最小元, 如果对任意的 $y \in X$, 有 $x \leqslant y$.

全序集 X 称为良序集, 如果每个具有诱导序的非空子集 S 有最小元.

全序集 X 是良序集当且仅当对任意的无限降链 $x_1 \geqslant x_2 \geqslant x_3 \geqslant \cdots$, 其中 $x_n \in X$, 存在 n_0, 使得对任意的 $n \geqslant n_0$, $x_n = x_{n_0}$.

两个良序集 X 和 Y 称为同构的, 如果存在保序的双射 $f: X \to Y$, 换言之, 若 X 中元素 x_1, x_2 满足 $x_1 \leqslant x_2$, 那么 $f(x_1) \leqslant f(x_2)$. f 被称为同构, 显然 f^{-1} 也是同构.

若 X 是良序集, X 的子集 S 被称为 X 的段, 如果由 $x \in S$ 且 $y \leqslant x$ 可推出 $y \in S$. X 是 X 的段.

良序集 X 的段的子集的并和交仍然是 X 的段. 如果 S 和 T 是 X 的段, 那么 $S \subset T$ 或者 $T \subset S$.

注意到两者必居其一, 不是从 "中间" 截一段.

如果 $S \neq X$ 是 X 的段, x 是 $X - S$ 中的最小元, 那么 $S = \{y \in X | y < x\}$. 反之, 对任意的 $x \in X$, 这样的集合 S 是 X 的段.

命题 4.1.2　任意集合都可良序化 (每个集合都可成为良序集).

证明　设 X 是集合. 构造如下的集合

$$\mathcal{X} = \{S是良序集 | S是X的子集\}.$$

在这个集合 $\mathcal{X}$ 上定义偏序: $S \leqslant T$ 当且仅当 S 是 T 的段, 且 S 的偏序为 T 上的诱导序. 因为 $\varnothing \in \mathcal{X}$, 则 $\mathcal{X}$ 不是空集. 假设 $\mathcal{C} \subseteq \mathcal{X}$ 是 $\mathcal{X}$ 的非空全序子集, 则只有唯一的方式给出 $Y = \bigcup_{S \in \mathcal{C}} S$ 上的偏序, 使得 $\mathcal{C}$ 中每个 S 上的诱导序和原来的序是一致的. 那么事实上 Y 是良序集, 且 $\mathcal{C}$ 中每个元素是 Y 的段 (为什么? $\mathcal{C}$ 是全序的! 最小元为交!). 这样 $Y \in \mathcal{X}$. 换言之 $\mathcal{C}$ 在 $\mathcal{X}$ 中有上界. 那么由 Zorn 引理, 存在 $\mathcal{X}$ 的极大元 S. 如果 $S \neq X$, 则存在 $y \in X - S$, 在 $T = S \cup \{y\}$ 上定义偏序: 对任意的 $x \in S$, $x < y$, T 在 S 上的诱导序和 S 上的序是一致的. 那么 T 是良序集且 $S < T$, 这与 S 的选择矛盾. 因此 $S = X$, X 可被良序化. ∎

命题 4.1.3　假设 S 是良序集 X 的段且 $f : X \to S$ 是同构. 那么 $f = \mathrm{id}_X$, 从而 $S = X$.

证明　仅需证明, 对任意的 $x \in X$, $f(x) = x$. 反设不是这样, 令 x 是所有 $f(x) \neq x$ 的元素中的最小元, 那么 $f(x) > x$. 因为如果 $f(x) < x$, 那么有 $f(f(x)) = f(x)$. 但这表明 f 不是单射. 故 $f(x) > x$, 因此 $x \in S$. 由段的定义及 $f : X \to S$ 是同构, 必为满射, 令 $x = f(y)$, 那么 $f(x) > f(y)$, 故 $x > y$. 再由于 x 的选择, $f(y) = y$. 因此 $x = y$, 这与 $f(x) \neq x$ 的条件矛盾. ∎

推论 4.1.4　若 X 和 Y 为良序集, 则最多存在一个同构 $f : X \to Y$.

证明　若 $f, g : X \to Y$ 均为同构, 那么由前述命题, $g^{-1} \circ f = \mathrm{id}_X$. 因此 $f = g$. ∎

定理 4.1.5　假设 X, Y 是良序集, 则恰好有如下三种情形之一成立:

(a) X 同构于 Y;

(b) X 同构于 Y 的一个段, 该段为 Y 的真子集;

(c) Y 同构于 X 的一个段, 该段为 X 的真子集.

证明　首先讨论 (a), (b), (c) 中必有其一成立. 考虑如下集合

$$\mathcal{W} = \{(S, T) | S \text{ 是 } X \text{ 的段}, T \text{ 是 } Y \text{ 的段}, \text{且 } S \simeq T\}.$$

注意到 $(\varnothing, \varnothing) \in \mathcal{W}$, 则 $\mathcal{W} \neq \varnothing$. 任取该集合中的两个对 $(S, T), (S', T')$, 假如 $S \subset S'$ 且 $T \subset T'$, 就记作 $(S, T) \leqslant (S', T')$. 由同构 $f : S \to T$ 和 $f' : S' \to T'$ 的唯一性, f, f' 在 S 上是一致的. 因为 T 和 $f'(S)$ 是 Y 中同构的段, 其同构为 $y \mapsto f'(f^{-1}(y))$. 由前述的定理, $f'(S) = T$ 且对任意的 $y \in T$, $f'(f^{-1}(y)) = y$. 因此对任意的 $x \in S$, 由 $y = f(x)$, 得到 $f'(x) = f(x)$. 对 $\mathcal{W}$ 中任意的元素构成的链, 并就是该链的上界, 由 Zorn 引理可知, $\mathcal{W}$ 中存在极大元 (S, T). 若 $S \neq X$ 且 $T \neq Y$, 设 x_0 是 $X - S$

中的最小元, y_0 是 $Y - T$ 中的最小元. 那么 $S' = S \cup \{x_0\}$ 和 $T' = T \cup \{y_0\}$ 分别为 X 和 Y 中的同构的段. 因为 $(S, T) < (S', T')$, 这与 (S, T) 的选择矛盾. 由前述定理容易看出, (a)—(c) 中任意两条不可能同时成立. ∎

由该定理, 任意两个良序集之间的关系是且一定是以上三种关系之一, 因此, 由于有了良序, 集合间有了一个相对的"秩序"!

设 X 和 Y 是良序集, 若 X 与 Y 同构, 就记作 $\mathrm{Ord}\, X = \mathrm{Ord}\, Y$. 若 X 同构于 Y 的一个真子段, 就记作 $\mathrm{Ord}\, X < \mathrm{Ord}\, Y$, 反之记作 $\mathrm{Ord}\, X > \mathrm{Ord}\, Y$. 那么由前述定理可知 $\{\mathrm{Ord}\, X | X \text{是集合}\}$ 是一个全序类. 任意两个含有 n 个元素的良序集 X 和 Y 是同构的. 故记这样的 X 为 $\mathrm{Ord}\, X = n$. 如果 $\mathbb{N}$ 是自然数集, 具有通常的序关系, 就记作 $\mathrm{Ord}(\mathbb{N}) = \omega$. 这是个通用记号. 若 $\alpha = \mathrm{Ord}\, X$, $\beta = \mathrm{Ord}\, Y$, 其中 X 和 Y 是良序集, 满足 $X \cap Y = \varnothing$, 就记 $\alpha + \beta = \mathrm{Ord}(X \cup Y)$, 其中 $X \cup Y$ 的序如下定义: 对任意的 $x \in X$, $y \in Y$, $x < y$, 并且在 X 和 Y 上的诱导序和原来的序是一样的. 注意到按照这个序的定义, $X \cup Y$ 是良序集.

如果良序集 X 与 Y 同构, 就称它们有同样的"序型", 通俗地讲, 一个序数就是某个良序集的序型. 一个集合 S 是一个序数当且仅当 S 对其元素是严格良序的, 并且 S 的每一个元素也是它的一个子集. 例如, 自然数是序数, 2 是 $\{0, 1, 2, 3\}$ 中的元素, 2 也等于 $\{0, 1\}$, 故它是 $\{0, 1, 2, 3\}$ 的子集.

序数一般用希腊字母 $\alpha, \beta, \gamma, \cdots$ 来表示, 所有序数的类记作 Ord.

为了比较两个序数 α 和 β, 考虑它们的代表 A 和 B, 设 A 属于序型 α, B 属于序型 β, 由前述定理, 则只有如下三种情形之一成立:

(a) A 和 B 同构; (b) A 同构于 B 的真子段; (c) B 同构于 A 的真子段.

对情形 (a), 就称 $\alpha = \beta$; 对情形 (b), 就称 $\alpha < \beta$; 对情形 (c), 就称 $\beta < \alpha$.

由此, 关于序数有以下的简单事实.

(1) 以上定义的序数间的 $<$ 关系是一个全序;

(2) $0 = \varnothing$ 是一个序数;

(3) 若 α 是一个序数, $\beta < \alpha$, 则 β 也是一个序数;

(4) 若 $\alpha \neq \beta$ 是序数, 则要么 $\alpha < \beta$, 要么 $\beta < \alpha$;

(5) 设 α 是序数, 定义 $\alpha + 1 = \inf\{\beta | \beta > \alpha\}$, $\alpha + 1$ 也是一个序数, 称为 α 的后继 (successor), 并称 $\alpha + 1$ 为 α 的后继序数. 序数 α 是非极限序数, 假如它有一个前继 (predecessor).

设 $\alpha > 0$ 是序数, 且 $\alpha = \mathrm{Ord} X$, α 称为极限序数, 如果 α 不是后继序数, 换言之, 对任意的序数 β, $\alpha \neq \beta + 1$. 也就是说, X 中没有最大元, 此时 $\alpha = \sup\{\beta | \beta < \alpha\}$.

极限序数的另一种刻画是: 序数 α 是极限序数当且仅当存在小于 α 的序数, 并且对任意小于 α 的序数 ζ, 存在序数 ξ, 使得 $\zeta < \xi < \alpha$. 任意一个序数, 要么是 0, 要么是一个后继序数, 要么是极限序数.

定理 4.1.6　类 $\{\mathrm{Ord}X | X \text{是集合}\}$ 是良序的.

证明　需要证明, 序数的任何非空集合有最小元. 故仅需证明, 若 $(X_i)_{i \in I}$ 是良序集的非空族, 则存在 $j \in I$, 使得 X_j 同构于每个 X_i 的某个段, 其中 $i \in I$. 如若不然, 取 $i_0 \in I$. 由前述定理, 存在 $i_1 \in I$, 使得 X_{i_1} 同构于 X_{i_0} 的真子段 S_1. 重复这个过程, 可得 X_{i_0} 真子段的无限降链 $S_1 \supsetneq S_2 \supsetneq S_3 \supsetneq S_4 \supseteq \cdots$, 但 X_{i_0} 是良序集, 矛盾.　∎

若 X 和 Y 为集合, 称 X 和 Y 有同样的基数, 如果存在双射 $f: X \to Y$. 记作 $\mathrm{Card}\,X = \mathrm{Card}\,Y$. 称 $\mathrm{Card}\,X \leqslant \mathrm{Card}\,Y$, 指的是存在单射: $f: X \to Y$.

设 f 是一个映射, 所谓 f 的图指的是所有序对 $(x, f(x))$ 的集合.

定理 4.1.7　若 X 和 Y 为集合, 则要么 $\mathrm{Card}X \leqslant \mathrm{Card}Y$, 要么 $\mathrm{Card}\,Y \leqslant \mathrm{Card}X$.

证明　考虑具有如下性质的子集 $S \subseteq X \times Y$, 如果 $(x, y), (x', y') \in S$ 且 $(x, y) \neq (x', y')$, 那么 $x \neq x', y \neq y'$. 由 Zorn 引理, 在这样的集合中可以找到一个极大元, 记作 T. 因此, 由 S 的构造可知, T 就是 X 到 Y 的一个映射的图. 或者 $T' = \{(y, x) | (x, y) \in T\}$ 是 Y 到 X 的一个映射的图. 假如定理的断言均不成立, 那么存在 $x_0 \in X$, 使得对任意的 $y \in Y$, $(x_0, y) \notin T$ (否则, 由 T 的定义, 存在单射 $X \to Y$); 也存在 $y_0 \in Y$, 使得对任意的 $x \in X, (x, y_0) \notin T$. 注意到 $T \cup \{(x_0, y_0)\} \supsetneq T$ 且具有上述的性质, 与 T 的极大性矛盾. 因此, T 是 X 到 Y 的一个映射的图, 使得存在单射 $X \to Y$, 或者 T' 是 Y 到 X 的一个映射的图, 使得存在单射 $Y \to X$.　∎

通常用 $0, 1, 2, 3, \cdots, n, \cdots$ 表示有限基数, 无限基数一般记作 $\aleph_\alpha$, 其中 α 是个序数. 通俗地理解, α 主要用来表示基数的次序关系. 所以 $\aleph_0$ 是最小的无限基数, $\aleph_0 = \mathrm{Card}\,\mathbb{N}$. 那么, 对任意的 $\aleph_\alpha$, $\aleph_{\alpha+1}$ 是比 $\aleph_\alpha$ 大的基数中最小的基数. 若 β 是极限序数, 那么对所有的 $\alpha < \beta$, 全部大于基数 $\aleph_\alpha$ 的基数中的最小基数就是 $\aleph_\beta$.

给定基数 m_1 和 m_2, 其中 $m_1 = \mathrm{Card}\,X_1$, $m_2 = \mathrm{Card}\,X_2$, 定义 $m_1 m_2$ 为 $\mathrm{Card}\,(X_1 \times X_2)$; 定义 $m_1 + m_2$ 为 $\mathrm{Card}\,(X_1 \cup X_2)$, 其中 $X_1 \cap X_2 = \varnothing$.

容易看出, 对任意有限数 $n \geqslant 0$, $n + \aleph_0 = \aleph_0$; $\aleph_0 + \aleph_0 = \aleph_0$; 对任意有限数 $n \geqslant 1$, $n \cdot \aleph_0 = \aleph_0$. 由后面的结论可知, $\aleph_0^2 = \aleph_0$.

定理 4.1.8 (Cantor, Schröder, Bernstein)　设 X 和 Y 为集合. 若 $\mathrm{Card}\,X \leqslant \mathrm{Card}\,Y$ 且 $\mathrm{Card}\,Y \leqslant \mathrm{Card}\,X$, 那么 $\mathrm{Card}\,X = \mathrm{Card}\,Y$.

证明　设 $f: X \to Y$ 和 $g: Y \to X$ 为单射, 令 $h = gf, R = X - g(Y)$, $A = R \cup h(R) \cup h^2(R) \cup \cdots$, 显然 $h(A) \subset A \subset X$. 因此, 令 $A' = f(A)$, 那么 $g(A') = h(A) \subset A$. 记 $B = X - A, B' = Y - A'$. 那么 $A \cap B = \varnothing, A' \cap B' = \varnothing, A \cup B = X, A' \cup B' = Y$, 且 $\mathrm{Card}\,A = \mathrm{Card}\,A'$. 因此, 如果 $\mathrm{Card}\,B = \mathrm{Card}\,B'$, 那么 $\mathrm{Card}\,X = \mathrm{Card}\,(A \cup B) = \mathrm{Card}\,A + \mathrm{Card}\,B = \mathrm{Card}\,A' + \mathrm{Card}\,B' = \mathrm{Card}\,(A' \cup B') = \mathrm{Card}\,Y$. 结论已证. 因为 g 单, 仅需证明 $g(B') = B$ 即可. 任取 $x \in B$. 那么由 $B = X - A$ 得 $x \notin A$, 故 $x \notin R$, 因为 $R \subset A$. 因此, $x \in g(Y)(R = X - g(Y))$,

故存在 $y \in Y$, 使得 $x = g(y)$. 如果 $y \in A'$, 那么由 $A' = f(A)$, 存在 $u \in A$, 使得 $y = f(u)$, $x = g(y) = gf(u) = h(u) \in A$, 矛盾. 故由 $A' \cup B' = Y$ 得 $y \in B'$, 则 $x \in g(B')$. 因此, 由 x 的任意性, $B \subset g(B')$. 另一方面, 任取 $y \in B'$, 若 $g(y) \in A$, 因为 $R = X - g(Y)$, 显然 $g(y) \notin R$, 因此存在自然数 $n \geqslant 1$, 使得 $g(y) \in h^n(R)$. 设 $g(y) = h^n(z), z \in R \subset A$. 那么 $g(y) = h(h^{n-1}(z)) = g(f(h^{n-1}(z)))$. 因此, $y = f(h^{n-1}(z))$. 但 $h^{n-1}(z) \in A$, 因为 $y \in B'$, 所以 $y \in A'$, 矛盾, 故 $g(y) \in B$, 结论得证. ∎

定理 4.1.9 对任意的无限基数 $\aleph_\alpha$, $\aleph_\alpha^2 = \aleph_\alpha$.

证明 显然 $\aleph_\alpha \leqslant \aleph_\alpha^2$, 因为对任意的集合 X, 存在从 X 到 $X \times X$ 的单射. 因此, 假如 $\aleph_\alpha^2 = \aleph_\alpha$ 不成立, 那么 $\aleph_\alpha^2 > \aleph_\alpha$. 故假设对某个序数 α, $\aleph_\alpha^2 > \aleph_\alpha$, 可以假设 $\aleph_\alpha$ 是使得 $\aleph_\alpha^2 > \aleph_\alpha$ 的最小的无限基数. 设 $\aleph_\alpha = \mathrm{Card}X$, X 为某个集合. 由命题 4.1.2, X 可良序化. 考虑如下集合

$$\mathcal{K} = \{S | S\text{是}X\text{的段, 且 } \mathrm{Card}\, S = \aleph_\alpha\},$$

该集合 $\mathcal{K}$ 必非空, 例如, X 就在这个集合中. 因为段之间关于包含关系是良序集, 必有最小元 S. 故不妨设 $S = X$. (注意此 X 非彼 X, 本质上就是从符合条件的良序集里找个最小的) 这意味着对 X 的每个真子段 T, $\mathrm{Card}\, T < \mathrm{Card}\, X$. 故由前述假设, 对 X 的任意无限的真的段 T, $\mathrm{Card}\, T^2 = \mathrm{Card}\, T$, $\aleph_\alpha = \mathrm{Card}\, X$.

在 $X \times X$ 上赋予偏序如下

$$(x_1, y_1) \leqslant (x_2, y_2), \text{假如} \begin{cases} \sup\{x_1, y_1\} < \sup\{x_2, y_2\}, \\ \sup\{x_1, y_1\} = \sup\{x_2, y_2\}, \text{且} x_1 < x_2, \\ \sup\{x_1, y_1\} = \sup\{x_2, y_2\}, \text{且} x_1 = x_2, y_1 < y_2. \end{cases}$$

那么容易看出 $Y = X \times X$ 是良序集. 由定理 4.1.5, 如果 Y 同构于 X 的某个段 (或者 X 本身), 那么 $\aleph_\alpha^2 = \mathrm{Card}Y \leqslant \mathrm{Card}\, X = \aleph_\alpha$, 这与 $\aleph_\alpha$ 的选择矛盾. 所以 X 同构于 Y 的某个真子段, 记为 U. 那么必存在 $z \in X$, 使得对任意的 $(x, y) \in U$, $(x, y) < (z, z)$. 由真子段的定义, 假设 T 是由 z 决定的 X 的段 (也称为由 z 决定的初始段), 即 $T = \{x \in X | x < z\}$. 那么注意到 T 是无限的 (因为 X 同构于 U, X 是无限的, 而 T 中元素比 U 中的 "多"; 严格讲, U 到 T 存在单射) 且 $\mathrm{Card}\, T < \mathrm{Card}\, X$, 因此有 $\mathrm{Card}\, T^2 = \mathrm{Card}\, T$. 然而 $U \subset T \times T$, 故 $\mathrm{Card}\, U \leqslant \mathrm{Card}\, T^2 = \mathrm{Card}\, T$. 然而 $\mathrm{Card}\, X = \mathrm{Card}\, U \leqslant \mathrm{Card}\, T < \mathrm{Card}\, X$. 矛盾. ∎

定理 4.1.10 (超限归纳原理) 若 $\beta \geqslant 0$ 是一个序数, 令 $X = \{\alpha | \alpha$ 是个序数, 且 $\alpha < \beta\}$. 设 $S \subseteq X$. 如果满足以下三条:

(1) $0 \in S$;

(2) 由 $\alpha + 1 < \beta$ 且 $\alpha \in S$ 可推出 $\alpha + 1 \in S$;

(3) 若 $\gamma < \beta$ 是个极限序数, 由 $\alpha \in S$ 并且 $\alpha < \gamma$ 可推出 $\gamma \in S$.
那么 $S = X$.

证明 若 $S \neq X$, 设 γ 是集合 $\{\gamma | \gamma < \beta$ 且 $\gamma \notin S\}$ 中的最小序数. 由 (1), $\lambda > 0$, 若 γ 不是极限序数, 那么 $\gamma = \alpha + 1$. 但由 (2), $\alpha \in S$, 故 $\alpha + 1 = \gamma \in S$. 若 γ 是极限序数, 由 (3) 可得 $\gamma \in S$. 两种情形均矛盾. 因此 $S = X$. ∎

若 $\beta = \omega$, 即自然数集合的序数, $X = N$, 那么超限归纳法没有 (3) 的假设, 超限归纳法就是通常的数学归纳法.

4.2 半群的 S-系理论基础

设 S 是幺半群, 1 是其单位元, A 是非空集合. 若有 $S \times A$ 到 A 的映射 $f: S \times A \to A$ 满足

$$f(t, f(s, a)) = f(ts, a), \quad \forall\, t, s \in S, \quad \forall\, a \in A,$$

则称 (A, f) 是左 S-系, 或称 S 左作用于 A 上. 为了方便起见, 记 $f(s, a) = sa$, 于是上式变为

$$t(sa) = (ts)a, \quad \forall\, t, s \in S, \quad \forall\, a \in A.$$

此时, 左 S-系 (A, f) 简记为 $_SA$ 或 A. 如果 A 还满足

$$1a = a, \quad \forall\, a \in A,$$

则称 A 是单式左 S-系. 以下除特殊声明以外, S-系均指单式左 S-系.

同样的方法可以定义右 S-系.

无论左 S-系还是右 S-系, 单纯从定义不容易理解为何这样定义, 但如果换个角度, 就会很清楚. 设 S 是幺半群, 1 为其单位元, A 是非空集合. 记所有从 A 到 A 的映射构成的集合为 T, 显然, 按照映射合成 T 可以构成幺半群. 令 $f: S \to T$ 是幺半群同态, 那么对任意的 $t, s \in S$, 有 $f(ts) = f(t)f(s)$ 且 $f(1_S) = 1_T$. 而 $f(ts) = f(t)f(s)$ 意味着对任意的 $a \in A$, $f(ts)(a) = f(t)(f(s)(a))$ 且 $f(1_S)(a) = 1_T(a) = a$. 简记 $f(s)(a) = sa$, $f(ts)(a) = f(t)(f(ts)(a))$ 和 $f(1_S)(a) = 1_T(a) = a$ 等价于 $t(sa) = (ts)a, 1a = a$. 其实就是左 S-系. 右 S-系也可以类似定义, 所以, S-系从本质上, 就是要研究的幺半群 S 到另一个幺半群 (某个非空集合 A 到自身的全体映射构成) 存在幺半群同态. 群对集合的作用, 以及环的模理论、群表示以及代数表示的基本思想也都是一样的, 即存在从要研究的对象 (群、环、代数) 到另一个对象 (对称群、Abel 群的自同态环, 某一类代数) 的群同态 (环同态、代数同态). 半群的 S-系理论, 也可以看成半群的某种 "外部" 表示理论, 有些思想方法, 常常可以借鉴同调代数等.

设 A 是 S-系, B 是 A 的非空子集. 若对任意 $b \in B$, 任意 $s \in S$, 都有 $sb \in B$, 则称 B 是 A 的子系, 记为 $B \leqslant A$.

显然 $A \leqslant A$. 若 S 中含有零元 0, 则对于任意 $a \in A, 0a \leqslant A$.

下面的命题是不证自明的.

命题 4.2.1 S-系 A 的任意多个子系的交若非空, 则仍为子系.

设 M 是 S-系 A 的非空子集, 则 A 的包含 M 的最小子系是所有包含 M 的子系之交, 称为由 M 生成的子系, 记为 $\langle M \rangle$, M 称为子系 $\langle M \rangle$ 的生成集. 显然有

$$\langle M \rangle = \{sm \mid s \in S, m \in M\}.$$

若记 $Sm = \{sm \mid s \in S\}$, 则有

$$\langle M \rangle = \bigcup_{m \in M} Sm.$$

若 $M = \{m_1, m_2, \cdots, m_n\}$ 为有限集合, 则称 $\langle M \rangle = Sm_1 \cup \cdots \cup Sm_n$ 为有限生成子系. 特别地, 由一个元素 m 生成的子系 Sm 称为循环子系. 若 A 可由一个 (有限个) 元素生成, 则称 A 是循环 (有限生成) 系. 例如, 对于任意 $s \in S, S$ 的主左理想 Ss 即为 S-系 S 的循环子系, 特别地, S 为循环 S-系.

设 λ 是 S-系 A 上的等价关系, 若 λ 满足:

$$(a,b) \in \lambda \Rightarrow (sa, sb) \in \lambda, \quad \forall\, s \in S, \quad \forall\, a, b \in A,$$

则称 λ 为 A 上的同余. 在 A 关于同余 λ 的商集 A/λ 上定义左 S- 作用

$$s(a\lambda) = (sa)\lambda, \quad \forall\, s \in S, \quad \forall\, a \in A,$$

则容易验证 A/λ 关于上述左 S-作用构成一个 S-系, 称为 A 关于 λ 的商系.

设 $B \leqslant A$, 如下定义 A 上的关系:

$$a\lambda_B b \Leftrightarrow a = b \quad \text{或} \quad a, b \in B.$$

容易验证 λ_B 是 A 上的同余, 称其为由 B 决定的 Rees 同余, 简称为 Rees 同余. 称商系 A/λ_B 为 Rees 商.

在 S-系理论研究中, 有一类 Rees 商很重要, 就是把 S 看成左 S-系, S 的左理想 I 看成 S 的子系, 由 I 决定的 Rees 商, 在刻画幺半群的特征时很常用.

类似于子系的生成集概念, 也可以考虑同余的生成集. 首先, 下面的命题是明显的.

命题 4.2.2 S-系 A 上的任意多个同余的交仍为同余.

设 H 为 $A \times A$ 的非空子集合, 则 A 上的包含 H 的最小同余是所有包含 H 的同余之交, 称为由 H 生成的同余, 记为 $\lambda(H)$. H 称为同余 $\lambda(H)$ 的生成集. 显然生成集是不唯一的.

命题 4.2.3   设 H 为 $A \times A$ 的非空子集合, $a, b \in A$. 则 $a\lambda(H)b$ 当且仅当 $a = b$ 或者存在 $t_1, t_2, \cdots, t_n \in S$, 使得

$$
\begin{array}{llll}
a = t_1c_1 & t_2d_2 = t_3c_3 & \cdots & t_nd_n = b \\
t_1d_1 = t_2c_2 & t_3d_3 = t_4c_4 & \cdots,
\end{array}
$$

其中 $(c_i, d_i) \in H$ 或 $(d_i, c_i) \in H, i = 1, 2, \cdots, n$.

证明   在 A 上定义如下关系 σ: $a \, \sigma \, b \Longleftrightarrow a = b$ 或者存在 $t_1, t_2, \cdots, t_n \in S$, 使得

$$
\begin{array}{llll}
a = t_1c_1 & t_2d_2 = t_3c_3 & \cdots & t_nd_n = b \\
t_1d_1 = t_2c_2 & t_3d_3 = t_4c_4 & \cdots,
\end{array}
$$

其中 $(c_i, d_i) \in H$ 或 $(d_i, c_i) \in H, i = 1, 2, \cdots, n$.

容易验证 σ 是 A 上的同余关系, 且 $H \subseteq \sigma$. 设 λ 是 A 上的同余且 $H \subseteq \lambda$, 则对于任意 $(a, b) \in \sigma$, 有 $a = b$, 或者

$$
\begin{array}{llll}
a = t_1c_1 & t_2d_2 = t_3c_3 & \cdots & t_nd_n = b \\
t_1d = t_2c_2 & t_3d_3 = t_4c_4 & \cdots,
\end{array}
$$

显然有 $a = t_1c_1\lambda t_1d_1 = t_2c_2\lambda t_2d_2 = t_3c_3 = \cdots t_nc_n\lambda t_nd_n = b$, 所以 $\sigma \subseteq \lambda$. 即 σ 是 A 上包含 H 的最小同余.

根据定义即有 $\sigma = \lambda(H)$. 结论得证. ∎

设 $s, t \in S$, 那么 S-系 $S/\lambda(s, t)$ 称为单循环的 S-系, 指的是命题 4.2.3 中的 $H = \{(s, t)\}$.

设 A, B 都是 S-系. 称映射 $f: A \to B$ 为从 A 到 B 的 S-同态, 如果

$$
f(sa) = sf(a), \quad \forall s \in S, \quad \forall a \in A.
$$

需要注意的是, S-系同态和半群同态不一样, S-系同态只是把幺半群中元素从括号里 "提" 出来, 很像向量空间中线性变换的线性性质. 例如, 设 λ 是 A 上的同余, 令 $B = A/\lambda$. 则自然的映射:

$$
\lambda^{\sharp}: A \to B,
$$

$$
a \mapsto a\lambda,
$$

即为从 A 到 B 的 S-同态.

从 A 到 B 的所有 S-同态的集合记为$\mathrm{Hom}_S(A, B)$ 或简记为$\mathrm{Hom}(A, B)$. 若 S-同态 $f : A \to B$ 还是单、满映射, 则称 f 为同构. 这时也说 S-系 A 和 B 同构, 记为 $A \simeq B$.

设 $f : A \to B$ 是 S-同态. 称集合

$$\{(a, a') \in A \times A \,|\, f(a) = f(a')\}$$

为 f 的核, 记为 $\ker f$, 显然任意 S-同态 $f : A \to B$ 的核 $\ker f$ 是 A 上的同余. 若 $\ker f = 1_A$, 即 A 上的恒等同余, 就称为单位同余, 那么显然有如下命题.

命题 4.2.4 S-满同态 f 为同构当且仅当 $\mathrm{Ker} f$ 是 A 上的单位同余.

定理 4.2.5 (同态基本定理) 设 $f : A \to B$ 是 S-同态, λ 是 A 上的同余且 $\lambda \subseteq \mathrm{Ker} f$, 则存在唯一同态 $g : A/\lambda \to B$, 使得图 4.1 可换.

图 4.1

若 $\lambda = \mathrm{Ker} f$, 则 g 是单同态. 若 f 还是满同态, 则 g 也是满同态. 特别地, 当 f 是满同态时有 $A/\mathrm{Ker} f \simeq B$.

证明 若 $(a, a') \in \lambda$, 则 $(a, a') \in \mathrm{Ker}\, f$, 因此有 $f(a) = f(a')$. 所以可以如下定义映射 $g : A/\lambda \to B$:

$$g(a\lambda) = f(a), \quad \forall\, a \in A.$$

容易证明 g 还是 S-同态, 且使得图 4.1 可换.

设 $g' : A/\lambda \to B$ 也满足 $g'\lambda^{\sharp} = f$, 则对任意 $a\lambda \in A/\lambda$, $g'(a\lambda) = g'\lambda^{\sharp}(a) = f(a) = g\lambda^{\sharp}(a) = g(a\lambda)$, 所以 $g' = g$.

设 $\lambda = \mathrm{Ker} f$, 则 $g(a\lambda) = g(a'\lambda) \Rightarrow f(a) = f(a') \Rightarrow (a, a') \in \mathrm{Ker} f = \lambda \Rightarrow a\lambda = a'\lambda$. 即 g 是单同态.

若 f 是满同态, 则显然 g 也是满同态. 从已证的结果立即可得 $A/\mathrm{Ker} f \simeq B$. ∎

推论 4.2.6 设 λ, σ 是 A 上的同余且 $\lambda \subseteq \sigma$. 则有 S-系的同构式

$$A/\lambda \Big/ \sigma/\lambda \simeq A/\sigma,$$

其中 $\sigma/\lambda = \{(a\lambda, b\lambda) \mid (a, b) \in \sigma\}$.

证明 定义 S-同态 $f : A/\lambda \to A/\sigma$ 为 $f(a\lambda) = a\sigma$. 则 $\mathrm{Ker} f = \sigma/\lambda$. 由定理 4.2.5 即得结论. ∎

设 S, T 都是幺半群, 若 A 既是左 S-系, 又是右 T-系, 且对任意 $a \in A$, 任意 $s \in S$, 任意 $t \in T$, 有

$$(sa)t = s(at),$$

则称 A 是左 S-右 T-系, 记为 ${}_SA_T$. 例如, S 是左 S-右 S-系. 若 A 是左 S-系, H 是 A 的自同态幺半群, 则 A 是左 S-右 H-系 (约定 $f \in H$ 作用在 $a \in A$ 上的结果为 $(a)f$).

所有左 S-系以及左 S-系之间的 S-同态构成一个范畴, 称为左 S-系范畴, 记为 S-Act. 同样, 所有右 S-系以及右 S-系之间的 S-同态构成一个范畴, 称为右 S-系范畴, 记为 Act-S. 本节考虑范畴 S-Act 中的直积和余直积. 先从一般的定义开始.

设 $\mathbb{C}$ 是范畴, $\{A_i | i \in I\}$ 是 $\mathbb{C}$ 中的一簇对象. $\mathbb{C}$ 中的对象 A 叫做 $\{A_i | i \in I\}$ 的直积, 如果:

(1) 对任意 $i \in I$, 存在态射 $\pi_i : A \to A_i$;

(2) 对任意对象 $W \in \mathbb{C}$, 若存在态射 $\varphi_i : W \to A_i$, $i \in I$, 则存在唯一态射 $\varphi : W \to A$, 使得图 4.2 可换.

图 4.2

对偶地可定义余直积. $\mathbb{C}$ 中的对象 $\mathbb{C}$ 叫做 $\{A_i | i \in I\}$ 的余直积, 如果:

(1) 对任意 $i \in I$, 存在态射 $\varepsilon_i : A_i \to C$;

(2) 对任意对象 $W \in \mathbb{C}$, 若存在态射 $\psi_i : A_i \to W$, $i \in I$, 则存在唯一态射 $\psi : C \to W$, 使得图 4.3 可换.

图 4.3

对于给定的一簇对象 $\{A_i | i \in I\}$, 容易证明其直积和余直积若存在, 则在同构的意义下必唯一. 例如, 设 A 和 A' 都是 $\{A_i | i \in I\}$ 的直积, 则存在态射 $\pi_i : A \to A_i$ 和 $\pi_i' : A' \to A_i, i \in I$. 因此存在态射 $\alpha : A \to A'$ 和 $\beta : A' \to A$, 使得图 4.4 可换.

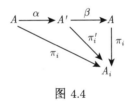

图 4.4

所以对任意 $i \in I, \pi_i\beta\alpha = \pi_i$. 显然 $\pi_i 1_A = \pi_i$. 所以由唯一性即知 $\beta\alpha = 1_A$. 同理可知 $\alpha\beta = 1_{A'}$. 所以 $A \simeq A'$. 同样的方法可以证明余直积在同构的意义下也是唯一的.

所以记 $\{A_i | i \in I\}$ 的直积和余直积分别为 $\prod\limits_{i\in I} A_i$ 和 $\coprod\limits_{i\in I} A_i$.

在 S-系范畴 S-Act 中, 直积和余直积具有非常简单的表达: 它们分别是笛卡儿积和不交并. 不交并表示为 $\dot\bigcup_{i\in I} A_i$.

有时候, 余直积称为直和, 记作 $\bigoplus\limits_{i\in I} A_i$.

设 $\{A_i | i \in I\}$ 是一簇 S-系. 作 A_i 的笛卡儿积 $B = \{(a_i)_{i\in I} | a_i \in A_i\}$. 按分量规定 S 在 B 上的左作用, 即任意 $s \in S$, 任意 $b = (a_i)_{i\in I}$, 规定 $sb = (sa_i)_{i\in I}$. 则 B 是左 S-系. 对任意 $i \in I$, 规定 S-同态 $\pi_i : B \to A_i$ 为

$$\pi_i((a_i)_{i\in I}) = a_i.$$

若 W 是 S-系, 且对任意 $i \in I$, 有 S-同态 $\varphi_i : W \to A_i$, 则可规定映射 $\varphi : W \to B$ 为

$$\varphi(w) = (\varphi_i(w))_{i\in I}, \quad \forall\, w \in W.$$

显然 φ 是 S-同态, 并且 $\pi_i\varphi(w) = \pi_i((\varphi_i(w))_{i\in I}) = \varphi_i(w)$, 所以 $\pi_i\varphi = \varphi_i$. 若还有 S-同态 $\varphi' : W \to B$ 也满足 $\pi_i\varphi' = \varphi_i$, 则对任意 $i \in I, \pi_i\varphi'(w) = \pi_i\varphi(w)$, 所以 $\varphi'(w) = \varphi(w), \forall\, w \in W$. 则 $\varphi = \varphi'$. 这即证明了 φ 的唯一性. 因此由定义即知 B 为 $\{A_i | i \in I\}$ 的直积, 即有如下命题.

命题 4.2.7 在 S-系范畴 S-Act 中, 任意一簇 S-系的直积同构于它们的笛卡儿积.

在考虑余直积之前, 先解释一下集合的不交并的概念. 例如, 集合 $A = \{1, 2, 3\}$, $B = \{1, 4, 5\}$, 因为 1 是 A 与 B 中都有的元素, 按照通常的集合求并的运算, A 和 B 的并一共有 5 个元素, 1 不能重复. 而在不交并中, A 和 B 的不交并一共有 6 个元素, 1 可以算两个元素.

下面考虑 S-系 $\{A_i | i \in I\}$ 的余直积. 作不交并 $B = \dot\bigcup_{i\in I} A_i$. 下证 B 可作成左 S-系. 设 $s \in S$. 对任意 $b \in B$, 存在唯一的 i, 使得 $b \in A_i$. 所以可按照 S 在 A_i 上的左作用来定义 sb. 因此 B 可作成一个 S-系. 对于任意 $i \in I$, 显然有自然的包含

同态 $\varepsilon_i : A_i \to B$. 设 W 是 S-系且存在 S-同态 $\psi_i : A_i \to W$, $i \in I$. 如下定义映射 $\psi : B \to W$：

$$\psi(b) = \psi_i(b), \quad \forall\, b \in B,$$

其中 i 满足 $b \in A_i$(由 B 的构造可知对于给定的 b, 满足 $b \in A_i$ 的 i 是唯一的). 显然 ψ 是 S-同态. 对任意 $i \in I, a_i \in A_i$,

$$\psi\varepsilon_i(a_i) = \psi(a_i) = \psi_i(a_i),$$

所以有 $\psi\varepsilon_i = \psi_i$.

设还有 S-同态 $\psi' : B \to W$ 也满足 $\psi'\varepsilon_i = \psi_i$. 则对任意 $i \in I$, 任意 $a_i \in A_i, \psi\varepsilon_i(a_i) = \psi'\varepsilon_i(a_i)$, 所以 $\psi\varepsilon_i = \psi'\varepsilon_i$, 从而 $\psi = \psi'$. 这就证明了 ψ 的唯一性. 由定义即知 B 为 $\{A_i | i \in I\}$ 的余直积. 总结以上结论有如下结论.

命题 4.2.8 在 S-系范畴 S-Act 中, 任意一簇 S-系的余直积同构于它们的不交并.

S-系 A 叫做可分的, 如果存在 A 的非空子系 A_1 和 A_2, 使得 $A = A_1 \dot\cup A_2$. 否则就称 A 是不可分的.

命题 4.2.9 任意循环 S-系是不可分的.

证明 设 $A = Sx$ 是循环 S-系. 若 $A = A_1 \dot\cup A_2$, 则 $x \in A_1$ 或 $x \in A_2$, 因此 $A = A_1$ 或 $A = A_2$. 所以 A 是不可分的. ∎

命题 4.2.10 设 $\{A_i | i \in I\}$ 是 S-系 A 的一簇不可分子系. 若 $\bigcap_{i \in I} A_i \neq \varnothing$, 则 $\bigcup_{i \in I} A_i$ 仍是 A 的不可分子系.

证明 设 $\bigcup_{i \in I} A_i = M \dot\cup N$. 再设 $x \in \bigcap_{i \in I} A_i$, 则 $x \in M \dot\cup N$. 不妨假定 $x \in M$, 则对任意 $i \in I, x \in M \cap A_i$. 显然有

$$A_i = (M \cap A_i) \dot\cup (N \cap A_i).$$

所以由 A_i 的不可分性即知 $N \cap A_i = \varnothing$. 由 i 的任意性即知 $N = \varnothing$. ∎

由命题 4.2.9 知任意循环系是不可分的. 下述命题说明, 不可分 S-系不一定是循环的.

命题 4.2.11 任意 S-系 A 可唯一地分解成不可分 S-子系的不交并.

证明 任取 $x \in A$, 则 Sx 是不可分的. 令

$$\mathscr{D}_x = \{B \mid B \text{ 是 } A \text{ 的不可分子系且 } x \in B\}.$$

因为 $Sx \in \mathscr{D}_x$, 所以 $\mathscr{D}_x \neq \varnothing$. 显然 $\bigcap_{B \in \mathscr{D}_x} B \neq \varnothing$. 所以由命题 4.2.10 知 $A_x = \bigcup_{B \in \mathscr{D}_x} B$ 是不可分的. 显然 A_x 是包含 x 的最大的不可分子系. 设 $x, y \in A$. 如果

$A_x \cap A_y \neq \varnothing$, 则由命题 4.2.10 知 $A_x \cup A_y$ 也是不可分的. 又 $x, y \in A_x \cup A_y$, 所以由 A_x, A_y 的最大性即知 $A_x = A_x \cup A_y = A_y$. 如下定义 A 上的关系 $\sim$:

$$x \sim y \Leftrightarrow A_x = A_y,$$

则 $\sim$ 是 A 上的等价关系. 在每个等价类中取代表元 x, 则 $\bigcup_{x \in A'} A_x$, 这里 A' 是如上所取的代表元的集合.

下证唯一性. 设 A 有两种不交并分解: $A = \dot{\bigcup}_{i \in I} B_i = \dot{\bigcup}_{j \in J} C_j$, 这里 B_i 和 C_j 都是不可分的. 对任意 $i \in I$, 考虑 B_i 中的元素. 取定 $b \in B_i$, 则存在 $j \in J$, 使得 $b \in C_j$. 所以 $Sb \subseteq C_j$. 令

$$B_i' = \{x \in B_i | x \in C_j\},$$

$$B_i'' = \{y \in B_i | \text{ 存在 } k \in J, \text{使得 } y \in C_k \text{ 但 } k \neq j\}.$$

显然 $B_i = B_i' \cup B_i''$ 且 B_i' 和 B_i'' 若不空都是 S-系. 由 B_i 的不可分性即得 $B_i'' = \varnothing$. 所以对任意 $x \in I$, 存在 $j \in J$, 使得 $B_i \subseteq C_j$. 对于上述 j, 同样的方法可知存在 $i' \in I$, 使得 $C_j \subseteq B_{i'}$. 所以 $B_i \subseteq C_j \subseteq B_{i'}$. 易知 $i = i'$. 因此 $B_i = C_j$. 同样的方法可知对任意 $j \in J$, 存在 $i \in I$, 使得 $C_j = B_i$. 这即证明了唯一性. ∎

设 A 是 S-系, $A = \bigcup_{i \in I} B_i$ 是 A 的不可分分解. 并称每个 B_i 为 A 的不可分分量.

命题 4.2.12 设 A 是 S-系, $a, b \in A$. 则 a, b 在 A 的同一个不可分分量中当且仅当存在 $s_1, t_1, \cdots, s_n, t_n \in S$, $a_1, \cdots, a_{n-1} \in A$, 使得

$$\begin{aligned} s_1 a &= t_1 a_1, \\ s_2 a_1 &= t_2 a_2, \\ s_3 a_2 &= t_3 a_3, \\ &\cdots\cdots \\ s_n a_{n-1} &= t_n b. \end{aligned} \tag{4.2.1}$$

证明 充分性 设存在 $s_1, t_1, \cdots, s_n, t_n \in S, a_1, \cdots, a_{n-1} \in A$ 满足题设条件. 容易看出 a 和 b 在同一个不可分分量中.

必要性 在 A 上定义关系 $\sim$:

$$a \sim b \Leftrightarrow \text{存在 } s_1, t_1, \cdots, s_n, t_n \in S, a_1, \cdots, a_{n-1} \in A,$$

使得等式组 (4.2.1) 成立.

可以证明 $\sim$ 是 A 上的等价关系. 将 A 按照等价关系 $\sim$ 分类, 则 A 可以写成这些子类的不交并. 设 A_i 是任意子类, $x \in A_i$. 对任意 $s \in S$, 显然 $x \sim sx$, 即 sx 和 x 在同一个子类中, 所以 $sx \in A_i$. 这说明 A_i 是 S-系. 容易证明 A_i 还是不可分的. 所以 A 写成了不可分子系的不交并, 且对任意 $a, b \in A$, 若 a, b 在同一个不可分分量中, 则 $a \sim b$, 故结论成立. ■

推论 4.2.13　设 A 是 S-系, $a, b \in A$. 则 a, b 在 A 的同一个不可分分量中当且仅当存在 $s_1, t_1, \cdots, s_n, t_n \in S$, $a_1, \cdots, u_{n-1} \in A$, 使得

$$a = t_1 a_1,$$
$$s_2 a_1 = t_2 a_2,$$
$$s_3 a_2 = t_3 a_3,$$
$$\cdots\cdots$$
$$s_n a_{n-1} = b.$$

本节最后介绍一个很重要的常用结构, 该 S-系具有重要的应用, 在 4.6 节专门举例讨论它在刻画幺半群特征方面的巧妙应用.

设 I 是幺半群 S 的真左理想, x, y, z 是三个符号, 令

$$(S, x) = \{(s, x) | s \in S\},$$
$$(S, y) = \{(s, y) | s \in S\},$$
$$(I, z) = \{(s, z) | s \in I\}.$$

按自然的方式可定义 S 在 $(S, x), (S, y), (I, z)$ 上的左作用:

$$s(t, z) = (st, z),$$
$$s(t, x) = \begin{cases} (st, x), & st \in S - I, \\ (st, z), & st \in I, \end{cases}$$
$$s(t, y) = \begin{cases} (st, y), & st \in S - I, \\ (st, z), & st \in I. \end{cases}$$

则

$$A(I) = (I, z) \dot\cup \{(s, x) | s \in S - I\} \dot\cup \{(s, y) | s \in S - I\}.$$

显然 $(S, x) \simeq S(1, x), (S, y) \simeq S(1, y)$, 所以

$$A(I) = S(1, x) \cup S(1, y),$$

且

$$S(1, x) \cap S(1, y) = \{(s, z) | s \in I\} = (I, z).$$

S-系 $A(I)$ 在 S-系理论研究中会经常用到.

4.3 投射性和内射性

定义 4.3.1 称 S-系 P 为投射的, 如果对于任意 S-满同态 $\phi: A \longrightarrow B$, 任意 S-同态 $f: P \longrightarrow B$, 存在 S-同态 $g: P \longrightarrow A$, 使得图 4.5 可换.

图 4.5

若 P 是投射 S-系, 有时我们也说 P 是范畴 S-Act 中的投射对象.

例 4.3.2 设 S 是幺半群, $e^2 = e \in S$. 则 S-系 Se 是投射的.

证明 设 $\phi: A \longrightarrow B$ 是任意 S-满同态, $f: Se \longrightarrow B$ 是任意 S-同态. 记 $f(e) = b \in B$. 因为 ϕ 是满的, 所以存在 $a \in A$, 使得 $\phi(a) = b$. 定义从 Se 到 A 的 S-同态 g 为: 任意的 $s \in S$, $g(se) = sea$. 则对任意 $s \in S$, $\phi g(se) = \phi(sea) = se\phi(a) = seb = sef(e) = f(see) = f(se)$, 所以 $\phi g = f$. 这就证明了 Se 是投射的. ■

为了给出投射 S-系的等价刻画, 我们需要以下引理.

引理 4.3.3 任意投射 S-系的余直积仍为投射系.

证明 设 $P_i (i \in I)$ 是投射 S-系, $P = \coprod_{i \in I} P_i$, $\phi: A \longrightarrow B$ 是 S-满同态, $f: P \longrightarrow B$ 是 S-同态. 记 $\epsilon_i: P_i \to P$ 是自然的 S-同态, 则由 P_i 的投射性知存在 S-同态 $g_i: P_i \longrightarrow A$, 使得图 4.6 可换.

图 4.6

由余直积的泛性质知存在 S-同态 $g: P \longrightarrow A$, 使得图 4.7 可换.

图 4.7

所以对任意的 $i \in I, f\epsilon_i = \phi g_i = \phi g\epsilon_i$. 由 i 的任意性和 P 的结构有 $f = \phi g$, 即 P 是投射的.　■

称 S-满同态 $f : A \longrightarrow B$ 是可收缩的, 如果存在 S-同态 $g : B \longrightarrow A$, 使得 $fg = 1_B$. 下面的定理给出了投射系的等价刻画.

定理 4.3.4　对于 S-系 P, 以下三条等价:

(1) P 是投射的;

(2) 函子 $\mathrm{Hom}_S(P, -)$(从范畴 S-Act 到集合范畴) 把满同态变为满映射;

(3) 任意满同态 $A \longrightarrow P$ 是可收缩的.

证明　(1)$\Longleftrightarrow$(2) 是显然的.

(1)$\Longrightarrow$(3)　对任意满同态 $f : A \longrightarrow P$, 由 P 的投射性知存在 S-同态 $g : P \longrightarrow A$ 使得图 4.8 可换.

图 4.8

所以 f 是可收缩的.

(3)$\Longrightarrow$(1)　对任意 $x \in P$, 令 $S_x = S$. 作 $S_x(x \in P)$ 的余直积 $Q = \coprod_{x \in P} S_x$. 由引理 4.3.3 和例 4.3.2 知 Q 是投射 S-系. 对任意 $x \in P$, 作 S-同态 $\pi_x : S_x \longrightarrow P$ 为 $\pi_x(s) = sx$, 其中任意的 $s \in S_x$. 由余直积的泛性质即知存在 S-同态 $\pi : Q \longrightarrow P$, 使得 $\pi|_{S_x} = \pi_x$. 显然 π 还是满同态. 所以由 (3) 知 π 是可收缩的, 即存在 S-同态 $h : P \longrightarrow Q$, 使得 $\pi h = 1_P$.

设 $\phi : A \longrightarrow B$ 是 S-满同态, $f : P \longrightarrow B$ 是 S-同态. 由 Q 的投射性即知存在 S-同态 $g : Q \longrightarrow A$, 使得图 4.9 可换.

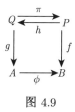

图 4.9

即 $\phi g = f\pi$. 所以 $f = f\pi h = \phi gh$. 这就证明了 P 是投射系.　■

下面的定理说明引理 4.3.3 的逆也成立.

定理 4.3.5　设 $P_i(i \in I)$ 是 S-系. 则 $\coprod_{i \in I} P_i$ 为投射系当且仅当每个 P_i 为投射系.

证明 若每个 P_i 为投射系, 则由引理 4.3.3 知 $\coprod_{i\in I} P_i$ 为投射系.

反过来, 设 $P = \coprod_{i\in I} P_i$ 是投射系. 记 $\epsilon_i : P_i \longrightarrow P$ 为自然的包含同态 (实际上, $P = \dot{\bigcup}_{i\in I} P_i$). 对于每个 P_i, 类似于定理 4.3.4 的证明中的 (3)$\Longrightarrow$(1), 即知存在集合 I_i 以及 S-满同态 $f_i : \coprod_{j\in I_i} S \longrightarrow P_i$. 作余直积 $T = \coprod_{i\in I}(\coprod_{j\in I_i} S)$, 记 $\sigma_i : \coprod_{j\in I_i} S \longrightarrow T$ 为自然的包含同态. 由余直积的泛性质即知存在 S-同态 $f : T \longrightarrow P$, 使得对任意 $i\in I$ 有 $f\sigma_i = \epsilon_i f_i$. 即有交换图 4.10.

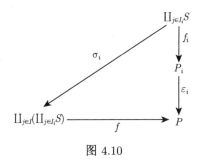

图 4.10

由于每个 f_i 是满同态, 所以易证 f 也是满同态. 利用 P 的投射性, 由定理 4.3.4 知 $f : T \longrightarrow P$ 是可收缩的. 所以存在 S-同态 $g : P \longrightarrow T$ 使得 $fg = 1_P$. 我们下面证明 $g\epsilon_i(P_i) \subseteq \coprod_{j\in I_i} S$.

若存在 $x \in P_i$, 使得 $g\epsilon_i(x) \in \coprod_{j\in I_k} S$, $k \neq i$. 则有 $x = \epsilon_i(x) = fg\epsilon_i(x) \in f(\coprod_{j\in I_k} S) = f_k\sigma_k(\coprod_{j\in I_k} S) = \epsilon_k f_k(\coprod_{j\in I_k} S) \subseteq P_k$, 矛盾. 这就证明了 $g\epsilon_i(P_i) \subseteq \coprod_{j\in I_i} S$.

因此对于任意 $x \in P_i$, $fg\epsilon_i(x) = f(g\epsilon_i(x)) = f\sigma_i(g\epsilon_i(x)) = \epsilon_i f_i g\epsilon_i(x)$, 即 $\epsilon_i(x) = \epsilon_i f_i g\epsilon_i(x)$. 由于 ϵ_i 是单同态, 我们有 $x = f_i g\epsilon_i(x)$. 所以 $f_i g\epsilon_i = 1_{P_i}$.

设 $h : A \longrightarrow P_i$ 是 S-满同态. 由例 4.3.2 和引理 4.3.3 知 $\coprod_{j\in I_i} S$ 是投射系. 所以存在 S-同态 $\alpha : \coprod_{j\in I_i} S \longrightarrow A$, 使得图 4.11 可换. 即 $h\alpha = f_i$. 所以 $h\alpha g\epsilon_i = f_i g\epsilon_i = 1_{P_i}$. 因此 S-满同态 $h : A \longrightarrow P_i$ 是可收缩的. 由定理 4.3.4 即知 P_i 是投射的. ∎

图 4.11

命题 4.3.6 设 S-满同态 $f : Q \longrightarrow P$ 是可收缩的. 如果 Q 是投射系, 那么 P 也是投射系.

证明 对于任意 S-满同态 $\phi : A \longrightarrow B$ 和 S-同态 $g : P \longrightarrow B$, 由交换图 4.12

即得结论.

图 4.12

　　由第 1 章我们已经知道, 循环系是不可分的, 不可分系未必是循环的. 但对于投射系我们有如下命题.

　　命题 4.3.7　设 P 是投射 S-系, 则 P 是不可分的当且仅当它是循环的.

　　证明　和定理 4.3.4 的证明类似地可知存在 S-满同态 $f : \coprod_{i \in I} S_i \longrightarrow P$, 这里每个 S_i 同构于 $_SS$. 由于 P 是投射的, 所以 f 是可收缩的, 即存在 S-同态 $g : P \longrightarrow \coprod_{i \in I} S_i$, 使得 $fg = 1_P$. 显然存在 $i \in I$, 使得 $g(P) \cap S_i \neq \varnothing$. 令

$$A_1 = \{x \in P \mid g(x) \in S_i\}, \quad A_2 = P - A_1.$$

若 $A_2 \neq \varnothing$, 则 A_1, A_2 都是 S-系且 $P = A_1 \dot\cup A_2$. 这和 P 的不可分性矛盾. 所以 $A_2 = \varnothing$, 即 $g(P) \subseteq S_i$. 因此 $P = fg(P) \subseteq f(S_i)$. 而 $f(S_i) \subseteq P$ 是显然的. 所以 $P = f(S_i)$, 故 P 是循环的.

　　命题 4.3.8　循环 S-系 Sx 是投射的当且仅当存在 S 的幂等元 e, 使得 $Sx \simeq Se$.

　　证明　由例 4.3.2 知对于任意幂等元 $e \in S$, Se 是投射 S-系. 反过来, 设 Sx 是投射系. 定义 S-同态 $f : S \longrightarrow Sx$ 为 $f(s) = sx, \forall s \in S$. 则 f 是可收缩的, 所以存在 S-同态 $g : Sx \longrightarrow S$, 使得 $fg = 1_{Sx}$. 设 $g(x) = e \in S$. 则

$$x = fg(x) = f(e) = ef(1) = ex,$$

所以

$$e = g(x) = g(ex) = eg(x) = ee = e^2,$$

即 e 是幂等元. 显然 $g(Sx) = Se$. 所以 $Sx \simeq Se$.

　　下面的定理给出了投射 S-系的结构.

　　定理 4.3.9　S-系 P 是投射的当且仅当存在 S 的幂等元 $e_i, i \in I$, 使得 $P \simeq \coprod_{i \in I} Se_i$.

　　证明　由例 4.3.2 和引理 4.3.3 即知 $\coprod_{i \in I} Se_i$ 是投射 S-系. 反过来, 设 P 是投射的. 由定理 4.2.11 知 P 有不可分分解 $P = \dot{\bigcup}_{i \in I} P_i = \coprod_{i \in I} P_i$, 其中每个 P_i 是不可分系. 由定理 4.3.5 知每个 P_i 也是投射的. 所以由命题 4.3.7 即知 P_i 是循环的. 由命题 4.3.8 知存在幂等元 $e_i \in S$ 使得 $P_i \simeq Se_i$. 故 $P \simeq \coprod_{i \in I} Se_i$.

最后我们再给出一个定义.

定义 4.3.10 S-系 A 称为是自由的, 如果 $A \simeq \coprod_{i \in I} S$.

显然自由系是投射的, 但投射系不一定是自由的. 例如, 若 S 中有零元且 $|S| \geqslant 2$, 则 $S0$ 是投射系但不是自由系.

设 A 是自由系, 则有 S-同构 $f : A \simeq \coprod_{i \in I} S_i$. 我们把 $\{f^{-1}(1_i) | 1_i$ 是 S_i 的单位元, $i \in I\}$ 叫做 A 的自由基. 显然 $A = \coprod_{i \in I} S f^{-1}(1_i)$, 且 $S f^{-1}(1_i) \simeq S$.

由定理 4.3.4 的证明即知有如下命题.

命题 4.3.11 任意 S-系 A 都是自由系的同态像, 即存在自由系 F 以及 F 上的同余 λ, 使得 $A \simeq F/\lambda$.

定义 4.3.12 称 S 为完全左投射幺半群, 如果所有 (左)S-系是投射的.

定理 4.3.13 S 是完全左投射幺半群当且仅当 $S = \{1\}$.

证明 设 $S = \{1\}$, P 是任意 S-系, $f: A \longrightarrow P$ 是任意 S- 满同态. 如下定义映射 P 到 A 的映射 g: 任意 $x \in P$, 取 $a \in A$, 使得 $f(a) = x$, 规定 $g(x) = a$. 因为 $S = \{1\}$, 所以 g 是 S-同态. 又 $fg = 1_P$, 所以 f 是可收缩的. 由定理 4.3.4 即知 P 是投射系. 所以 S 是完全左投射幺半群.

反过来, 设 S 是完全左投射幺半群. 设 L 是 S 的真左理想. 考虑 4.2 节最后构造的 S-系 $A(L)$. 因为 $A(L)$ 是投射的, 又是不可分的, 所以由命题 4.3.7 知 $A(L)$ 是循环的. 这和 $A(L)$ 的构造矛盾. 所以 S 没有真的左理想, 即 S 是群.

考虑一元 S-系 $M = \{\theta\}$. 显然有 S- 满同态 $f : S \longrightarrow M : f(s) = \theta$, 其中 $s \in S$. 因为 M 是投射的, 所以 f 是可收缩的, 即存在 S-同态 $g: M \longrightarrow S$, 使得 $fg = 1_M$. 令 $g(\theta) = a \in S$, 则对任意 $s \in S$,

$$sa = sg(\theta) = g(s\theta) = g(\theta) = a.$$

所以 a 是 S 的右零元. 但 S 又是群, 所以 $S = \{1\}$. ∎

下面考虑所有循环系是投射系的幺半群. 为此先证明如下引理.

引理 4.3.14 设 λ 是 S 上的左同余. 则循环 S-系 S/λ 是投射的当且仅当存在 $t \in S$ 使得 $t\lambda1$, 且对任意 $x, y \in S, x\lambda y \Longrightarrow xt = yt$.

证明 设 S/λ 是投射系, 则 S 满同态 $\sigma: S \longrightarrow S/\lambda$ 是可收缩的, 所以存在 S-同态 $g : S/\lambda \longrightarrow S$, 使得 $\sigma g = 1$. 设 $g([1]) = t$, 这里 $[1]$ 表示 1 所在的类, 下同. 因为 $[1] = \sigma g([1]) = \sigma(t) = [t]$, 所以 $t\lambda1$. 设 $x, y \in S$, 使得 $x\lambda y$, 则 $[x] = [y]$, 所以 $xt = xg([1]) = g([x]) = g([y]) = yg([1]) = yt$.

反过来, 设满足条件的 t 存在. 定义映射 $f : S/\lambda \longrightarrow S$ 为 $f([s]) = st$, 其中 $s \in S$. 若 $[x] = [y]$, 则 $x\lambda y$, 所以 $xt = yt$. 这说明 f 的定义是可行的. 显然 f 是 S-同态. 记 $\sigma : S \longrightarrow S/\lambda$ 是自然的 S-满同态, 则

$$\sigma f([x]) = \sigma(xt) = x\sigma(t) = x[t] = x[1] = [x], \quad \forall x \in S.$$

所以 $\sigma f = 1$, 即 σ 是可收缩的. 由命题 4.3.6 即知 S/λ 是投射的.   ■

定理 4.3.15 设幺半群 S 含有 $0(\neq 1)$. 则所有循环的中心 S-系是投射的当且仅当 $S = \{1, 0\}$.

证明 设 $S = \{1, 0\}$, λ 是 S 上的左同余. 如果 $(1, 0) \notin \lambda$, 则 $S/\lambda \simeq S$ 是投射的. 所以下设 $(1, 0) \in \lambda$. 在引理 4.3.14 中令 $t = 0$, 立即可知 S/λ 是投射的.

反过来, 设所有循环的中心 S-系是投射的. 假定 L 是 S 的左理想. 则中心 S-系 S/λ_L 是投射的. 所以由引理 4.3.14 即知存在 $t \in S$, 使得 $t\lambda_L 1$, 且对任意 $x, y \in S, x\lambda_L y \Longrightarrow xt = yt$. 若 $1 \in L$, 则 $L = S$. 若 $1 \notin L$, 则 $t = 1$. 因此若 $x, y \in L$, 则 $x = y$. 这说明 $|L| = 1$, 故 $L = \{0\}$. 因此 S 除了 $\{0\}$ 以外再没有真左理想.

设 $0 \neq a \in S$, 则 $Sa \neq \{0\}$, 所以 $Sa = S$. 因此 a 是左可逆元. 容易证明 $S - \{0\}$ 是群.

令 $G = S - \{0\}$. 设 $M = \{x, \theta\}$, 规定 S 在 M 上的左作用为

$$gx = x, \quad 0x = \theta, \quad g\theta = \theta = 0\theta, \quad \forall g \in G.$$

则 M 是中心 S-系, 且 $M = Sx$, 所以 M 是循环的. 从而 M 是投射 S-系. 如下定义 S-同态 $\pi : S \longrightarrow M$:

$$\pi(g) = x, \quad \pi(0) = \theta, \quad \forall g \in G.$$

显然 π 是 S-满同态. 所以 π 是可收缩的, 即存在 S-同态 $f : M \longrightarrow S$, 使得 $\pi f = 1_M$. 设 $f(x) = s \in S$. 若 $s \in G$, 则对任意 $g \in G$, 有

$$gs = gf(x) = f(gx) = f(x) = s.$$

因为 G 是群, 所以 $g = 1$. 因此 $|G| = 1$, 从而 $S = \{1, 0\}$. 若 $s \notin G$, 则 $s = 0$. 所以 $x = \pi f(x) = \pi(s) = \pi(0) = \theta$, 矛盾.   ■

定理 4.3.16 对于幺半群 S, 以下两条等价:

(1) 所有循环 S-系是投射的;

(2) $S = \{1\}$ 或 $S = \{1, 0\}$.

证明 $(1) \Longrightarrow (2)$ 设 $S \neq \{1\}$. 考虑一元 S-系 $M = \{\theta\}$. 显然有 S-满同态 $f : S \longrightarrow M$. 由 M 的投射性知 f 是可收缩的, 所以存在 S-同态 $g : M \longrightarrow S$, 使得 $fg = 1_M$. 记 $g(\theta) = a \in S$. 则对任意 $s \in S, sa = sg(\theta) = g(s\theta) = g(\theta) = a$, 即 a 是 S 的右零元.

设 N 为 S 的所有右零元的集合, 则 N 是 S 的左理想. 由条件即知 Rees 商 S/λ_N 是投射的. 所以由引理 4.3.14 知存在 $t \in S$, 使得 $t\lambda_N 1$, 且任意 $x, y \in S, x\lambda_N y \Longrightarrow xt = yt$. 若 $1 \in N$, 则 $S = \{1\}$, 矛盾. 所以 $1 \notin N$. 因此 $t = 1$. 若

$x, y \in N$, 则 $x\lambda_N y$, 所以 $x = y$. 这说明 $|N| = 1$, 即 S 有唯一的右零元 θ. 对任意 $s, t \in S$, 因为 $t(\theta s) = (t\theta)s = \theta s$, 所以 θs 也是右零元, 从而 $\theta s = \theta$. 这说明 θ 是 S 的零元.

这样我们就证明了如果 $S \neq \{1\}$, 那么 S 中含有零元 $\theta \neq 1$. 所以由定理 4.3.15 即知 $S = \{1, 0\}$.

(2)$\Longrightarrow$(1) 由定理 4.3.13 和定理 4.3.15 的证明即得结论. ■

投射系有若干推广, 参见本书作者的另一本专著《半群的 S-系理论》以及其余文献, 可以对与投射性有关的同调分类问题有一个全面的理解和把握.

下面来介绍内射性.

定义 4.3.17 设 S 是幺半群, E 是左 S-系. 称 E 是内射的, 如果对任意 S-单同态 $f : A \longrightarrow B$ 和任意 S-同态 $g : A \longrightarrow E$, 存在 S-同态 $h : B \longrightarrow E$, 使得图 4.13 可换.

图 4.13

第 2 章我们定义了 S-满同态是可收缩的概念, 并用来刻画投射 S-系. 同样地, 为了刻画内射 S-系, 我们需要 S-单同态是可收缩的概念.

设 $f : A \longrightarrow B$ 是 S-单同态. 称 f 是可收缩的, 如果存在 S-同态 $g : B \longrightarrow A$, 使得 $gf = 1_A$.

命题 4.3.18 设 S-单同态 $f : E \longrightarrow G$ 是可收缩的. 如果 G 是内射系, 则 E 也是内射系.

证明 设 $\phi : A \longrightarrow B$ 是 S-单同态, $g : A \longrightarrow E$ 是 S-同态. 由图 4.14 即得结论. ■

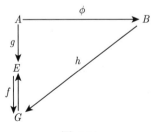

图 4.14

为了给出内射 S-系的例子, 对于任意 S-系 A, 引进下述记号:

$$A^S = \{f \mid f \text{ 是从 } S \text{ 到 } A \text{ 的映射}\}.$$

如下规定 S 在 A^S 上的左作用:

$$(sf)(x) = f(xs), \quad \forall f \in A^S, \quad \forall s, x \in S.$$

显然 $sf \in A^S$. 对任意 $s, t, x \in S$, 因为

$$(t(sf))(x) = (sf)(xt) = f(xts) = ((ts)f)(x),$$
$$(1f)(x) = f(x \cdot 1) = f(x),$$

所以 A^S 是 S-系.

命题 4.3.19   对于任意 S-系 A, A^S 是内射 S-系.

证明   设 $\phi : B \longrightarrow C$ 是任意 S-单同态, $g : B \longrightarrow A^S$ 是任意 S-同态. 如下定义映射 $h : C \longrightarrow A^S$: 对任意 $c \in C$, 令

$$h(c)(t) = \begin{cases} g(\phi^{-1}(tc))(1), & tc \in \mathrm{Im}\phi, \\ a, & 否则, \end{cases}$$

这里 $a \in A$ 是事先任意固定的一个元素, $t \in S$. 因为 ϕ 是单同态, 所以 $\phi^{-1}(tc)$ 是唯一的. 因此 h 确实是从 C 到 A^S 的映射. 下证 h 还是 S-同态. 对任意 $s, t \in S$, 有

$$h(sc)(t) = \begin{cases} g(\phi^{-1}(tsc))(1), & tsc \in \mathrm{Im}\phi, \\ a, & 否则 \end{cases}$$
$$= \begin{cases} h(c)(ts), & tsc \in \mathrm{Im}\phi, \\ a, & 否则 \end{cases}$$
$$= \begin{cases} (sh(c))(t), & tsc \in \mathrm{Im}\phi, \\ a, & 否则, \end{cases}$$

所以 $h(sc) = sh(c)$. 即 h 是 S-同态.

又因对任意 $b \in B$, 任意 $t \in S$, 有 $h\phi(b)(t) = h(\phi(b))(t) = g(\phi^{-1}(t\phi(b)))(1) = g(\phi^{-1}(\phi(tb)))(1) = g(tb)(1) = tg(b)(1) = g(b)(1 \cdot t) = g(b)(t)$, 所以 $h\phi = g$. 因此 A^S 是内射系. ∎

推论 4.3.20   任意 S-系 A 可嵌入一个内射系中.

证明   由命题 4.3.19 知 A^S 是内射 S-系. 作映射 $\phi : A \longrightarrow A^S$ 为

$$\phi(a) : S \longrightarrow A :$$
$$x \longrightarrow xa, \quad \forall x \in S, \quad \forall a \in A.$$

对任意 $s,x \in S$, 任意 $a \in A$, $\phi(sa)(x) = xsa = \phi(a)(xs) = (s\phi(a))(x)$, 所以 $\phi(sa) = s\phi(a)$, 即 ϕ 是 S-同态. 设 $a,b \in A$, 使得 $\phi(a) = \phi(b)$, 则对任意 $x \in S$, $\phi(a)(x) = \phi(b)(x)$, 即 $xa = xb$, 所以 $a = b$. 这说明 ϕ 还是单同态. ∎

下面我们可以给出内射 S-系的等价刻画.

定理 4.3.21　对于 S-系 E, 以下几条等价:

(1) E 是内射 S-系;

(2) 函子 $\mathrm{Hom}_S(-, E)$(从范畴 S-Act 到集合范畴) 把单同态变为满映射;

(3) 任意 S-单同态 $f : E \longrightarrow A$ 是可收缩的;

(4) 存在 S-系 B 以及可收缩的 S-单同态 $f : E \longrightarrow B^S$.

证明　$(1) \Longleftrightarrow (2)$　是显然的.

$(1) \Longrightarrow (3)$　对任意 S-单同态 $f : E \longrightarrow A$, 由 E 的内射性可知存在 S-同态 $g : A \longrightarrow E$, 使得图 4.15 交换, 所以 f 是可收缩的.

图 4.15

$(3) \Longrightarrow (4)$　令 $B = E$, 由推论 4.3.20 知存在 S-单同态 $f : E \longrightarrow E^S$. 由 (3) 知 f 是可收缩的.

$(4) \Longrightarrow (1)$　由命题 4.3.19 知 B^S 是内射系, 所以由命题 4.3.18 知 E 也是内射系. ∎

内射系有若干推广, 参见本书作者的另一本专著《半群的 S-系理论》, 基本思想都来自于内射系, 主要对单同态的类型加以改变, 可得到很多有趣的结论. 另外, 内射系从定义看, 可以看作投射系的对偶, 二者既有完全对偶的部分, 也有各具特色的地方, 需要在研究中体会, 得到思路的启发.

下面讨论内射 S-系的若干性质.

命题 4.3.22　任意内射系必含有零元.

证明　设 E 是内射 S-系. 记 $S^0 = S \dot\cup \{\theta\}$, 其中 $\{\theta\}$ 是单元 S-系. 显然有 S-单同态 $f : S \longrightarrow S^0$. 取定 $x \in E$. 作 S-同态 $g : S \longrightarrow E$ 为 $g(s) = sx$, $s \in S$. 由 E 的内射性知存在 S-同态 $h : S^0 \longrightarrow E$, 使得 $hf = g$. 记 $h(\theta) = a \in E$, 则对任意 $s \in S, sa = sh(\theta) = h(s\theta) = h(\theta) = a$, 即 a 是 E 的零元. ∎

命题 4.3.23　设 $E_i, i \in I$ 是 S-系. 则 $\prod_{i \in I} E_i$ 是内射系当且仅当对任意 $i \in I, E_i$ 是内射系.

证明　设每个 $E_i, i \in I$, 都是内射系. 对于任意 S-单同态 $\phi : A \longrightarrow B$ 和任

意 S-同态 $g : A \longrightarrow \prod_{i \in I} E_i$, 存在 S-同态 $h_i : B \longrightarrow E_i$, 使得图 4.16 可换, 所以由直积的定义即知存在 S-同态 $h : B \longrightarrow \prod_{i \in I} E_i$, 使得 $\pi_i h = h_i$, $i \in I$. 所以 $\pi_i g = \pi_i h \phi$. 由于 i 是任意的, 所以 $g = h \phi$, 即 $\prod_{i \in I} E_i$ 是内射的.

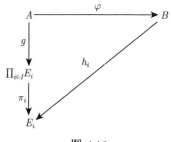

图 4.16

反过来, 设 $\prod_{i \in I} E_i$ 是内射的, 则由命题 4.3.22 知 $\prod_{i \in I} E_i$ 中含有零元, 设其为 $\theta = (\theta_i)_{i \in I}$, 这里 $\theta_i \in E_i, \forall i \in I$. 容易证明对任意 $i \in I, \theta_i$ 是 E_i 的零元. 由推论 4.3.20 知对任意 $i \in I$, 存在内射 S-系 A_i 以及 S- 单同态 $f_i : E_i \longrightarrow A_i$. 记 $\pi_i : \prod_{i \in I} E_i \longrightarrow E_i$ 和 $\sigma_i : \prod_{i \in I} A_i \longrightarrow A_i$ 为自然同态. 由直积的泛性质知存在 S-同态 $f : \prod_{i \in I} E_i \longrightarrow \prod_{i \in I} A_i$, 使得 $\sigma_i f = f_i \pi_i$, $i \in I$. 设 $x, y \in \prod_{i \in I} E_i$, 使得 $f(x) = f(y)$, 则对任意 $i \in I, f_i \pi_i(x) = \sigma_i f(x) = \sigma_i f(y) = f_i \pi_i(y)$. 而 f_i 是单同态, 所以 $\pi_i(x) = \pi_i(y)$. 从而 $x = y$. 这说明 f 是 S- 单同态. 由 $\prod_{i \in I} E_i$ 的内射性即知 f 是可收缩的, 所以存在 S-同态 $g : \prod_{i \in I} A_i \longrightarrow \prod_{i \in I} E_i$, 使得 $gf = 1$. 设 $i \in I$. 对任意 $a \in E_i$, 令

$$ x_j = \begin{cases} a, & j = i, \\ \theta_j, & j \neq i. \end{cases} $$

则 $x_a = (x_j)_{j \in I} \in \prod_{i \in I} E_i$. 显然映射 $\phi : E_i \longrightarrow \{x_a | a \in E_i\}$ 为 $\phi(a) = x_a$ 是 S-同构且 $\phi^{-1} = \pi_i$. 同理对任意 $a \in A_i$ 可定义 S-同构 $\psi(a) \in \prod_{i \in I} A_i$ 且 $\psi^{-1} = \sigma_i$. 因此对任意 $a \in E_i, a = \pi_i \phi(a) = \pi_i g f \phi(a) = \pi_i g \psi f_i(a)$, 因此有 $\pi_i g \psi f_i = 1_{E_i}$. 这说明 S- 单同态 f_i 是可收缩的. 所以 E_i 是内射 S-系. ∎

由定义可以看出, 内射系是投射系的对偶概念. 我们已知自由系是特殊的投射系. 下面我们给出余自由系的概念, 它是特殊的内射系.

定义 4.3.24　称 S-系 A 是余自由的, 如果存在 S-系 B, 使得 $A \simeq B^S$.

显然, 余自由系是内射的. 反之则不然. 例如, 令 $S = \{1, 0\}, A = \{\theta, a\}$. 按普通的定义即可使 A 成为 S-系. 设 $\alpha, \beta \in A^S$ 分别为

$$ \alpha(1) = \theta, \quad \alpha(0) = \theta; $$

$$ \beta(1) = a, \quad \beta(0) = \theta. $$

则 $\{\alpha, \beta\}$ 是 A^S 的子系. 显然 $\{\alpha, \beta\}$ 不是余自由的, 但 $\{\alpha, \beta\}$ 是内射的.

我们知道, 任意 S-系都是某个自由系的商系. 从推论 4.3.20 的证明过程即得如下命题.

命题 4.3.25 任意 S-系都是某个余自由系的子系.

设 A 为 S-系. 由推论 4.3.20 知 A 可以嵌入一个内射 S-系之中, 换言之, 存在内射 S-系包含 A 为子系. 直观地讲, 我们希望找到一个 "最小" 的包含 A 的内射 S-系. 这需要以下的概念.

定义 4.3.26 设 B 是 S-系, A 是 B 的子系. 称 A 是 B 的基本子系, 如果对任意 S-系 C 和任意 S-同态 $\phi: B \longrightarrow C$, 若 $\phi|_A$ 是单同态, 则 ϕ 是单同态. 此时我们亦称 B 是 A 的基本扩张, 或者 A 在 B 中是大的, 记为 $A \leqslant_e B$.

命题 4.3.27 设 B 是 S-系, A 是 B 的子系. 则以下几条是等价的:

(1) A 是 B 的基本子系;

(2) 如果 λ 是 B 上的同余且 $\lambda \neq 1$, 则 λ 限制在 A 上也不等于 1;

(3) 任意 $b_1, b_2 \in B, b_1 \neq b_2$, 存在 $a_1, a_2 \in A, a_1 \neq a_2$, 使得 $a_1 \lambda(b_1, b_2) a_2$;

(4) 任意满足 $A \leqslant C \leqslant B$ 的 S-系 C, 若 C 上的同余 $\lambda \neq 1$, 则 λ 限制在 A 上也不等于 1;

(5) 任意满足 $A \leqslant C \leqslant B$ 的 S-系 C, 若定义在 C 上的 S-同态 ϕ 不是单同态, 则 $\phi|_A$ 也不是单同态.

证明 (1)$\Longrightarrow$(2) 设 λ 是 B 上的同余且 $\lambda \neq 1$, 则自然同态 $B \longrightarrow B/\lambda$ 不是单同态, 因此 $A \longrightarrow B/\lambda$ 也不是单同态. 所以 λ 限制在 A 上不是恒等同余.

(2)$\Longrightarrow$(3) 设 $b_1, b_2 \in B, b_1 \neq b_2$, 则 $\lambda(b_1, b_2) \neq 1$. 由 (2) 知 $\lambda(b_1, b_2)$ 限制在 A 上也不等于 1. 所以存在 $a_1, a_2 \in A, a_1 \neq a_2$, 但 $a_1 \lambda(b_1, b_2) a_2$.

(3)$\Longrightarrow$(4) 设 λ 是 C 上的同余且 $\lambda \neq 1$, 则存在 $b_1, b_2 \in C \leqslant B, b_1 \neq b_2$, 使得 $b_1 \lambda b_2$. 由 (3) 知存在 $a_1, a_2 \in A, a_1 \neq a_2$, 满足 $a_1 \lambda(b_1, b_2) a_2$. 所以 $a_1 \lambda a_2$.

(4)$\Longrightarrow$(5) 设 S-同态 $\phi: C \longrightarrow D$ 不是单的, 则 $\mathrm{Ker}\phi \neq 1$. 由 (4) 知 $\mathrm{Ker}\phi$ 限制在 A 上也不等于 1, 即存在 $a_1, a_2 \in A, a_1 \neq a_2$, 使得 $\phi(a_1) = \phi(a_2)$. 所以 $\phi|_A$ 不是单同态.

(5)$\Longrightarrow$(1) 令 $C = B$ 即可. ∎

推论 4.3.28 设 $A \leqslant C \leqslant B$. 则 $A \leqslant_e B \Longleftrightarrow A \leqslant_e C$ 且 $C \leqslant_e B$.

证明 必要性显然.

充分性. 对任意 $b_1, b_2 \in B, b_1 \neq b_2$, 存在 $c_1, c_2 \in C, c_1 \neq c_2$, 满足 $(c_1, c_2) \in \lambda(b_1, b_2)$. 对于 c_1, c_2, 又存在 $a_1, a_2 \in A, a_1 \neq a_2$, 满足 $(a_1, a_2) \in \lambda(c_1, c_2)$. 所以 $(a_1, a_2) \in \lambda(b_1, b_2)$. ∎

推论 4.3.29 设 A 是 B 的基本子系. 若存在 S-系 $C, A \leqslant C \leqslant B$, 使得自然包含同态 $A \longrightarrow C$ 是可收缩的, 则 $A = C$.

证明 设 S-同态 $g : C \longrightarrow A$ 满足 $g|_A = 1$, 则 $g = 1$, 所以 $A = C$. ∎

推论 4.3.30 设 B 是 A 的基本扩张, C 是 A 的内射扩张, 则 B 同构于 C 的一个子系.

证明 由 C 的内射性知存在 S-同态 $f : B \longrightarrow C$, 使得 $f|_A$ 是单同态, 所以 f 是单同态. ∎

为了给出内射 S-系的一个重要特征, 我们需要下面的技术性引理.

引理 4.3.31 设 $A \leqslant B, \lambda$ 是 B 上的同余且是集合

$$\{\lambda | \lambda \text{ 是 } B \text{ 上的同余}, \lambda \text{ 限制在 } A \text{ 上为恒等同余}\}$$

中的极大元, 则 $A \simeq A/\lambda \leqslant_e B/\lambda$.

证明 $A \simeq A/\lambda$ 是显然的.

设 η 是 B/λ 上的同余, 且 η 限制在 A/λ 上时为恒等同余. 定义

$$b_1 \rho b_2 \Longleftrightarrow \overline{b_1} \eta \overline{b_2},$$

则 ρ 是 B 上的同余, 且 ρ 限制在 A 上时为恒等同余. 设 $b_1 \lambda b_2$, 则 $\overline{b_1} = \overline{b_2}$, 所以 $\overline{b_1} \eta \overline{b_2}$, 因此 $b_1 \rho b_2$. 这说明 $\lambda \subseteq \rho$. 由 λ 的极大性即知 $\lambda = \rho$. 设 $b_1, b_2 \in B$, 使得 $\overline{b_1} \eta \overline{b_2}$, 则 $b_1 \rho b_2$, 所以 $b_1 \lambda b_2$, 因此 $\overline{b_1} = \overline{b_2}$. 这就证明了 η 是 B/λ 上的恒等同余. ∎

下面给出内射系的一个重要特征.

定理 4.3.32 S-系 A 是内射的当且仅当 A 没有真的基本扩张.

证明 设 A 是内射的, 且 $A \leqslant_e B$. 则包含同态 $A \longrightarrow B$ 是可收缩的, 所以存在 S-同态 $g : B \longrightarrow A$, 使得 $g|_A = 1$. 由于 $A \leqslant_e B$, 所以 g 是 S-单同态, 因此 $A = B$.

反过来, 设 A 没有真的基本扩张. 设 B 是 A 的真扩张, 则 A 不是 B 的基本子系, 所以存在 B 上的同余 $\lambda \neq 1$, 但 λ 限制在 A 上时为恒等同余. 令

$$\mathscr{D} = \{\rho | \rho \text{ 是 } B \text{ 上的同余且 } \rho \text{ 限制在 } A \text{ 上时为恒等同余}\}.$$

由 Zorn 引理知 $\mathscr{D}$ 中有极大元, 设其为 λ. 由引理 4.3.31 即知 $A \simeq A/\lambda \leqslant_e B/\lambda$. 所以 $A/\lambda = B/\lambda$. 因此对任意 $b \in B$, 存在唯一的 $a \in A$, 使得 $\overline{b} = \overline{a}$. 规定 S-同态 $f : B \longrightarrow A$ 为 $f(b) = a, b \in B$. 则 $f|_A = 1$. 所以 S-同态 $A \longrightarrow B$ 是可收缩的. 这就证明了 A 是内射 S-系. ∎

定理 4.3.33 设 A 是 S-系. 则存在内射 S-系 B, 使得 $A \leqslant_e B$.

证明 由推论 4.3.20 可知存在内射 S-系 E, 使得 $A \leqslant E$. 令

$$\mathscr{D} = \{B | A \leqslant_e B \leqslant E\},$$

则 $\mathscr{D} \neq \varnothing$. 设 $\{B_i|i \in I\}$ 是 $\mathscr{D}$ 中的升链. 令 $B = \bigcup_{i \in I} B_i$, 由命题 4.3.27(3) 容易证明 $A \leqslant_e B$. 所以由 Zorn 引理知 $\mathscr{D}$ 中有极大元, 设其为 B. 若 C 是 B 的基本扩张, 则由推论 4.3.28 知 C 是 A 的基本扩张, 所以 $B = C$. 这说明 B 没有真的基本扩张, 因此由定理 4.3.32 知 B 是内射的. ∎

定义 4.3.34 S-系 A 的内射的基本扩张称为 A 的内射包.

定理 4.3.33 告诉我们, 任意 S-系 A 都有内射包.

定理 4.3.35 S-系 A 的内射包在同构的意义下是唯一的.

证明 由推论 4.3.30 和定理 4.3.32 容易证明. ∎

因此我们把 S 系 A 的内射包记为 $I(A)$.

下面的定理告诉我们 A 的内射包 $I(A)$ 即为 "最小" 的包含 A 的内射系.

定理 4.3.36 对 S 系 A 和 B, 以下几条是等价的:

(1) B 是 A 的内射包;

(2) B 是 A 的内射的基本扩张;

(3) B 是 A 的极大的基本扩张;

(4) B 是 A 的极小的内射扩张.

证明 由定理 4.3.32 和推论 4.3.30 容易证明 (1)$\Longleftrightarrow$(3). (2) 即为内射包的定义.

(1)$\Longrightarrow$(4) 设内射系 E 满足 $A \leqslant E \leqslant B$. 由 $A \leqslant_e B$ 即得 $E \leqslant_e B$. 所以由推论 4.3.29 知 $E = B$.

(4)$\Longrightarrow$(1) 设 B 是 A 极小的内射扩张, $I(A)$ 是 A 的内射包. 由推论 4.3.30 知 $I(A)$ 同构于 B 的一个子系. 而 $I(A)$ 是内射的, 所以由 B 的极小性即知 $B \simeq I(A)$. ∎

许多特殊幺半群上的 S-系的内射包已被具体地构造出来, 参看 [7], [9], [10], [12] 和 [16] 等.

4.4 拉回图对平坦性的刻画

定义 4.4.1 设 A 是右 S-系, B 是左 S-系, 作笛卡儿积 $A \times B$. 令

$$H = \{((as, b), (a, sb))|a \in A, b \in B, s \in S\},$$

记 $\rho = \rho(H)$ 为由 H 生成的 $A \times B$ 上的最小等价关系. 称商集 $A \times B/\rho$ 为 A 和 B 的张量积, 记为 $A \otimes B$.

对任意 $a \in A, b \in B, (a, b)$ 所在的等价类记为 $a \otimes b$. 显然对任意 $a \in A, b \in B, s \in S, as \otimes b = a \otimes sb$.

下面的定理在平坦性研究中很重要, 可用来判断 $A \otimes B$ 中的两个元素是否相等.

定理 4.4.2　设 A 是右 S-系, B 是左 S-系, $a, a' \in A, b, b' \in B$. 则在 $A \otimes B$ 中 $a \otimes b = a' \otimes b'$ 的充要条件是: 存在 $a_1, \cdots, a_n \in A, b_2, \cdots, b_n \in B, s_1, t_1, \cdots, s_n, t_n \in S$, 使得

$$
\begin{aligned}
a &= a_1 s_1, \\
a_1 t_1 &= a_2 s_2, & s_1 b &= t_1 b_2, \\
a_2 t_2 &= a_3 s_3, & s_2 b_2 &= t_2 b_3, \\
&\cdots\cdots & &\cdots\cdots \\
a_n t_n &= a', & s_n b_n &= t_n b'.
\end{aligned} \tag{$*$}
$$

证明　规定 $A \times B$ 上的关系 σ 如下: 对任意 $a, a' \in A, b, b' \in B$, $(a, b)\sigma(a', b') \Leftrightarrow$ 存在 $a_1, \cdots, a_n \in A, b_2, \cdots, b_n \in B, s_1, t_1, \cdots, s_n, t_n \in S$, 使得等式组 $(*)$ 成立. 下证 σ 是 $A \times B$ 上的等价关系.

因为

$$
\begin{aligned}
a &= a \cdot 1, \\
a \cdot 1 &= a, & 1 \cdot b &= 1 \cdot b,
\end{aligned}
$$

所以 $(a, b)\sigma(a, b)$. 对称性是显然的. 下证传递性. 设 $(a, b)\sigma(a', b'), (a', b')\sigma(a'', b'')$, 则由如下等式组即知 $(a, b)\sigma(a'', b'')$:

$$
\begin{aligned}
a &= a_1 s_1, \\
a_1 t_1 &= a_2 s_2, & s_1 b &= t_1 b_2, \\
a_2 t_2 &= a_3 s_3, & s_2 b_2 &= t_2 b_3, \\
&\cdots\cdots & &\cdots\cdots \\
a_n t_n &= a' \cdot 1, & s_n b_n &= t_n b', \\
a' \cdot 1 &= a_1' u_1, & 1 \cdot b' &= 1 \cdot b', \\
a_1' v_1 &= a_2' u_2, & u_1 b' &= v_1 b_2', \\
a_2' v_2 &= a_3' u_3, & u_2 b_2' &= v_2 b_3', \\
&\cdots\cdots & &\cdots\cdots \\
a_m' v_m &= a'', & u_m b_m' &= v_m b''.
\end{aligned} \tag{$*$}
$$

所以 σ 是等价关系. 对于任意 $((sa,b),(a,sb)) \in H$, 由于

$$as = a \cdot s,$$
$$a \cdot 1 = a, \qquad s \cdot b = 1 \cdot sb,$$

所以 $(as,b)\sigma(a,sb)$, 从而 $\rho \subseteq \sigma$.

设 $(a,b)\sigma(a',b')$, 则有

$$(a,b) = (a_1s_1,b)\rho(a_1,s_1b) = (a_1,t_1b_2)\rho(a_1t_1,b_2) = (a_2s_2,b_2)\cdots(a_ns_n,b_n)\rho(a_n,s_nb_n)$$
$$= (a_n,t_nb')\rho(a_nt_n,b') = (a',b'),$$

所以 $(a,b)\rho(a',b')$. 因此 $\sigma \subseteq \rho$. 这就证明了 $\sigma = \rho$. 所以由定义即得结论. ∎

在有些结论证明中, 为研究方便, 也常常采用下面的定理来给出 $A \otimes B$ 中的两个元素相等的刻画, 该刻画与定理 4.4.2 等价.

定理 4.4.3 设 A 是右 S-系, B 是左 S-系, $a,a' \in A, b,b' \in B$. 则在 $A \otimes B$ 中 $a\otimes b = a'\otimes b'$ 的充要条件是: 存在 $b_1,\cdots,b_n \in B, a_2,\cdots,a_n \in A, s_1,t_1,\cdots,s_n,t_n \in S$, 使得

$$b = s_1b_1,$$
$$as_1 = a_2t_1, \qquad t_1b_1 = s_2b_2,$$
$$a_2s_2 = a_3t_2, \qquad t_2b_2 = s_3b_3, \qquad (*)$$
$$\cdots\cdots \qquad\qquad \cdots\cdots$$
$$a_ns_n = a't_n, \qquad t_nb_n = b'.$$

证明 类似于定理 4.4.2 的证明. ∎

命题 4.4.4 设 B 是左 S-系, 则 $S \otimes B \simeq B$.

证明 作映射 $\alpha: S \otimes B \to B$:

$$\alpha(s \otimes b) = sb, \quad \forall s \otimes b \in S \otimes B.$$

首先证明 α 是有定义的: 设 $s,s' \in S, b,b' \in B$, 使得在 $S \otimes B$ 中有 $s \otimes b = s' \otimes b'$. 则由定理 4.4.2 知存在 $s_1,\cdots,s_n \in S, b_2,\cdots,b_n \in B, u_1,v_1,\cdots,u_n,v_n \in S$, 使得

$$s = s_1u_1,$$
$$s_1v_1 = s_2u_2, \qquad u_1b = v_1b_2,$$
$$s_2v_2 = s_3u_3, \qquad u_2b_2 = v_2b_3,$$
$$\cdots\cdots \qquad\qquad \cdots\cdots$$
$$s_nv_n = s', \qquad u_nb_n = v_nb'.$$

所以 $sb = s_1 u_1 b = s_1 v_1 b_2 = s_2 u_2 b_2 = \cdots = s_n u_n b_n = s_n v_n b' = s'b'$.

作映射 $\beta : B \to S \otimes B$ 为

$$\beta(b) = 1 \otimes b, \quad \forall\, b \in B.$$

显然 β 是有定义的. 又 $\alpha\beta = 1, \beta\alpha = 1$, 所以 $S \otimes B \simeq B$. ■

同理可以证明: 设 A 是右 S-系, 则 $A \otimes S \simeq A$.

设 A 是右 S-系, B 是左 S-右 T-系, 这里 T 也是一个幺半群. 作张量积 $A \otimes B$. 在 $A \otimes B$ 上定义右 T-作用如下:

$$(a \otimes b) \cdot t = a \otimes bt, \quad \forall\, a \in A, \quad b \in B, \quad t \in T.$$

先证明上述定义是有意义的: 设 $a \otimes b = a' \otimes b'$, 这里 $a, a' \in A, b, b' \in B$. 则由定理 4.4.2 知存在 $a_1, \cdots, a_n \in A, b_2, \cdots, b_n \in B, u_1, v_1, \cdots, u_n, v_n \in S$, 使得

$$
\begin{aligned}
&a = a_1 u_1, \\
&a_1 v_1 = a_2 u_2, &&u_1 b = v_1 b_2, \\
&a_2 v_2 = a_3 u_3, &&u_2 b_2 = v_2 b_3, \\
&\quad\cdots\cdots &&\quad\cdots\cdots \\
&a_n v_n = a', &&u_n b_n = v_n b'.
\end{aligned}
$$

所以 $a \otimes bt = a_1 u_1 \otimes bt = a_1 \otimes u_1 bt = a_1 \otimes v_1 b_2 t = a_1 v_1 \otimes b_2 t = a_2 u_2 \otimes b_2 t = \cdots = a_n u_n \otimes b_n t = a_n \otimes u_n b_n t = a_n \otimes v_n b't = a_n v_n \otimes b't = a' \otimes b't$.

显然, 对任意 $t, t' \in T, a \in A, b \in B$, 在 $A \otimes B$ 中有 $(a \otimes b)(tt') = ((a \otimes b)t)t'$, $(a \otimes b) \cdot 1 = a \otimes b$, 所以 $A \otimes B$ 是右 T-系. 如果 C 是左 T-系, 则我们还可以作张量积 $(A \underset{S}{\otimes} B) \underset{T}{\otimes} C$, 这里符号 $\underset{S}{\otimes}$ 表明是在 S 上作张量积, $\underset{T}{\otimes}$ 表明是在 T 上作张量积. 在不引起混淆的情况下我们省去 S 或 T.

设由右 S-系及右 S-同态构成的图 4.17.

图 4.17

右 S-系 P 以及右 S-系的同态 $\alpha : P \longrightarrow M$, $\beta : P \longrightarrow N$ 称为图 4.17 的拉回, 如果满足以下两条:

(1) 图 4.18 交换:

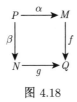

图 4.18

(2) 对于任意交换图 (图 4.19), 存在唯一的同态 $h: W \longrightarrow P$, 使得图 4.20 交换.

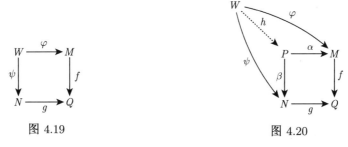

图 4.19   图 4.20

容易证明, 拉回若存在, 则在同构的意义下唯一. 该拉回图记为 $P(M, N, f, g, Q)$. 下文中凡是提到 "右 S-系范畴中任意拉回图 $P(M, N, f, g, Q)$ 的映射 φ" 就指这里定义的 φ.

命题 4.4.5 设 M, N, Q, f, g 同上且 $\operatorname{Im} f \cap \operatorname{Im} g \neq \varnothing$. 令

$$P = \{(m, n) | m \in M, n \in N, f(m) = g(n)\},$$

$\pi_1: P \to M$ 的定义为: $\pi_1(m, n) = m$, $\pi_2: P \to N$ 的定义为 $\pi_2(m, n) = n$, 则 (P, π_1, π_2) 是拉回.

证明 显然 P 是右 S-系, π_1, π_2 是 S-同态. 对任意 $(m, n) \in P$, $f\pi_1(m, n) = f(m) = g(n) = g\pi_2(m, n)$. 设 W 是右 S-系, $\varphi: W \to M$, $\psi: W \to N$ 是 S-同态且 $f\varphi = g\psi$. 规定映射 $h: W \to P$ 如下:

$$h(w) = (\varphi(w), \psi(w)), \quad \forall w \in W.$$

因为 $f\varphi(w) = g\psi(w)$, 所以 h 是有意义的. 显然 h 是 S-同态, 且 $\pi_1 h(w) = \varphi(w), \pi_2 h(w) = \psi(w)$, 所以 $\pi_1 h = \varphi$, $\pi_2 h = \psi$. 设还有 S-同态 $h': W \to P$ 也满足 $\pi_1 h' = \varphi, \pi_2 h' = \psi$. 不妨设 $h(w) = (m, n) \in P$, $h'(w) = (m', n') \in P$. 则 $m = \pi_1(m, n) = \pi_1 h(w) = \pi_1 h'(w) = \pi_1(m', n') = m'$, 同理 $n = n'$. 所以 $h = h'$. 根据定义即知 (P, π_1, π_2) 是拉回. ■

设有右 S-系的拉回图 4.21.

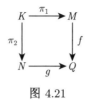

图 4.21

由命题 4.4.5, 我们可设 $K = \{(m,n) \in M \times N | f(m) = g(n)\}$. 设 B 是左 S-系. 考虑图 4.22.

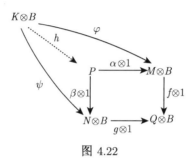

图 4.22

其中

$$P = \{(m \otimes b, n \otimes b') | m \otimes b \in M \otimes B,$$
$$n \otimes b' \in N \otimes B, f(m) \otimes b = g(n) \otimes b'\},$$

φ 的定义为

$$\varphi((m,n) \otimes b) = (m \otimes b, n \otimes b), \quad \forall\, b \in B,\, \forall\, (m,n) \in K.$$

由定理 4.4.2 容易证明 φ 是有定义的.

利用拉回图, 可以很好地刻画 S-系理论中的诸多平坦性质, 这里仅以部分性质说明.

称左 S-系 A 满足条件 (P), 如果对任意的 $s, s' \in S$, 任意的 $a, a' \in A$, 若 $sa = s'a'$, 则存在 $a'' \in A, u, v \in S$, 使得 $su = s'v, a = ua'', a' = va''$.

命题 4.4.6 设 B 是 S-系, 则以下两条等价:

(1) B 满足条件 (P);

(2) 对任意右 S-系 A, 任意 $a, a' \in A$, $b, b' \in B$, 在 $A \otimes B$ 中 $a \otimes b = a' \otimes b'$ 当且仅当存在 $b_1 \in B$, $s_1, t_1 \in S$, 使得

$$b = s_1 b_1, \quad b' = t_1 b_1, \quad a s_1 = a' t_1.$$

证明 (1)⇒(2) 设 $a \otimes b = a' \otimes b'$, 则由定理 4.4.3 知存在 $b_1, \cdots, b_n \in B, a_2, \cdots, a_n \in A, s_1, t_1, \cdots, s_n, t_n \in S$, 使得等式组 $(*)$ 成立. 如果 $n = 1$, 则结论即成立. 设 $n \geqslant 2$. 对于等式 $t_1 b_1 = s_2 b_2$, 由条件 (P) 知存在 $b'' \in B, u, v \in S$, 使得 $t_1 u = s_2 v, b_1 = u b'', b_2 = v b''$. 所以有

$$b = s_1 u b'',$$

$$as_1 u = a_3 t_2 v, \qquad t_2 v b'' = s_3 b_3,$$

$$a_3 s_3 = a_4 t_3, \qquad t_3 b_3 = s_4 b_4,$$

$$\cdots\cdots \qquad\qquad \cdots\cdots$$

$$a_n s_n = a' t_n, \qquad t_n b_n = b'.$$

此等式组的个数比 $(*)$ 少 2, 所以可用数学归纳法完成证明. 另一个方向是不证自明的.

(2)⇒(1) 设 $b, b' \in B, s, t \in S$, 使得 $sb = tb'$. 则在 $S \otimes B$ 中有 $s \otimes b = t \otimes b'$. 所以由条件即知存在 $b_1 \in B, s_1, t_1 \in S$, 使得 $b = s_1 b_1, b' = t_1 b_1, ss_1 = tt_1$. 因此 B 满足条件 (P).

对于条件 (P), 则有如下命题.

命题 4.4.7 对于左 S-系 B, 下述条件等价:

(1) 右 S-系范畴中任意拉回图 $P(M, N, f, g, Q)$ 的映射 φ 是满射;

(2) 右 S-系范畴中任意拉回图 $P(M, M, f, g, Q)$ 的映射 φ 是满射;

(3) 右 S-系范畴中任意拉回图 $P(I, I, f, g, S)$ 的映射 φ 是满射, 其中 I 是 S 的右理想;

(4) 右 S-系范畴中任意拉回图 $P(sS, sS, f, g, S)$ 的映射 φ 是满射, 其中 $s \in S$;

(5) 右 S-系范畴中任意拉回图 $P(S, S, f, g, S)$ 的映射 φ 是满射;

(6) 右 S-系范畴中任意拉回图 $P(M, M, f, f, Q)$ 的映射 φ 是满射;

(7) B 满足条件 (P).

证明 (1)⇒(2)⇒(3)⇒(4)⇒(5) 和 (2)⇒(6) 显然.

(6)⇒(7) 假设右 S-系范畴中任意拉回图 $P(M, M, f, f, Q)$ 的映射 φ 是满射. 设对于 $b, b' \in B, s, s' \in S, sb = s'b'$. 取 F 是具有两个生成元的自由右 S-系, 记为 $F = \{1, 2\} \times S$, 规定 S 在 F 上的右作用: $(i, s)u = (i, su)$. 定义 S-同态 $f: F \to S$ 如下

$$f((1, 1)) = s,$$

$$f((2, 1)) = s'.$$

那么由 $sb = s'b'$ 可得

$$f((1, 1)) \otimes b = f((2, 1)) \otimes b'$$

在 $S \otimes B$ 中成立. 由拉回图 $P(M, M, f, f, Q)$ 的映射 φ 的满性, 存在 $b'' \in B, u, v \in S, i, j \in \{1, 2\}$, 使得 $f((i, u)) = f((j, v))$, $(1, 1) \otimes b = (i, u) \otimes b''$, $(2, 1) \otimes b' = (j, v) \otimes b''$ 在 $F \otimes B$ 中成立. 由定理 4.4.2 及等式 $(1, 1) \otimes b = (i, u) \otimes b''$, 存在自然数 n 以及 $p_2, \cdots, p_n, s_1, \cdots, s_n, t_1, \cdots, t_n \in S, b_2, \cdots, b_n \in B, i_2, \cdots, i_n \in \{1, 2\}$, 使得

$$
\begin{aligned}
& & b &= s_1 b_1, \\
(1, 1)s_1 &= (i_2, p_2)t_1, & t_1 b_1 &= s_2 b_2 \\
(i_2, p_2)s_2 &= (i_3, p_3)t_2, & t_2 b_2 &= s_3 b_3, \\
& \cdots\cdots & & \cdots\cdots \\
(i_n, p_n)s_n &= (i, u)t_n, & t_n b_n &= b''.
\end{aligned}
$$

由等式 $(1, 1)s_1 = (i_2, p_2)t_1$ 可得 $i_2 = 1$. 同理可得 $i_3 = i_4 = \cdots = i_n = i = 1$. 由此有下述等式组

$$
\begin{aligned}
& & b &= s_1 b_1, \\
1s_1 &= p_2 t_1, & t_1 b_1 &= s_2 b_2 \\
p_2 s_2 &= p_3 t_2, & t_2 b_2 &= s_3 b_3, \\
& \cdots\cdots & & \cdots\cdots \\
p_n s_n &= u t_n, & t_n b_n &= b''.
\end{aligned}
$$

说明在 $S \otimes B$ 中有 $1 \otimes b = u \otimes b''$. 类似地可得 $j = 2$ 并且在 $S \otimes B$ 中有 $1 \otimes b' = v \otimes b''$. 由引理得 $b = ub''$, $b' = vb''$. 最后由 f 的定义及 $f((1, u)) = f((2, v))$ 推出 $su = s'v$.

(5)⇒(7)　设 $b_0, b_0' \in B$, $s, s' \in S$ 使得 $sb_0 = s'b_0'$. 定义 f 和 g 分别是由 s 和 s' 确定的 S 上的左平移, 即任意的 $x \in S$, $f(x) = sx, g(x) = s'x$. 那么 $K = \{(u, v) \in S \times S | su = s'v\}$. 此时图 4.22 为图 4.23.

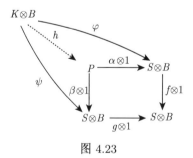

图 4.23

其中

$$
P = \{(b, b') \in B \times B | sb = s'b'\},
$$

φ 的定义为

$$\varphi((u,v)\otimes b)=(ub,vb),\quad \forall\,(u,v)\in K,\ b\in B.$$

因为 $(b_0,b_0')\in P$, 所以存在 $b''\in B$, $(u,v)\in K$ 使得 $\varphi((u,v)\otimes b'')=(b,b')$, 即 $su=s'v, b=ub'', b'=vb''$. 故 B 满足条件 (P).

(7)⇒(1) 任取 $(m\otimes b, n\otimes b')\in P$, 其中 P 如图 (4.23). 则在 $Q\otimes B$ 中有 $f(m)\otimes b=g(n)\otimes b'$. 因为 B 满足条件 (P), 所以由命题 4.4.6 知存在 $b''\in B$, $u,v\in S$, 使得

$$b=ub'',\quad b'=vb'',\quad f(m)u=g(n)v.$$

因为 $f(mu)=f(m)u=g(n)v=g(nv)$, 所以 $(mu,nv)\in K$. 显然, $\varphi((mu,nv)\otimes b'')=(mu\otimes b'', nv\otimes b'')=(m\otimes ub'', n\otimes vb'')=(m\otimes b, n\otimes b')$, 所以 φ 是满射. ■

称左 S-系 B 是平坦的, 如果函子 $-\otimes B$ 把任意单同态可变为单映射. 称 S-系 A 是弱平坦的, 如果对于 S 的任意右理想 I, 映射 $I\otimes A\to S\otimes A$ 是单的. 称 S-系 A 是主弱平坦的, 如果对于 S 的任意主右理想 I, 映射 $I\otimes A\to S\otimes A$ 是单的.

S-系的其他诸多平坦性质, 如图 4.24 所示, 绝大部分都可以通过拉回图的方式统一刻画, 具体文献参见 [5, 22] 等.

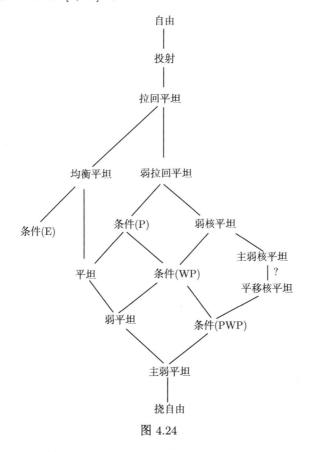

图 4.24

4.5　特殊构造 S-系

4.2 节最后指出, 当 I 是幺半群 S 的真左理想时, 可以构造一类特殊构造的 S-系 $A(I)$, 下面举例说明它的一些应用. 为此, 先看一个命题.

命题 4.5.1　设 A 是有限生成 S-系. 若 A 满足条件 (P), 则 A 是有限个循环子系的不交并.

证明　设 $A = Sa_1 \cup Sa_2$. 若 $Sa_1 \cap Sa_2 = \varnothing$, 则 A 就是循环子系的不交并. 设 $Sa_1 \cap Sa_2 \neq \varnothing$, 假定 $sa_1 = ta_2, s, t \in S$. 由于 A 满足条件 (P), 所以存在 $a' \in A, u, v \in S$, 使得

$$su = tv, \quad a_1 = ua', \quad a_2 = va'.$$

若 $a' \in Sa_1$, 则 $a_2 \in Sa_1$, 所以 $A = Sa_1$. 若 $a' \in Sa_2$, 同理可得 $A = Sa_2$. 总之, A 是循环子系的不交并.

设 $A = Sa_1 \cup \cdots \cup Sa_n$. 利用数学归纳法, 类似于上面的证明即得结论.　∎

定理 4.5.2　所有左 S-系满足条件 (P) 当且仅当 S 是群.

证明　设 S 是群, A 是左 S-系, $a, a' \in A, s, t \in S$ 满足 $sa = ta'$. 令 $u = s^{-1}t, v = 1, a'' = a'$, 则有

$$su = ss^{-1}t = t \cdot 1 = tv, \quad a = s^{-1}ta' = ua'', \quad a' = 1 \cdot a'' = va''.$$

所以 A 满足条件 (P).

反过来, 设所有的左 S-系满足条件 (P). 假定 L 是 S 的任意真左理想, 构造 S-系

$$A(L) = S(1, x) \cup (1, y).$$

因为 $S(1, x) \cap S(1, y) \neq \varnothing$, $S(1, x) \neq S(1, y)$, 所以由命题命题 4.5.1 即得矛盾. 说明 S 没有真的左理想, 故 S 是群.　∎

命题 4.5.3　任意不可分 S-系是循环的当且仅当 S 是群.

证明　**充分性**　设 S 是群, A 是不可分 S-系. 任取 $a \in A$. 若 $A - Sa = \varnothing$, 则 $A = Sa$, 即 A 是循环的. 下设 $A - Sa \neq \varnothing$. 因为 $A = Sa \bigcup (A - Sa)$, 所以由 A 的不可分性即知 $A - Sa$ 不是子系. 因此存在 $b \in A - Sa$ 和 $t \in S$, 使得 $tb \in Sa$. 所以 $b = t^{-1}tb \in t^{-1}Sa \subseteq Sa$. 这和 $b \in A - Sa$ 矛盾.

必要性　设 L 是 S 的真左理想. 考虑本节中构造的 S-系 $A(L)$. 显然 $A(L) = S(1, x) \cup S(1, y)$, 且 $S(1, x) \cap S(1, y) \neq \varnothing$. 所以由命题 4.2.9 和命题 4.2.10 即知 $A(L)$ 是不可分的. 但是 $A(L)$ 不是循环的, 从而与假设矛盾. 说明 S 没有真的左理想, 因此 S 是群.　∎

命题 4.5.4 设 J 是 S 的真左理想. 则 S-系 $A(J)$ 满足条件 (E), 但不满足条件 (P).

证明 由 $A(J)$ 的构造容易验证.   ∎

设 A 是 S-系. 称 A 是挠自由的, 如果对于任意 $a, b \in A$, 任意左可消元 $s \in S$, 若 $sa = sb$, 则 $a = b$.

定理 4.5.5 对于幺半群 S, 以下几条等价:

(1) 所有 S-系都是挠自由的;

(2) S 的任意左可消元是左可逆元.

证明 (1)$\Rightarrow$(2) 设 r 是 S 的左可消元. 若 $Sr = S$, 则 r 是左可逆元. 设 $Sr \neq S$, 则 $A(Sr)$ 是挠自由的. 但是

$$r(1, x) = (r, z) = r(1, y),$$

而 $(1, x) \neq (1, y)$. 这和挠自由性矛盾. 所以任意左可消元是左可逆元.

(2)$\Rightarrow$(1) 设 A 是 S-系, $a, b \in A, r \in S$ 是左可消元, $ra = rb$. 因为 r 是左可逆元, 所以存在 $r' \in S$ 使得 $r'r = 1$. 因此 $a = b$, 即 A 是挠自由的.   ∎

命题 4.5.6 设 J 是 S 的真左理想, 则如下几条是等价的:

(1) $A(J)$ 是平坦的;

(2) $A(J)$ 是弱平坦的;

(3) $A(J)$ 是主弱平坦的;

(4) 对任意 $j \in J, j \in jJ$.

证明 (1)$\Rightarrow$(2)$\Rightarrow$(3) 显然.

(3)$\Rightarrow$(4) 设 $A(J)$ 是主弱平坦的. 因为对于 $j \in J$, 有 $j(1, x) = (j, z) = j(1, y)$, 所以在 $S \otimes A(J)$ 中有 $j \otimes (1, x) = j \otimes (1, y)$. 则 $A(J)$ 的主弱平坦性可知在 $jS \otimes A(J)$ 中有 $j \otimes (1, x) = j \otimes (1, y)$. 所以存在 $j_2, \cdots, j_n \in jS, a_1, \cdots, a_n \in A(J), s_1, t_1, \cdots, s_n, t_n \in S$, 使得

$$(1, x) = s_1 a_1,$$

$$j s_1 = j_2 t_1, \qquad t_1 a_1 = s_2 a_2,$$

$$j_2 s_2 = j_3 t_2, \qquad t_2 a_2 = s_3 a_3,$$

$$\cdots\cdots \qquad\qquad \cdots\cdots$$

$$j_n s_n = j t_n, \qquad t_n a_n = (1, y).$$

设 $a_i = (p_i, w_i)$, 其中 $p_i \in S, w_i \in \{x, y, z\}$. 由上述等式组知肯定存在某个 i, 使得 $w_i = z$, 因此 $t_i p_i \in J$. 所以, $j = j s_1 p_1 = j_2 t_1 p_1 = j_2 s_2 p_2 = \cdots = j_i s_i p_i = j_{i+1} t_i p_i \in j_{i+1} J$. 又 $j_{i+1} \in jS$, 故 $j \in jJ$.

(4)⇒(1)　设 A 是任意右 S-系, $a, a' \in A, m, m' \in A(J)$, 在 $A \otimes A(J)$ 中有 $a \otimes m = a' \otimes m'$. 要证明在 $(aS \cup a'S) \otimes A(J)$ 中有 $a \otimes m = a' \otimes m'$.

设 $m, m' \in S(1, x)$, 则在 $A \otimes S(1, x)$ 中有 $a \otimes m = a' \otimes m'$. 而 $S(1, x) \simeq S$ 是自由 S-系, 从而是平坦的, 所以在 $(aS \cup a'S) \otimes S(1, x)$ 中有 $a \otimes m = a' \otimes m'$, 因此在 $(aS \cup a'S) \otimes A(J)$ 中该等式成立. 若 $m, m' \in S(1, y)$, 则可采用类似的证明.

因此可设 $m = (s, x), m' = (t, y)$, 其中 $s, t \in S - J$. 由定理 4.4.3 知存在 $u_1, v_1, \cdots, u_n, v_n \in S, a_2, \cdots, a_n \in \Lambda, m_i = (p_i, w_i) \in A(J)$, 其中 $p_i \in S, w_i \in \{x, y, z\}$, 使得

$$(s, x) = u_1(p_1, w_1)$$

$$au_1 = a_2 v_1, \qquad v_1(p_1, w_1) = u_2(p_2, w_2),$$
$$a_2 u_2 = a_3 v_2, \qquad v_2(p_2, w_2) = u_3(p_3, w_3),$$
$$\cdots\cdots \qquad \cdots\cdots$$
$$a_n u_n = a' v_n, \qquad v_n(p_n, w_n) = (t, y).$$

显然存在 i, 使得 $v_i p_i = u_{i+1} p_{i+1} \in J$, 所以存在 $r \in J$, 使得 $v_i p_i = u_{i+1} p_{i+1} = v_i p_i r$. 因此, $as = au_1 p_1 = a_2 v_1 p_1 = \cdots = a_{i+1} v_i p_i = a_{i+1} u_{i+1} p_{i+1} = \cdots = a' v_n p_n = a't$, 所以 $asr = as = a't = a'tr$. 在 $aS \otimes A(J)$ 中计算:

$$a \otimes (s, x) = a \otimes s(1, x) = as \otimes (1, x) = asr \otimes (1, x)$$
$$= as \otimes r(1, x) = as \otimes (r, z).$$

同理在 $a'S \otimes A(J)$ 中有 $a' \otimes (t, y) = a't \otimes (r, z)$. 所以在 $(aS \cup a'S) \otimes A(J)$ 中有

$$a \otimes (s, x) = as \otimes (r, z) = a't \otimes (r, z) = a' \otimes (t, y). \quad \blacksquare$$

定理 4.5.7　对于幺半群 S, 以下几条等价:
(1) 所有的左 S-系是主弱平坦的;
(2) S 是正则幺半群.

证明　(1)⇒(2)　设 $x \in S$. 如果 $Sx = S$, 则 x 是左可逆元, 所以是正则元. 设 $Sx \neq S$, 则 Sx 是 S 的真左理想. 因此由条件知 $A(Sx)$ 是主弱平坦 S-系. 由命题 4.5.6 知对任意 $y \in Sx$, 有 $y \in ySx$. 特别地, $x \in xSx$, 即 x 是正则元. 所以 S 是正则幺半群.

(2)⇒(1)　设 B 是任意左 S-系. 要证明 B 是主弱平坦的. 任意的 $b, b' \in B, s \in S$, 假设 $s \otimes b = s \otimes b'$ 在 $S \otimes B$ 中成立, 那么 $sb = sb'$. 因为 S 是正则幺半群, 存在 $x \in S$ 使得 $s = sxs$. 因此

$$s \otimes b = sxs \otimes b = sx \otimes sb = sx \otimes sb' = sxs \otimes b' = s \otimes b'$$

在 $sS \otimes B$ 中成立. ■

关于 $A(I)$ 的其余的应用还有很多, 可以结合所研究的问题, 灵活使用, 可参见文献 [2, 17, 27] 等. 另外, 还有 $A(I)$ 结构的某些变形, 例如, 研究正则系的同调分类问题时, 就采用了类似的结构, 可参见文献 [20].

4.6 正向极限与逆向极限

正向极限 (direct limit) 也被称为上极限 (colimit), 是范畴理论中一个很重要的概念, 它是诸多概念的共性在一定程度上的概括, 例如, 不交并、直和、余积、推出等. 在 S-系理论中, 覆盖问题与这个概念关系密切, 后面将会讲到.

设 I 是集合, $\leqslant$ 是 I 上的二元关系, 具有自反性和传递性, 即具有所谓的拟序. 称 S-系 $(X_i)_{i \in I}$ 连同 S-同态 $\phi_{i,j} : X_i \to X_j, i \leqslant j \in I$ 构成正向系, 如果以下两条成立:

(1) 对任意的 $i \in I$, $\phi_{i,i} = 1_{X_i}$;

(2) 若 $i \leqslant j \leqslant k$, 则 $\phi_{j,k}\phi_{i,j} = \phi_{i,k}$.

$(X_i)_{i \in I}$ 的正向极限指的是某个 S-系 X 连同 S-系同态 $\alpha_i : X_i \to X$ 构成的整体, 满足以下条件:

(1) 若 $i \leqslant j$, 则 $\alpha_i = \alpha_j\phi_{i,j}$;

(2) 对任意的 S-系 Y, 以及 S-同态 $\beta_i : X_i \to Y$, 如果具有性质: 若 $i \leqslant j$, 则 $\beta_i = \beta_j\phi_{i,j}$, 那么必存在唯一的 S-同态 $\psi : X \to Y$, 使得图 4.25 可换.

图 4.25

正向极限可以用图 4.26 来描述.

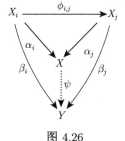

图 4.26

正向系一般可以直观地理解为同态的指向"由小到大", 即同态从指标小的对象指向指标大的. 正向极限一般简记为 $\varinjlim X_i$. 容易证明, 正向极限若存在, 在同构意义下唯一. S-系的正向极限是存在的, 下面来描述它的结构.

事实上, 设 $\lambda_i\colon X_i \to \bigcup_{i\in I} X_i$ 是自然的包含同态, ρ 是 $\bigcup_{i\in I} X_i$ 上由如下关系 R 生成的同余

$$R = \{(\lambda_i(x_i), \lambda_j(\phi_{i,j}(x_i))) | x_i \in X_i, i \leqslant j \in I\}.$$

令 $X = \bigcup_{i\in I} X_i/\rho$, $\alpha_i\colon X_i \to X$ 定义为 $\alpha_i(x_i) = \lambda_i(x_i)\rho$. 则 (X, α_i) 是 $(X_i, \phi_{i,j})$ 的正向极限. 我们按照定义来证明. 首先, 因为若 $\alpha_i(x_i) = \lambda_i(x_i)\rho$, 那么对任意的 $x_i \in X_i$, $\alpha_j\phi_{i,j}(x_i) = \lambda_j(\phi_{i,j}(x_i))\rho = \lambda_i(x_i)\rho = \alpha_i(x_i)$, 故图 4.27 可换.

图 4.27

假设有 S-系 Y, 以及相应的 S-同态 $\beta_i\colon X_i \to Y$, 使得图 4.28 可换.

图 4.28

即 $\beta_i = \beta_j\phi_{i,j}$, 由余积的泛性质, 从 $\bigcup_{i\in I} X_i$ 到 Y 有一个如下的自然的同态

$$\xi\lambda_i(x_i) = \beta_i(x_i) \quad (x_i \in X_i, i \in I).$$

即图 4.29 可换.

图 4.29

由于 $\xi\lambda_i(x_i) = \beta_i(x_i) = \beta_j(\phi_{i,j}(x_i)) = \xi(\lambda_j\phi_{i,j}(x_i))$, 说明 $R \subseteq \ker\xi$, 故由同态基本定理可知存在同态 $\psi\colon \bigcup_{i\in I} X_i/\rho \to Y$, 定义为

$$\psi[\lambda_i(x_i)\rho] = \xi\lambda_i(x_i) = \beta_i(x_i) \quad (x_i \in X_i, i \in I).$$

即图 4.30 可换.

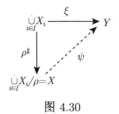

图 4.30

而且对任意的 $x_i \in X_i$, 有

$$\beta_i(x_i) = \xi\lambda_i(x_i) = \psi[\lambda_i(x_i)\rho] = \psi\alpha_i(x_i),$$

即图 4.31 可换.

图 4.31

最后证明 ψ 是唯一的. 若 ψ' 是具有同样性质的另一个同态, 那么对任意的 $i \in I, x_i \in X_i$, 有

$$\psi'(\lambda_i(x_i)\rho) = \psi'\alpha_i(x_i) = \beta_i(x_i) = \psi(\lambda_i(x_i)\rho),$$

即 $\psi = \psi'$.

显然若偏序集 I 上的偏序为离散序, 即偏序关系为恒等关系, 那么此时的正向极限就是不交并 (余积).

若指标集 I 满足性质: 对任意的 $i, j \in I$, 存在 $k \in I$, 使得 $k \geqslant i, j$, 就称 I 是有向的, 此时的正向极限称为有向正向极限. 它的构造中, 同余

$$\rho = \{(\lambda_i(x_i), \lambda_j(x_j)) | 存在 \ k \geqslant i, j, 使得 \ \varphi_{i,k}(x_i) = \varphi_{j,k}(x_j)\}.$$

引理 4.6.1 设 I 是有向集, $(X_i, \varphi_{i,j})$ 是 S-系的正向系, (X, α_i) 是有向正向极限. 那么 $\alpha_i(x_i) = \alpha_j(x_j)$ 当且仅当存在 $k \geqslant i, j$, 使得 $\varphi_{i,k}(x_i) = \varphi_{j,k}(x_j)$. 从而 α_i 是单同态当且仅当对任意的 $k \geqslant i, j$, $\varphi_{i,k}$ 是单的.

证明 由有向正向极限的结构可知. ∎

定理 4.6.2 设 I 是有向集, $(X_i, \phi_{i,j})$ 是 S-系的正向系. 那么 (X, α_i) 是有向正向极限当且仅当:

(1) 对任意的 $x \in X$, 存在 $i \in I$ 以及 $x_i \in X_i$, 使得 $x = \alpha_i(x_i)$;

(2) 对任意的 $i, j \in I$, $\alpha_i(x_i) = \alpha_j(x_j)$ 当且仅当存在 $k \geqslant i, j$, 使得 $\phi_{i,k}(x_i) = \phi_{j,k}(x_j)$.

证明　由引理 4.6.1 以及有向正向极限的结构和同构意义下的唯一性.　■

特别地, 若令 $I = \{0, 1, 2\}$, 拟序为: $0 < 1, 0 < 2, 1$ 与 2 不可比较. 此时的正向极限若记为 X, 则有交换图 4.32.

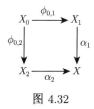

图 4.32

下面给出推出图的定义. 称下面的交换图 (图 4.33) 为推出图, 指的是对任意的如交换图 4.34 所示.

图 4.33　　　　　　　　　　　　　　　　　　图 4.34

存在唯一的同态 $\delta : P \to P'$, 使得图 4.35 可换, P 称为推出. 下面的交换图 (图 4.36) 推出 P, 按照前面的构造过程, 应该为 $P = (A \bigcup B \bigcup C)/\rho$, 其中 ρ 是由 $\{(a, \beta(a)) | a \in A\} \cup \{(a, \gamma(a)) | a \in A\}$ 生成的同余. 同态 $\mu : B \to P$ 与同态 $\nu : C \to P$ 定义如下

$$\mu(b) = \rho(b), \quad \nu(c) = \rho(c).$$

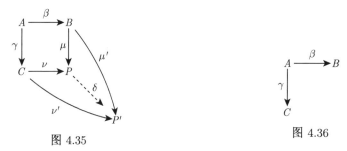

图 4.35　　　　　　　　　　　　　　　　　　图 4.36

定理 4.6.3　设 I 是有向集, $(X_i, \phi_{i,j})$ 是 S-系的正向系, (X, α_i) 是有向正向极限. 假设 Y 是 S-系, S-同态 $\beta_i : X_i \to Y$ 是单同态, 对任意的 $i \leqslant j$, 有 $\beta_i = \beta_j \phi_{i,j}$. 则存在唯一的单同态 $h : X \to Y$, 使得对任意的 $i \in I$, $h\alpha_i = \beta_i$.

证明　考虑如下的交换图 4.37.

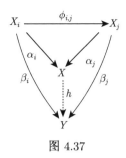

图 4.37

h 的唯一性和存在性是由正向极限的性质决定的. 仅需证明 h 是单的. 假设 $h(x) = h(x')$. 则存在 $i, j \in I$, $x_i \in X_i, x_j \in X_j$, 使得 $x = \alpha_i(x_i), x' = \alpha_j(x_j)$. 由于 I 是有向集, 因此存在 $k \geqslant i, j$, 故

$$\beta_k \phi_{i\ k}(x_i) = h\alpha_k \phi_{i\ k}(x_i) = h\alpha_i(x_i) = h\alpha_j(x_j) = h\alpha_k \phi_{j\ k}(x_j) = \beta_k \phi_{j\ k}(x_j).$$

因为 β_k 是单同态, 故 $\phi_{i,\ k}(x_i) = \phi_{j,\ k}(x_j)$, 故 $x = x'$. ∎

下面来讨论逆向极限.

逆向极限 (direct limit) 也被称为极限, 是范畴理论中一个很重要的概念, 它是诸多概念共性在一定程度上的概括, 如直积、拉回等. 为叙述方便, 逆向极限内容的部分, 映射合成从右向左.

设 I 是集合, $\leqslant$ 是 I 上的二元关系, 具有自反性和传递性, 即 $\leqslant$ 是 I 上的拟序. 称 S-系 $(X_i)_{i \in I}$ 连同 S-同态 $\psi_{i,j}: X_j \to X_i, i \leqslant j \in I$ 构成逆向系, 如果以下两条成立:

(1) 对任意的 $i \in I$, $\psi_{i,i} = 1_{X_i}$;

(2) 若 $i \leqslant j \leqslant k$, 则 $\psi_{i,j}\psi_{j,k} = \psi_{i,k}$.

逆向系一般可以直观地理解为同态的指向 "由大到小", 即同态从指标大的对象指向指标小的.

$(X_i)_{i \in I}$ 的逆向极限指的是某个 S-系 X 连同 S-系同态 $\beta_i: X \to X_i$ 构成的整体, 满足以下条件:

(1) 若 $i \leqslant j$, 则 $\beta_i = \psi_{i,j}\beta_j$;

(2) 对任意的 S-系 Y, 以及 S-同态 $f_i: Y \to X_i$, 如果具有性质: 只要 $i \leqslant j$, 则 $f_i = \psi_{i,j}f_j$, 那么必存在唯一的 S-同态 $\psi: Y \to X$, 使得图 4.38 可换.

图 4.38

逆向极限和逆向系的上述关系可以用图 4.39 来描述.

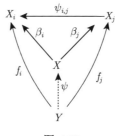

图 4.39

逆向极限简记作 $\varprojlim X_i$. 容易证明, 逆向极限若存在, 在同构意义下唯一. S-系的逆向极限是存在的, 下面来描述它的结构.

定理 4.6.4 逆向系 $(X_i, \psi_{i,j})$ 的逆向极限为

$$\varprojlim X_i = \left\{ (a_i)_{i\in I} \in \prod X_i \;\middle|\; \text{对任意的} i \leqslant j, \text{满足} a_i = \psi_{i,j}(a_j) \right\}.$$

证明 首先记 $X = \{(a_i)_{i\in I} \in \prod X_i |$对任意的$i \leqslant j,$满足$a_i = \psi_{i,j}(a_j)\}$. 定义 $p_i : \prod X_i \to X_i$ 是自然的投影. 若定义 $\beta_i : X \to X_i$ 是 p_i 在 $\prod X_i$ 上的限制. 下证 (X, β_i) 是逆向极限. 若 $i \leqslant j$, 则由逆向极限构造方式, 对任意的 $(a_i)_{i\in I} \in X$, $\beta_i((a_i)_{i\in I}) = a_i = \psi_{i,j}(a_j) = \psi_{i,j}(\beta_j((a_i)_{i\in I}))$, 说明 $\beta_i = \psi_{i,j}\beta_j$. 对任意的 S-系 Y, 以及 S-同态 $f_i : Y \to X_i$, 如果具有性质: 只要 $i \leqslant j$, 则 $f_i = \psi_{i,j}f_j$, 那么由直积的泛性质, 必存在唯一的同态 $f : Y \to \prod X_i$, 使得图 4.40 可换.

图 4.40

即 $p_i f = f_i$. 由于 $f_i = \psi_{i,j}f_j$, 对任意的 $y \in Y$, 我们看 $\prod X_i$ 中元素 $f(y) = (a_i)_{i\in I}$ 的特征. $a_i = p_i f(y) = f_i(y) = \psi_{i,j}f_j(y) = \psi_{i,j}p_j f(y) = \psi_{i,j}(a_j)$. 说明事实上 $f(Y) = X$, 记 δ 为 Y 到 X 的同态, 它是由 f 得到的, 只是像集限制到 X 上, 从而有交换图 4.41.

下证这样的 ψ 唯一, 假设 $\psi' : Y \to X$ 也使得图 4.41 可交换, 任取 $y \in Y$, 则对任意的 $i \in I$, $p_i(\psi(y)) = \beta_i(\psi(y)) = f_i(y) = \beta_i(\delta'(y)) = p_i(\psi'(y))$. 由 i 的任意性, $\psi(y) = \psi'(y)$. ∎

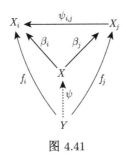

图 4.41

如果逆向极限中的偏序集 I 是平凡的拟序, 即恒等关系, 那么显然可以看出逆向极限就是直积. 如果偏序集只有三个元素的偏序集 $\{0,1,2\}$, 其中 $0 < 1, 0 < 2$, 但 1 与 2 不可比较. 那么按照上述构造, 逆向极限就是前面讲的拉回, 我们来说明它. 假设有图 4.42.

图 4.42

逆向系是明显的, 该逆向极限为 $X = \{(x_0, x_1, x_2) \in X_0 \times X_1 \times X_2 | x_0 = \psi_{0,1}(x_1) = \psi_{0,2}(x_2)\}$. 然而从同构角度看, 事实上 $X \cong \{(x_1, x_2) \in X_1 \times X_2 | \psi_{0,1}(x_1) = \psi_{0,2}(x_2)\}$, 就是我们前面讲的拉回.

4.7　S-系的覆盖

研究 S-系的覆盖问题, 是继同调分类问题研究之后的另一个热点问题. 本节讲到的覆盖, 有两种定义, 关于某些性质, 这两种定义是一致的, 比如投射性, 但对于另外一些性质, 两种覆盖完全不同. 关于覆盖问题的研究, 尚有许多未曾解决的问题. 我们首先看第一种覆盖的定义以及相关结果, 这也是最经典, 研究最早的一类.

设 A, C 是右 S-系, 称 C 为 A 的覆盖, 如果存在满同态 $f: C \to A$, 使得对 C 的任意真子系 B, $f|_B$ 都不是满的. 通俗地理解, 覆盖可以直观地看作有一个"最小的"满同态.

设 S 是幺半群, $f: C \to A$ 是满同态, 称 f 是余本质的满同态, 若对任意的 S-系 B, 以及 S-同态 $g: B \to C$, 如果 fg 是满的, 则 g 是满的. 显然一个满同态 $f: C \to A$ 是一个覆盖当且仅当它是余本质的. 引理 4.7.1 是显然的.

引理 4.7.1　设 $f: A \to B$ 是余本质的满同态, 那么 A 是循环的当且仅当 B 是循环的.

S 的幺半群 T 被称为右单式的, 指的是对任意的 $t \in T, s \in S$, 由 $st \in T$ 可得 $s \in T$. 引理 4.7.2 对研究覆盖问题比较重要.

引理 4.7.2 设 T 是幺半群 S 的子幺半群. 那么存在某个左同余 λ, 使得 $T = [1]_\lambda$ 当且仅当 T 是 S 的右单式的子幺半群.

证明 必要性 首先注意到若 λ 是左同余, 那么 $T = [1]_\lambda$ 是 S 的子幺半群. 事实上, 对任意的 $t \in T, s \in S$, 若 $st \in T$, 由于 $t \in T$, 由 T 的构造, 必有 $t\lambda 1$, 因此 $1\lambda st\lambda s$, 故 $s \in T$.

充分性 设 T 是一个右单式的子幺半群, 令 $X = T \times T$, $\lambda = \lambda(T \times T)$, 即由 $T \times T$ 生成的左同余. 因为 $1 \in T$, 故 $T \subseteq [1]_\lambda$. 反之, 任取 $t \in [1]_\lambda$, 由命题 4.2.3, 存在 $(p_1, q_1), (p_2, q_2), \cdots, (p_n, q_n) \in X$, $w_1, w_2, \cdots, w_n \in S$, 使得

$$1 = w_1 p_1 \quad w_2 q_2 = w_3 p_3 \qquad \cdots \qquad w_n p_n = p$$
$$w_1 q_1 = w_2 p_2 \quad w_3 q_3 = w_4 p_4 \qquad \cdots$$

因为 $1 \in T$, 由 $1 = w_1 p_1$ 以及右单式子幺半群的性质, 可得 $w_1 \in P$. 因此 $w_2 p_2 = w_1 q_1 \in T$, 可得 $w_2 \in T$. 依次讨论可得 $w_n \in T$, 从而 $p = w_n p_n \in T$. ∎

引理 4.7.3 设 S 是幺半群, λ, λ' 是 S 上的左同余. 那么 S/λ' 同构于 S/λ 的循环子系当且仅当存在 $u \in S$, 使得 $\lambda' = \{(s,t) \in S \times S | (su, tu) \in \lambda\}$.

证明 显然对任意的左 S-系 A, 以及 $a \in A$, $\{(s,t) \in S \times S | sa = ta\}$ 是一个左同余. 故对任意的左同余 λ 以及 $u \in S$, $\{(s,t) \in S \times S | s(u\lambda) = t(u\lambda)\}$ 是左同余. 如果存在 $u \in S$, 使得 $\lambda' = \{(s,t) \in S \times S | (su, tu) \in \lambda\}$, 那么 $s\lambda' \mapsto (su)\lambda$ 是从 S/λ' 到 S/λ 的单同态. 反之, 假设 $h : S/\lambda' \to S/\lambda$ 是单同态, 记 $h(1\lambda') = u\lambda$, 那么 $h(s\lambda') = (su)\lambda$, 因为 h 是有定义的且单的, 那么 $\lambda' = \{(s,t) \in S \times S | (su, tu) \in \lambda\}$. ∎

引理 4.7.4 设 λ 是幺半群 S 上的左同余, $u \in S$, 记 $\lambda_u = \{(s,t) \in S \times S | (su, tu) \in \lambda\}$. 定义从 S/λ_u 到 S/λ 的同态 $h(s\lambda_u) = (su)\lambda$. 那么 h 是满的当且仅当 $Su \cap [1]_\lambda \neq \varnothing$.

证明 显然. ∎

设 λ 是幺半群 S 上的左同余, 下文中, 记 $\lambda_u = \{(s,t) \in S \times S | (su, tu) \in \lambda\}$.

引理 4.7.5 设 λ 是幺半群 S 上的左同余. 若 δ 是 S 上的左同余, $f : S/\delta \to S/\lambda$ 是余本质的满同态, 那么存在 $u \in S$, 使得 $S/\delta_u \cong S/\delta$, 并且从 S/δ_u 到 S/λ 的同态 $f'(s\delta_u) = s\lambda$ 是余本质的满同态. 特别地, $[1]_{\delta_u} \subseteq [1]_\lambda$.

证明 因为 $f : S/\delta \to S/\lambda$ 是满同态, 存在 $u \in S$, 使得 $f(u\delta) = 1\lambda$. 令 $\delta' = \delta_u$, 那么从 S/δ' 到 S/δ 的同态 $s\delta' \mapsto s\delta$ 是单同态, 由 $f(u\delta) = 1\lambda$ 可知, 该同态与 f 的合成显然是满的. 因为 S/δ 是 S/λ 的覆盖, 故 $S/\delta_u \cong S/\delta$, 并且合成后的同态 $s\delta' \mapsto s\lambda$ 是满同态. 因此 $[1]_{\delta_u} \subseteq [1]_\lambda$. ∎

定理 4.7.6 设 λ, δ 是幺半群 S 上的左同余. 若如下定义的同态 $f : S/\delta \to S/\lambda$

$$s\delta \mapsto s\lambda$$

是余本质的满同态当且仅当 $\delta \subseteq \lambda$, 并且对任意的 $u \in [1]_\lambda$, $Su \cap [1]_\lambda \neq \varnothing$.

证明 首先注意到, 对任意的循环 S-系 S/λ, 以及任意的 $u \in S$

$$S/\lambda_u \cong \{[su]_\lambda | s \in S\}$$

是 S/λ 的子系. 假设 $f(s\delta) = s\lambda$ 是 S/δ 到 S/λ 的余本质的满同态, 因为 f 是有定义的, 故 $\delta \subseteq \lambda$. 对任意的 $u \in [1]_\lambda$, $f|_{S/\delta_u} \to S/\lambda$ 是满同态. 因为 f 是余本质的, 故有 $[1]_\delta \in S/\delta_u$, 因此 $Su \cap [1]_\delta \neq \varnothing$.

反之, 假设已有条件成立, 显然 f 是有定义的. 假设 A 是 S/δ 的子系, 且 $f|_A$ 是满同态, 那么存在 $u\delta \in A$, 使得 $1\lambda = f(u\delta) = u\lambda$. 因此, $u\lambda 1$, 且存在 $t \in S$, 使得 $tu\delta 1$. 因此对任意的 $s \in S$, $s\delta stu$, 故 $s\delta \in A$, 说明 $S/\delta = A$, 即 f 是覆盖. ∎

定理 4.7.7 设 λ 是幺半群 S 上的左同余. 若 R 是 $[1]_\lambda$ 的子幺半群, 满足对任意的 $u \in [1]_\lambda$, $Su \cap R \neq \varnothing$, 那么存在 S 上的左同余 δ, 使得 $R \subseteq [1]_\delta$ 且 S/δ 是 S/λ 的覆盖. 而且, $R = [1]_\delta$ 当且仅当 R 是 S 的右单式的子幺半群.

证明 令 $\delta = (R \times R)^\sharp$, 即 δ 是由 R 生成的左同余. 那么显然 $R \subseteq [1]_\delta$. 由假设 $R \subseteq [1]_\lambda$, 那么 $R \times R \subseteq \lambda$, 因此 $\delta = (R \times R)^\sharp \subseteq \lambda$. 故有自然满同态 $f : S/\delta \to S/\lambda$, 定义为 $f(s\delta) = s\lambda$. 由于对任意的 $u \in [1]_\lambda$, $Su \cap [1]_\delta \neq \varnothing$, 由定理 4.7.6, f 是余本质的满同态.

最后由引理 4.7.2 可知 $R = [1]_\delta$ 当且仅当 R 是 S 的右单式的子幺半群. ∎

推论 4.7.8 循环 S-系 S/δ 是一元 S-系 Θ 的覆盖当且仅当对任意的 $u \in S$, 存在 $s \in S$, 使得 $su \in [1]_\delta$.

定理 4.7.9 设 S 是幺半群, S/λ 是循环 S-系, 则自然的同态 $S \to S/\lambda$ 是余本质的当且仅当 $[1]_\lambda$ 是 S 的子群.

证明 若 $S \to S/\lambda$ 是余本质的, 由定理 4.7.6, 对任意的 $u \in [1]_\lambda$, 存在 $s \in S$, 使得 $su = 1$. 但由于 $u\lambda 1$, 那么 $s\lambda su = 1$, 故 $s \in [1]_\lambda$. ∎

若记 X 为 S-系的某种性质, 且具有这种性质的 S-系关于余积封闭. 那么有如下定理.

定理 4.7.10 设 S 是幺半群. 下述条件等价:

(i) 每一个循环左 S-系有一个 X-覆盖;

(ii) 每一个有限生成 S-系有一个 X-覆盖;

(iii) 每一个具有极小生成集的 S-系有一个 X-覆盖.

证明 (i)⇒(iii) 设 A 是左 S-系, 具有极小生成集 $\{a_i | i \in I\}$, 对任意的 $i \in I$, 设 P_i 是 $A_i = Sa_i$ 的 X-覆盖, $f_i : P_i \to A_i$ 为相应的余本质的满同态. 记 $P =$

$\bigcup_{i \in I} P_i$, 同态 $f : P \to A$ 为: 对任意的 $p \in P_i$, $f(p) = f_i(p)$. 显然 f 是满的. 反设 f 不是余本质的满同态, 则存在 P 的真子系 P', 使得 $f|_{P'}$ 是满同态. 故存在 $j \in I$, 使得 $P'_j = P_j \cap P'$ 是 P_j 的真子系或者为空集, 且 $f_j|_{P'_j}$ 不是满同态. 但 $f|_{P'}$ 是满同态, 说明存在 $p' \in P'$, 使得 $f(p') = a_j$. $p' \in P_k$ 且 $k \neq j$. 那么 $a_j = f(p') \in A_k = Sa_k$, 这与 $\{a_i | i \in I\}$ 是极小生成集矛盾. 最后由 P 满足性质 X 可知结论成立.

(iii)$\Rightarrow$(ii) 和 (ii)$\Rightarrow$(i) 显然. ∎

称左 S-系 A 是局部循环的, 如果对任意的 $a_1, a_2 \in A$, 存在 $z \in A$, 使得 $a_1, a_2 \in Sz$.

引理 4.7.11　任意局部循环左 S-系的覆盖是不可分的.

证明　设 $f : B \to A$ 是余本质的满同态, A 是局部循环系. 假设 $B = \bigcup_{i \in I} B_i$, 其中每个 B_i 是不可分的, $|I| > 1$. 任取 $i \neq j \in I$. 因为 $f|_{B \setminus B_i}$ 和 $f|_{B \setminus B_j}$ 都不是满的, 存在 $x_i, x_j \in A$, 使得 $x_i \notin f(B \setminus B_i)$, $x_j \notin f(B \setminus B_j)$. 因为 A 是局部循环的, 存在 $z \in A$, 使得 $x_i, x_j \in Sz$. 由 f 是满的, 存在 $k \in B$, $f(k) = z$. 因为 $B = (B \setminus B_i) \cup (B \setminus B_j)$, 故 $k \in B \setminus B_i$ 或者 $k \in B \setminus B_j$. 不妨设 $k \in B \setminus B_i$, 故 $x_i \in Sz = Sf(k) \subseteq f(B \setminus B_i)$, 矛盾. 因此 B 是不可分的. ∎

称幺半群 S 是 X-完全的, 如果任意的左 S-系有一个 X-覆盖. 左 S-系 A 称为 X-像, 若 A 是某个具有性质 X 的不可分左 S-系的同态像. 称左 S-系 A 有 X-半分解, 若存在 A 的 X-像子系 $\{A_i | i \in I\}$, 使得 $A = \bigcup_{i \in I} A_i$, 且对任意的 $i \in I$, $A_i \subsetneqq \bigcup_{j \neq i} A_j$. 一个 X- 半分解 $\{A_i | i \in I\}$ 称为极小的, 若对任意的 $i \in I$, A_i 的任意子系 B_i, 有

$$B_i \cup \left(\bigcup_{j \neq i} A_j \right) = \bigcup_{i \in I} A_i \Rightarrow B_i = A_i.$$

定理 4.7.12　幺半群 S 是 X-完全的当且仅当以下两条成立:

(i) 每一个 X-像有一个 X-覆盖;

(ii) 每一个左 S-系有一个极小的 X-半分解.

证明　**必要性**　假设 S 是 X-完全的. 显然 (i) 是成立的. 设 A 是左 S-系, 由假设, A 有一个 X-覆盖 $f : P \to A$. 记 $P = \bigcup_{i \in I} P_i$, 其中每个 P_i 是不可分的, 且满足性质 X. 令 $A_i = f(P_i)$. 因此 $A = \bigcup_{i \in I} A_i$, 对任意的 $i \in I$, A_i 是 X-像, 且 $A_i \subsetneqq \bigcup_{j \neq i} A_j$. 假设对任意的 $i \in I$, B_i 是 A_i 的子系, 且 $B_i \cup (\bigcup_{j \neq i} A_j) = \bigcup_{i \in I} A_i$, 若存在 $i \in I$, $B_i \neq A_i$, 则 $f^{-1}(B_i) \neq P_i$, 且 $f|_{\bigcup_{j \neq i} A_j \cup f^{-1}(B_i)} : \bigcup_{j \neq i} A_j \cup f^{-1}(B_i) \to A$ 是满同态, 矛盾. 故对任意的 $i \in I$, A 有一个极小的 X-半分解.

充分性　设 A 是左 S-系, $\{A_i | i \in I\}$ 是 A 的极小的 X-半分解. 由假设, 每一个 A_i 有一个 X-覆盖 $f_i : B_i \to A_i$. 令 $B = \bigcup_{i \in I} B_i$. 定义 $f : B \to A$ 为 $f(b) = f_i(b)$,

其中 $b \in B_i$. 显然 f 是满同态. 反设 B' 是 B 的真子系且 $f|_{B'} : B' \to A$ 是满同态. 故存在 $j \in I$, 使得 $C_j = B' \cap B_j$ 是 B_j 的真子系, 而 $f|_C : C \to A$ 是满的, 其中 $C = (\underset{i \neq j_i}{B}) \cup C_j$. 这样 $f(C) = (\underset{i \neq j_i}{A}) \cup f_j(C_j) = A$. 由 $\{A_i | i \in I\}$ 的极小性, $f_j(C_j) = A_j$. 由于 B_j 是 A_j 的 X-覆盖, 故 $C_j = B_j$. 矛盾. 因此 B 是 A 的 X-覆盖. ∎

下面介绍交换图方式定义的 S-系的覆盖, 这种覆盖的思想和环的模理论中研究覆盖的思想是一致的. 设 S 是幺半群, A 是左 S-系, X 是 S-系的类, 且关于同构封闭. 所谓 A 的 X-预覆盖指的是一个同态 $g : P \to A$, 其中 $P \in X$, 使得对任意的同态 $g' : P' \to A$, 其中 $P' \in X$, 存在同态 $f : P' \to P$, 使得图 4.43 可换, 即 $g' = gf$. 如果预覆盖还满足: 使得图 4.44 交换的同态 f 是自同构, 就称为 X-覆盖. 很容易证明, 覆盖若存在, 必唯一. 以下结论是关于交换图方式定义的覆盖的重要的基础内容.

图 4.43   图 4.44

S-系 G 称为生成子, 若存在满同态 $f : G \to S$.

命题 4.7.13   设 S 是幺半群, X 是 S-系的类且包含一个生成子. 若 $g : C \to A$ 是 A 的 X-预覆盖, 则 g 是满同态.

证明   设 $h : G \to S$ 是 S-满同态. 则存在 $x \in G$, 使得 $h(x) = 1$. 对任意的 $a \in A$, 定义 S-同态 $\rho_a : S \to A$ 为 $\rho_a(s) = sa$. 由 X-预覆盖的性质, 存在同态 $f : G \to C$, 使得 $gf = \rho_a h$. 因此 $g(f(x)) = a$, 故 $\mathrm{im}(g) = A$, g 是满同态. ∎

引理 4.7.14   设 S 是幺半群, $h : X \to A$ 是 S-系同态, 其中 $A = \dot{\bigcup}_{i \in I} A_i$, 每个 A_i 是 A 的子系. 那么存在 $J \subseteq I$, 使得 $X = \dot{\bigcup}_{j \in J} X_j$, 并且对任意的 $j \in J$, $\mathrm{im}(h|_{X_j}) \subseteq A_j$. 而且, 若 h 是满的, 则 $J = I$.

证明   对任意的 $i \in I$, 令 $X_i = \{x \in X | h(x) \in A_i\}$, 定义 $J = \{i \in I | X_i \neq \varnothing\}$. 对任意的 $x_j \in X_j, s \in S$, $h(sx_j) = sh(x_j) \in A_j$, 故 $sx_j \in X_j$, 说明 X_j 是 X 的子系. 因为 A_j 是不交并, h 是有定义的, X_j 是不交并且 $X = \dot{\bigcup}_{j \in J} X_j$. 显然, 对任意的 $j \in J$, $\mathrm{im}(h|_{X_j}) \subseteq A_j$. 若 h 是满的, 则任意的 X_i 是非空的, 故 $J = I$. ∎

命题 4.7.15   设 S 是幺半群, X 是 S-系的类, 且满足性质: 对任意的 $i \in I$, $\dot{\bigcup}_{i \in I} X_i \in X$ 当且仅当 $X_i \in X$. 那么任意的 A_i 有 X-预覆盖当且仅当 $\dot{\bigcup}_{i \in I} A_i$ 有

$\mathcal{X}$-预覆盖.

证明　**必要性**　对任意的 $i \in I$, 令 $g_i : C_i \to A_i$ 是 A_i 的 $\mathcal{X}$-预覆盖. 定义 $g : \bigcup_{i \in I} C_i \to \bigcup_{i \in I} A_i$ 是显然的诱导的同态, 即对任意的 $i \in I$, $g|_{C_i} = g_i$. 下证 g 是 $\bigcup_{i \in I} A_i$ 的预覆盖. 设 $X \in \mathcal{X}$, $h : X \to \bigcup_{i \in I} A_i$ 是 S-系同态. 由引理 4.7.14, 存在 $J \subseteq I$, 使得 $X = \bigcup_{j \in J} X_j$, 并且对任意的 $j \in J$, $\mathrm{im}(h|_{X_j}) \subseteq A_j$. 由假设, $X_j \in \mathcal{X}$, 因为 C_j 是 A_j 的 $\mathcal{X}$- 预覆盖, 存在 $f_j \in \mathrm{Hom}(X_j, C_j)$, 使得对任意的 $j \in J$, $h|_{X_j} = g_j f_j$. 故定义 $f : \bigcup_{j \in J} X_j \to \bigcup_{i \in I} C_i$ 为明显的诱导的同态满足: 对任意的 $j \in J$, $f|_{X_j} = f_j$. 显然 $gf = h$.

充分性　设 $g : C \to \bigcup_{i \in I} A_i = A$ 的 $\mathcal{X}$-预覆盖. 任取 $i \in I$, 定义 $C_i = \{c \in C | g(c) \in A_i\}$, 令 $g_i = g|_{C_i}$. 假设 X 是 S-系, $h \in \mathrm{Hom}(X, A_i)$. 显然 $h \in \mathrm{Hom}(X, A)$, 故由预覆盖的定义, 存在 $f \in \mathrm{Hom}(X, C)$, 使得 $h = gf$. 事实上, $g(f(X)) = h(X) \subseteq A_i$, 故 $f \in \mathrm{Hom}(X, C_i)$ 且 $h_i = g_i f$. 由假设, $C_i \in \mathcal{X}$, 因此 $g_i : C_i \to A_i$ 是 A_i 的 $\mathcal{X}$-预覆盖. ∎

引理 4.7.16　设 S 是幺半群. 一元 S-系 Θ 有 $\mathcal{X}$-预覆盖当且仅当存在 S-系 $A \in \mathcal{X}$, 使得对任意的 $X \in \mathcal{X}$, $\mathrm{Hom}(X, A) \neq \varnothing$.

证明　$\Theta = \{\theta\}$, $A \in \mathcal{X}$, 同态 $g : A \to \Theta$ 定义为 $g(a) = \theta$. 任取 $X \in \mathcal{X}$ 以及 $h : X \to \Theta$, 显然对任意的 $f \in \mathrm{Hom}(X, A)$, 有 $gf = h$. ∎

定理 4.7.17　设 S 是幺半群, $\mathcal{X}$ 是关于上极限封闭的 S-系的类, A 是 S-系. 设 I 是有向集, $X_i \in \mathcal{X}$, $(X_i, \phi_{i,j})$ 是 S-系的正向系, (X, α_i) 是有向正向极限. 假设对任意的 $i \in I$, $f_i : X_i \to A$ 是 A 的 $\mathcal{X}$-预覆盖, 且对任意的 $i \leqslant j$, 有 $f_j \phi_{i,j} = f_i$. 则存在唯一的 $\mathcal{X}$-预覆盖 $f : X \to A$, 使得对任意的 $i \in I$, $f \alpha_i = f_i$.

证明　考虑如下的交换图 4.45. 故存在唯一同态 $f : X \to A$, 使得对任意的 $i \in I$, $f \alpha_i = f_i$. 如果 $F \in \mathcal{X}$, $g : F \to A$ 是任意的同态, 那么对任意的 $i \in I$, 存在 $h_i : F \to X_i$, 使得 $f_i h_i = g$. 任取 $i \in I$, 定义 h 为 $h = \alpha_i h_i$. 那么 $fh = g$. ∎

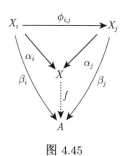

图 4.45

引理 4.7.18　设 S 是幺半群, $\mathcal{X}$ 是关于有向上极限封闭的 S-系的类. 设 A

是 S-系, $f: C \to A$ 是 A 的 $\mathcal{X}$-预覆盖. 那么存在 $\mathcal{X}$-预覆盖 $\bar{f}: \bar{C} \to A$ 以及满足 $\bar{f}g = f$ 的 S-同态 $g: C \to \bar{C}$, 使得对任意的 $\mathcal{X}$-预覆盖 $f^*: C^* \to A$ 以及满足 $f^*h = \bar{f}$ 的同态 $h: \bar{C} \to C^*$, $h|_{\mathrm{im}g}$ 是单同态.

证明　为证明方便, 先将引理叙述的内容图示如下 (图 4.46).

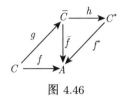

图 4.46

反证法. 反设对任意的预覆盖 $\bar{f}: \bar{C} \to A$ 以及满足 $\bar{f}g = f$ 的任意 S-同态 $g: C \to \bar{C}$, 存在 $\mathcal{X}$- 预覆盖 $f^*: C^* \to A$ 以及满足 $f^*h = \bar{f}$ 的同态 $h: \bar{C} \to C^*$, 使得 $h|_{\mathrm{im}g}$ 不是单同态. 特别地, 对 $\bar{C} = C, \bar{f} = f$ 以及 $g = 1_C$, 存在 $\mathcal{X}$-预覆盖 $f_1: C_1 \to A$ 以及满足 $f_1g_{1,0} = f$ 的同态 $g_{1,0}: C \to C_1$, 使得 $g_{1,0}|_{\mathrm{im}(1_C)}$ 不是单同态.

设 $\kappa \geqslant 2$ 是序数, 并假设对任意的的序数 $\alpha < \kappa$, 存在 $\mathcal{X}$-预覆盖 $f_\alpha: C_\alpha \to A$ 以及 S-同态 $g_{\alpha,\beta}: C_\beta \to C_\alpha$, 其中 $\beta < \alpha$, 使得对任意三元组 $\gamma < \delta < \alpha$, 有 $g_{\alpha,\gamma} = g_{\alpha,\delta}g_{\delta,\gamma}$, 且

$$\ker(g_{1,0}) \subsetneq \cdots \subsetneq \ker(g_{\alpha,0}) \subsetneq \cdots \subsetneq C \times C.$$

换言之, 找到的一系列同态中, 后一个限制在前一个的像上都不是单同态. 下面通过超限归纳法推出矛盾. 首先, 若 κ 不是极限序数, 那么令 $\bar{C} = C_{\kappa-1}, \bar{f} = f_{\kappa-1}$, $g = g_{\kappa-1,0}$, 可推出存在 $\mathcal{X}$-预覆盖 $f_\kappa: C_\kappa \to A$ 以及满足 $f_\kappa g_{\kappa,\kappa-1} = g_{\kappa-1,0}$ 的同态 $g_{\kappa,\kappa-1}: C_{\kappa-1} \to C_\kappa$, 使得 $g_{\kappa,\kappa-1}|_{\mathrm{im}g_{\kappa-1,0}}$ 不是单同态. 对 $\beta < \kappa - 1$, 令 $g_{\kappa,\beta} = g_{\kappa,\kappa-1}g_{\kappa-1,\beta}$, 故 $\ker(g_{\kappa-1,0}) \subsetneq \ker(g_{\kappa,0})$, 并且对任意三元组 $\gamma < \delta < \kappa$, 有 $g_{\kappa,\gamma} = g_{\kappa,\delta}g_{\delta,\gamma}$.

若 κ 是极限序数, 设 $(C_\kappa, g_{\kappa,\alpha}: C_\alpha \to C_\kappa)$ 是正向系 $(C_\alpha, g_{\alpha,\beta})$ 的有向上极限, 考虑如下的交换图 (图 4.47) 其中 $f_\kappa: C_\kappa \to A$ 是使得该图交换的唯一的同态. 由

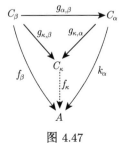

图 4.47

定理 4.7.17 可知, $f_\kappa : C_\kappa \to A$ 是 A 的预覆盖. 而且, 对任意三元组 $\gamma < \delta < \kappa$, 有 $g_{\kappa,\gamma} = g_{\kappa,\delta} g_{\delta,\gamma}$, 且 $\ker(g_{\delta,0}) \subseteq \ker(g_{\kappa,0})$. 然而 $\ker(g_{\delta,0}) \subsetneq \ker(g_{\delta+1,0}) \subseteq \ker(g_{\kappa,0})$, 故 $\ker(g_{\delta,0}) \subsetneq \ker(g_{\kappa,0})$.

由此推出 $|C \times C|$ 大于任意一个基数, 矛盾. ∎

引理 4.7.19　设 S 是幺半群, $\mathcal{X}$ 是关于有向上极限封闭的 S-系的类. 设 A 是 S-系, $f : C \to A$ 是 A 的 $\mathcal{X}$-预覆盖. 那么存在 $\mathcal{X}$-预覆盖 $\bar{f} : \bar{C} \to A$, 使得对任意的 $\mathcal{X}$-预覆盖 $f^* : C^* \to A$ 以及任意满足 $f^* h = \bar{f}$ 的同态 $h : \bar{C} \to C^*$, h 是单同态.

证明　由引理 4.7.18, 存在 $\mathcal{X}$-预覆盖 $f_1 : C_1 \to A$, 以及满足 $f_1 g_{1,0} = f$ 的 S-同态 $g_{1,0} : C \to C_1$, 使得对任意的 $\mathcal{X}$-预覆盖 $f^* : C^* \to A$ 以及满足 $f^* h = f_1$ 的同态 $h : C_1 \to C^*$, $h|_{\mathrm{img}_{1,0}}$ 是单同态. 令 $n > 1$, 由归纳的方法, 假设存在 $\mathcal{X}$-预覆盖 $f_{n-1} : C_{n-1} \to A$, 以及满足 $f_{n-1} g_{n-1,n-2} = f_{n-2}$ 的 S-同态 $g_{n-1,n-2} : C_{n-2} \to C_{n-1}$, 使得对任意的 $\mathcal{X}$-预覆盖 $f^* : C^* \to A$ 以及满足 $f^* h = f_{n-1}$ 的同态 $h : C_{n-1} \to C^*$, $h|_{\mathrm{img}_{n-1,n-2}}$ 是单同态, 如图 4.48 所示.

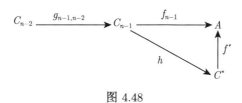

图 4.48

在这里, 记 $C_0 = C$, $f_0 = f$. 由引理 4.7.18, 存在 $\mathcal{X}$-预覆盖 $f_n : C_n \to A$, 以及满足 $f_n g_{n,n-1} = f_{n-1}$ 的 S-同态 $g_{n,n-1} : C_{n-1} \to C_n$, 使得对任意的 $\mathcal{X}$-预覆盖 $f^* : C^* \to A$ 以及满足 $f^* h = f_n$ 的同态 $h : C_n \to C^*$, $h|_{\mathrm{img}_{n,n-1}}$ 是单同态.

令 $(C_\omega, g_{\omega,n} : C_n \to C_\omega)$ 是正向系 $(C_n, g_{n,n-1})$ 的有向上极限, 考虑图 4.49.

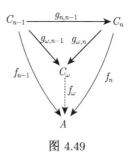

图 4.49

由定理 4.7.17, $f_\omega : C_\omega \to A$ 就是 A 的预覆盖, 也是使得图 4.49 交换的唯一的同态. 下证该预覆盖具有需要的性质. 设 $f^* : C^* \to A$ 是 $\mathcal{X}$-预覆盖, 同态 $h : C_\omega \to C^*$ 满足 $f^* h = f_\omega$. 设 $x, y \in C_\omega$, 使得 $h(x) = h(y)$. 则存在 $m, n > 0, x_m \in C_m, y_n \in C_n$,

使得 $g_{\omega,m}(x_m) = x, g_{\omega,n}(y_n) = y$. 不失一般性, 假设 $m \leqslant n$, 记 $z_n = g_{n,m}(x_m)$. 那么

$$hg_{\omega,n+1}(g_{n+1,n}(z_n)) = hg_{\omega,n}(z_n) = hg_{\omega,n}(y_n) = hg_{\omega,n+1}(g_{n+1,n}(y_n)).$$

然而, 对同态 $hg_{\omega,n+1} : C_{n+1} \to C^*$, $hg_{\omega,n+1}|_{\mathrm{im}(g_{n+1,n})}$ 是单的, 因此 $g_{n+1,n}(z_n) = g_{n+1,n}(y_n)$, 故

$$x = g_{\omega,m}(x_m) = g_{\omega,n+1}(g_{n+1,n}(z_n)) = g_{\omega,n+1}(g_{n+1,n}(y_n)) = g_{\omega,n}(y_n) = y. \qquad \blacksquare$$

定理 4.7.20   设 S 是幺半群, $\mathcal{X}$ 是关于有向上极限封闭的 S-系的类. 设 A 是 S-系, 若 A 有 $\mathcal{X}$-预覆盖, 则 A 有 $\mathcal{X}$-覆盖.

证明   由引理 4.7.19, 存在 $\mathcal{X}$- 预覆盖 $f_0 : C_0 \to A$, 使得对任意的 $\mathcal{X}$-预覆盖 $f^* : C^* \to A$, 任意满足 $f^*h = f_0$ 的同态 $h : C_0 \to C^*$ 是单同态. 下证 $f_0 : C_0 \to A$ 事实上是一个 $\mathcal{X}$-覆盖.

反设 A 没有 $\mathcal{X}$-覆盖. 取 $C_1 = C_0, f_1 = f_0$. 则存在满足 $f_1 g_{1,0} = f_0$ 的同态 $g_{1,0} : C_0 \to C_1$ 是单同态, 但不是满同态. 因此

$$\mathrm{im}(g_{1,0}) \subsetneq C_1 = C_0.$$

由超限归纳法, 假设 $\kappa \geqslant 2$ 是序数, 使得对任意的序数 $\alpha < \kappa$, 存在 $\mathcal{X}$-预覆盖 $f_\alpha : C_\alpha \to A$, 满足如下条件:

(1) 对任意的 $\mathcal{X}$- 预覆盖 $f^* : C^* \to A$, 任意满足 $f^*h = f_\alpha$ 的同态 $h : C_\alpha \to C^*$ 是单同态.

(2) 对任意的序数 $\beta < \alpha$, 存在 S-同态 $g_{\alpha,\beta} : C_\beta \to C_\alpha$ 是单同态但不是满同态, 且 $\mathrm{im}(g_{\alpha,\beta}) \subsetneq C_\alpha$;

(3) 对任意的序数 $\gamma < \beta < \alpha$, $g_{\alpha,\gamma} = g_{\alpha,\beta} g_{\beta,\gamma}$, 且

$$\mathrm{im}(g_{\alpha,\gamma}) \subsetneq \mathrm{im}(g_{\alpha,\beta}).$$

下证 κ 也具有上述三条性质.

若 κ 不是极限序数, 令 $C_\kappa = C_{\kappa-1}, f_\kappa = f_{\kappa-1}$. 那么显然 $f_{\kappa-1} : C_\kappa \to A$ 满足条件 (1). 也存在满足 $f_\kappa g_{\kappa,\kappa-1} = f_{\kappa-1}$ 同态 $g_{\kappa,\kappa-1} : C_{\kappa-1} \to C_\kappa$ 是单同态但不满. 对任意的 $\beta < \kappa$, 设 $g_{\kappa,\beta} = g_{\kappa,\kappa-1} g_{\kappa-1,\beta}$. 因为 $g_{\kappa,\kappa-1}$ 不是满的, 说明 $g_{\kappa,\beta}$ 也不是满的, 但是单同态, 因此 $\mathrm{im}(g_{\alpha,\beta}) \subsetneq C_\kappa$. 由归纳假设, 若 $\gamma < \beta < \kappa$, 则 $g_{\kappa,\gamma} = g_{\kappa,\beta} g_{\beta,\gamma}$, 且 $\mathrm{im}(g_{\kappa,\gamma}) \subsetneq \mathrm{im}(g_{\kappa,\beta})$.

若 κ 是极限序数, 令 $(C_\kappa, g_{\kappa,\beta} : C_\beta \to C_\kappa)$ 是正向系 $(C_\beta, g_{\beta,\gamma})$ 的有向上极限, 考虑图 4.50.

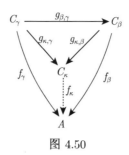

图 4.50

其中 $f_\kappa : C_\kappa \to A$ 是使得图 4.50 交换的唯一的同态. 由定理 4.7.17, 可得 $f_\kappa : C_\omega \to A$ 是 A 的预覆盖. 而且, 对 $\gamma < \beta < \kappa, g_{\kappa,\gamma} = g_{\kappa,\beta} g_{\beta,\gamma}$, 因为 $g_{\beta,\gamma}$ 是单同态, 故 $g_{\kappa,\beta}$ 也是单同态. 假设对某个 $\gamma < \kappa$, $g_{\kappa,\gamma}$ 是满同态. 那么对任意的 $\gamma < \beta < \kappa$, 因为 $g_{\kappa,\beta}$ 是单同态, 可得 $g_{\beta,\gamma}$ 也是满同态, 矛盾. 故对任意的 $\gamma < \kappa$, $g_{\kappa,\gamma}$ 不是满同态. 显然

$$\mathrm{im}(g_{\kappa,\gamma}) \subsetneq \mathrm{im}(g_{\alpha,\beta}) \subsetneq C_\kappa.$$

最后, 设 $f^* : C^* \to A$ 是 $\mathcal{X}$-预覆盖, 同态 $h : C_\kappa \to C^*$ 满足 $f^* h = f_\kappa$. 对任意的 $\beta < \kappa$, 有交换图 4.51.

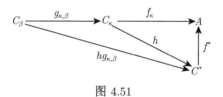

图 4.51

由假设 $h g_{\kappa,\beta}$ 是单同态. 因此由定理 4.6.3, h 是单同态. 特别地, 存在单同态 $C_\kappa \to C_0$.

最后, 综上所得, 对任意的序数 κ, 可得长度为 κ 的链

$$\mathrm{im}(g_{\kappa,0}) \subsetneq \cdots \subsetneq \mathrm{im}(g_{\kappa,\beta}) \subsetneq \cdots \subsetneq C_\kappa \subsetneq C_0.$$

矛盾. ∎

显然 S-系 A 有一个 $\mathcal{X}$-预覆盖的必要条件是存在 S-系 $X \in \mathcal{X}$, 使得 $\mathrm{Hom}(X, A) \neq \varnothing$. 该条件在环的模范畴中总成立, 事实上在具有零对象的任意范畴中都成立, 但对 S-系范畴未必.

设 S 是幺半群, $\mathcal{X}$ 是 S-系的类. 称 $\mathcal{X}$ 满足(弱) 解集条件, 如果对任意的 S-系 A, 存在集合 $S_A \subseteq \mathcal{X}$, 使得对任意的 (不可分)$S$-系 $X \in \mathcal{X}$, 以及任意同态 $h : X \to A$, 存在 $Y \in S_A$, 以及同态 $f : X \to Y$ 和 $g : Y \to A$, 满足 $h = gf$, 即图 4.52 可换.

图 4.52

定理 4.7.21 设 S 是幺半群, $\mathcal{X}$ 是 S-系的类, 且满足性质: 对任意的 $i \in I$, $\bigcup_{i \in I} X_i \in \mathcal{X}$ 当且仅当 $X_i \in \mathcal{X}$. 那么任意的 S-系有 $\mathcal{X}$- 预覆盖当且仅当:

(1) 对任意的 S-系 A, 存在 $X \in \mathcal{X}$, 使得 $\mathrm{Hom}(X, A) \neq \varnothing$;

(2) $\mathcal{X}$ 满足弱解集条件.

证明 假设 $\mathcal{X}$ 满足给定的条件. 设 A 是 S-系, $S_A = \{C_i | i \in I\}$ 是弱解集条件中的集合. 由条件 (1), $S_A \neq \varnothing$. 而且, 可以假设对任意的 $Y \in S_A$, $\mathrm{Hom}(Y, A) \neq \varnothing$, 因为 $S_A - \{Y \in S_A | \mathrm{Hom}(Y, A) = \varnothing\}$ 的集合也可以满足需要的弱解集条件. 换言之, 将 S_A 中不存在从 Y 到 A 的同态的 S-系去掉后的集合, 也符合弱解集条件.

对任意的 $i \in I$, 以及任意的同态 $g : C_i \to A$, 设 $C_{i,g}$ 是 C_i 的同构的拷贝, 同构记为 $\phi_{i,g} : C_{i,g} \to C_i$, 注意到 $\mathcal{X}$ 是关于同构封闭的. 令

$$C_A = \bigcup_{i \in I, g \in \mathrm{Hom}(C_i, A)} C_{i,g}.$$

由假设, $C_A \in \mathcal{X}$, 定义 S-同态 $\bar{g} : C_A \to A$ 为 $\bar{g}|_{C_{i,g}} = g\phi_{i,g}$, 其中 $i \in I, g \in \mathrm{Hom}(C_i, A)$. 下证 $(C_A, \bar{g})$ 是 A 的 $\mathcal{X}$- 预覆盖. 令 $X \in \mathcal{X}$, $h : X \to A$ 是任意的 S-同态. 由假设, $X = \bigcup_{j \in J} X_j$ 是不可分 S-系 X_j 的余积, 任意的 $j \in J$, $X_j \in \mathcal{X}$. 而且, 由假设, 存在 $C_{i_j} \in S_A, f_j : X_j \to C_{i_j}$ 以及 $g_j : C_{i_j} \to A$, 使得 $g_j f_j = h|_{X_j}$. 所以 $\bar{g}|_{C_{i_j}, g_j} \phi_{i_j, g_j}^{-1} = g_j$, 故图 4.53 中三角形和外层的长方形可交换, 图中部分包含同态是显然的. 因此, 定义 $f : X \to C_A$ 为 $f|_{X_j} = \phi_{i_j, g_j}^{-1} f_j$, 注意到 $\bar{g}f = h$, 结论成立.

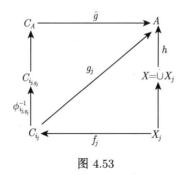

图 4.53

反之, 设 A 是 S-系, C_A 是 A 的 $\mathcal{X}$- 预覆盖, 那么 $\mathrm{Hom}(C_A, A) \neq \varnothing$, 取 $S_A = \{C_A\}$, 容易看出 $\mathcal{X}$ 满足弱解集条件. ∎

由定理 4.7.21 的证明可得下面的定理.

定理 4.7.22　设 S 是幺半群, $\mathcal{X}$ 是 S-系的类, 且满足性质: 对任意的 $i \in I$, $\bigcup_{i \in I} X_i \in \mathcal{X}$ 当且仅当 $X_i \in \mathcal{X}$. 那么任意的 S-系有 $\mathcal{X}$-预覆盖当且仅当:

(1) 对任意的 S-系 A, 存在 $X \in \mathcal{X}$, 使得 $\mathrm{Hom}(X, A) \neq \varnothing$;

(2) $\mathcal{X}$ 满足解集条件.

设 λ 是无限基数, $\mathcal{X}$ 是 S-系的类. S-系的构架 (skeleton) $\mathcal{X}_\lambda$ 指的是由两两不同构的 S-系构成的集合, 使得对任意的 S-系 A, 若 $A \in \mathcal{X}$ 且 $|A| < \lambda$, 则必存在唯一的 S-系 $A_\lambda \in \mathcal{X}_\lambda$, 有 $A \cong A_\lambda$.

推论 4.7.23　设 S 是幺半群, $\mathcal{X}$ 是 S-系的类, 且满足性质:

(1) 对任意的 $i \in I$, $\bigcup_{i \in I} X_i \in \mathcal{X}$ 当且仅当 $X_i \in \mathcal{X}$;

(2) 对任意的 S-系 A, 存在 $X \in \mathcal{X}$, 使得 $\mathrm{Hom}(X, A) \neq \varnothing$;

(3) 存在基数 λ, 使得对任意的不可分解 S-系 $X \in \mathcal{X}$, 有 $|X| < \lambda$.

那么任意的 S-系有 $\mathcal{X}$-预覆盖.

证明　由 (3), 存在 λ-框架 $C = \{C_i | i \in I\}$, 其中每个 C_i 是 $X_i \in \mathcal{X}$ 中的不可分解 S-系. 设 A 是任意的 S-系, 令 $S_A = C$. 若 $X \in \mathcal{X}$ 是不可分解 S-系, $h : X \to A$ 是 S-同态, 则存在某个 S-系 $C_i \in C$, 使得 $\phi : X \to C_i$ 是同构的, 故有同态 $h\phi^{-1} : C_i \to A$, 且显然 $h = h\phi^{-1}\phi$, 故 $\mathcal{X}$ 满足弱解集条件. ∎

关于 S-系的两种类型的覆盖问题, 是继 S-系的同调分类问题研究之后的又一热点, 可以借鉴模的覆盖的研究思想, 目前成果不多, 还有大量问题需要解决, 可参考的文献有 [3, 4, 19].

4.8　序 S-系

序半群的 S-系理论, 即所谓序 S-系, 自 20 世纪 80 年代引入以来, 国际上关于该领域的研究较少. 从 2005 年开始, Bulman-Fleming, Laan 以及石小平博士等提出了许多新的概念, 使得该领域的研究受到重视, 并成为当前 S-系理论研究的一个热点. 本章简要介绍了序 S-系的一些基础知识和公开问题.

关于序 S-系, 其内容有类似于 S-系的方面, 也有很多不同. 本节主要介绍序 S-系与 S-系区别较大的、新的内容, 其他与 S-系中定义和性质平行的部分, 可参见文献 [6, 30, 31] 等.

本章凡提到"S-系"及"S-同余"均指 4.2 节中所讲, 而"序 S-系"及"序 S-同余"则指本章的定义.

设 A 是非空集合, $\leqslant$ 是 A 上的一个二元关系, 如果 $\leqslant$ 满足以下三个条件, 就称为 A 上的一个偏序:

(1) 自反性: 任意的 $a \in A$, 有 $a \leqslant a$;

(2) 反对称性: 任意的 $a,b\in A$, 如果 $a\leqslant b$ 并且 $b\leqslant a$, 那么 $a=b$;

(3) 传递性: 任意的 $a,b,c\in A$, 如果 $a\leqslant b$ 并且 $b\leqslant c$, 那么 $a\leqslant c$.

设 S 是幺半群, S 称为序幺半群, 如果存在 S 上的一个偏序 $\leqslant$, 使得对任意的 $s,s',u\in S$, 由 $s\leqslant s'$ 推出 $su\leqslant s'u$ 以及 $us\leqslant us'$.

设 S 是序幺半群, A 是一个带有偏序 $\leqslant$ 的集合, f 是 $S\times A$ 到 A 的映射, 简记为 $f(s,a)=sa$. 如果对任意的 $a,a'\in A, s,s'\in S$, 满足以下条件:

(1) $(s's)a=s'(sa)$;

(2) $1a=a$;

(3) $a\leqslant a'$ 推出 $sa\leqslant sa'$;

(4) $s\leqslant s'$ 推出 $sa\leqslant s'a$,

则称 (A,f) 是序左 S-系, 或称 S 序左作用于 A 上. 为了方便起见, 简记为 $_SA$ 或 A. 同样的办法可以定义序右 S-系.

设 A 是序左 S-系, B 是 A 的非空子集合. 若对任意 $b\in B$, 任意 $s\in S$, 都有 $sb\in B$, 则称 B 是 A 的序左 S-子系.

设 A,B 是序左 S-系, 称映射 $f:A\to B$ 为从 A 到 B 的序 S-同态, 如果

(1) $f(sa)=sf(a)$, $\forall s\in S, \forall a\in A$;

(2) f 是保序的, 即 $a\leqslant a'\Rightarrow f(a)\leqslant f(a')$, $\forall a,a'\in A$.

设 A 是序左 S-系, θ 是 A 上的等价关系, 若 θ 满足:

(1) θ 是 S-系 A 上的同余 (即 4.2 节中定义的同余);

(2) 在商 S-系 A/θ 上具有偏序, 使得商集 A/θ 成为序 S-系, 且自然的映射 $A\to A/\theta$ 是序 S-同态. 那么称 θ 是 A 上的序 S-同余.

由于对给定的同余 θ, 商 S-系 S/θ 可能会具有不止一种序, 所以有必要指出考虑的是哪种序. 例如, 设 $S=\{1\}$, 偏序集 $\{a,b,1\}$ 上的偏序为: a 与 b 不可比较, 1 是最大元. 令 $\theta=\Delta$, 即 A 上的恒等关系, 则商集上的以下三种序都可以使 θ 成为 A 上的同余:

$$[a] \text{ 与 } [b] \text{ 不可比较,} \quad [1]\text{是最大元,}$$
$$[a]<[b]<[1],$$
$$[b]<[a]<[1].$$

设 A 是序左 S-系, $\leqslant$ 是 A 上的偏序, α 是 A 上自反的、传递的二元关系, 并且满足
$$(a,a')\in\alpha\Rightarrow(sa,sa')\in\alpha, \quad \forall s\in S, \quad \forall a,a'\in A.$$

设 $a,a'\in A$, 若存在 $a_i,a_i'\in A, i=1,2,\cdots,m$, 使得
$$a\leqslant a_1\alpha a_1'\leqslant a_2\alpha a_2'\leqslant\cdots\leqslant a_m\alpha a_m'\leqslant a'$$

成立, 则称从 a 到 a' 有一个 α-链, 记作 $a \underset{\alpha}{\leqslant} a'$. 如果 $a = a'$, 称为该 α 链是闭的, 否则称之为开的.

利用上述的 α, 在 A 上定义关系 θ 如下

$$a\theta a' \Longleftrightarrow a \underset{\alpha}{\leqslant} a' \underset{\alpha}{\leqslant} a.$$

则 θ 称为 A 上的 S-同余, 商集 S/θ 上的序自然地定义为

$$[a]_\theta \leqslant [a']_\theta \Longleftrightarrow a \underset{\alpha}{\leqslant} a'.$$

则 θ 称为 A 上的序 S-同余. 并且如果 η 是 A 上的序 S-同余, $\alpha \subseteq \eta$, 那么 $\theta \subseteq \eta$. 因为假设 $\alpha \subseteq \eta$, 并且 $a \underset{\alpha}{\leqslant} a'$, 则存在如下的 α-链

$$a \leqslant a_1 \alpha a_1' \leqslant a_2 \alpha a_2' \leqslant \cdots \leqslant a_m \alpha a_m' \leqslant a'.$$

因此, $[a]_\eta \leqslant [a']_\eta$; 类似地 $a' \underset{\alpha}{\leqslant} a$ 可推出 $[a']_\eta \leqslant [a]_\eta$, 所以 $\theta \subseteq \eta$, 称 θ 为由 α 生成的序 S-同余. 特别地, 如果 $H \subseteq A \times A$ 而且 α 是由 H 生成的 S-同余, 则相应的序 S-同余 $\theta(H)$ 称为由 H 生成的序 S-同余.

设 A 是序左 S-系, $H \subseteq A \times A$. 定义 A 上的关系 $\alpha(H)$ 为: $a\alpha(H)a'$ 当且仅当 $a = a'$ 或者

$$a = s_1 x_1,$$
$$s_1 y_1 = s_2 x_2,$$
$$\cdots\cdots$$
$$s_{n-1} y_{n-1} = s_n x_n,$$
$$s_n y_n = a',$$

其中 $(x_i, y_i) \in H$, $s_i \in S$. 注意到 $\alpha(H)$ 是自反的、传递的二元关系, 并且对任意的 $a, a' \in A$, $s \in S$, $a\alpha(H)a'$ 推出 $sa\alpha(H)sa'$. 因此如下定义的关系 $\nu(H)$

$$a\nu(H)a' \Longleftrightarrow a \underset{\nu(H)}{\leqslant} a' \underset{\nu(H)}{\leqslant} a$$

是包含 $\alpha(H)$ 的最小序 S-同余, 称为由 H 诱导的同余. 在 $S/\nu(H)$ 中 $[a]_{\nu(H)} \leqslant [a']_{\nu(H)} \Longleftrightarrow a \underset{\alpha(H)}{\leqslant} a'$. 而且若 $H \subseteq A \times A$, β 是 A 上的序 S-同余, 使得任意的 $(x, y) \in H$ 推出 $[x]_\beta \leqslant [y]_\beta$, 则必有 $\nu(H) \subseteq \beta$. A 上由 H 生成的最小同余 $\theta(H) = \nu(H \cup H^{\mathrm{op}})$.

Fakhruddin[11] 指出, 如果 θ 是序左 S-系 E 上的等价关系, 并且

$$(e, e') \in \theta \Rightarrow (se, se') \in \theta, \quad \forall \, s \in S, \, \forall \, e, e' \in E,$$

那么 θ 是 E 上的同余当且仅当每一个 θ-链包含在 θ 的同一个等价类中. 这是判断一个序左 S-系上的等价关系成为序 S-同余的重要依据.

定义 4.8.1 设 A 是序右 S-系, B 是序左 S-系, $A \times B$ 是集合 A 和 B 的笛卡儿积. 在 $A \times B$ 上定义偏序 $(a, b) \leqslant (c, d) \Leftrightarrow a \leqslant c$ 并且 $b \leqslant d$, 其中 $a, c \in A$, $b, d \in B$. 令

$$H = \{((as, b), (a, sb)) \mid a \in A, b \in B, s \in S\},$$

记 $\rho = \rho(H)$ 为由 H 生成的 $A \times B$ 上的序同余. 称商集 $(A \times B)/\rho$ 为 A 和 B 在 S 上的张量积, 记为 $A \otimes_S B$.

对任意 $a \in A, b \in B$, (a, b) 所在的等价类记为 $a \otimes b$. 显然对任意 $a \in A, b \in B, s \in S, as \otimes b = a \otimes sb$.

注记 4.8.2 张量积 $A \underset{S}{\otimes} B$ 上的序如下定义: 在 $A \underset{S}{\otimes} B$ 中 $a \otimes b \leqslant a' \otimes b'$ 当且仅当存在 $a_1, \cdots, a_n \in A$, $b_2, \cdots, b_n \in B$, $s_1, t_1, \cdots, s_n, t_n \in S$, 使得

$$
\begin{aligned}
&a \leqslant a_1 s_1, \\
&a_1 t_1 \leqslant a_2 s_2, \qquad\qquad s_1 b \leqslant t_1 b_2, \\
&a_2 t_2 \leqslant a_3 s_3, \qquad\qquad s_2 b_2 \leqslant t_2 b_3, \\
&\quad \cdots\cdots \qquad\qquad\qquad \cdots\cdots \\
&a_n t_n \leqslant a', \qquad\qquad\quad s_n b_n \leqslant t_n b'.
\end{aligned}
$$

定义 4.8.3 称序左 S-系 B 是平坦的, 如果对任意的序右 S-系 A, 以及 a, $a' \in A$, $b, b' \in B$, 在 $A \otimes B$ 中 $a \otimes b = a' \otimes b'$ 可以推出在 $(aS \cup a'S) \otimes B$ 中 $a \otimes b = a' \otimes b'$. 序左 S-系 B 是弱平坦的定义, 只需将 A 取成 S. 序左 S-系 B 是主弱平坦的定义, 只需将 A 取成 S, 且令 $a = a'$ 即可. 这与 S-系的平坦、弱平坦、主弱平坦定义类似.

定义 4.8.4 称序左 S-系 B 是序平坦的, 如果对任意的序右 S-系 A, 以及 $a, a' \in A$, $b, b' \in B$, 在 $A \otimes B$ 中 $a \otimes b \leqslant a' \otimes b'$ 可以推出在 $(aS \cup a'S) \otimes B$ 中 $a \otimes b \leqslant a' \otimes b'$. 序左 S-系 B 是序弱平坦的定义, 只需将 A 取成 S. 序左 S-系 B 是序主弱平坦的定义, 只需将 A 取成 S, 且令 $a = a'$ 即可.

定义 4.8.5 称序左 S-系 B 满足条件 (P), 如果对任意的 $s, s' \in S$, 任意的 $a, a' \in A$, 若 $sa \leqslant s'a'$, 则存在 $a'' \in A, u, v \in S$, 使得 $su \leqslant s'v, a = ua'', a' = va''$.

定义 4.8.6 称序左 S-系 B 满足条件 (Pw), 如果对任意的 $s, s' \in S$, 任意的 $a, a' \in A$, 若 $sa \leqslant s'a'$, 则存在 $a'' \in A, u, v \in S$, 使得 $su \leqslant s'v, a \leqslant ua'', va'' \leqslant a'$.

定义 4.8.7　称序左 S-系 B 满足条件 (E), 如果对任意的 $s, s' \in S$, 任意的 $a \in A$, 若 $sa \leqslant s'a$, 则存在 $a'' \in A, u \in S$, 使得 $su \leqslant s'u, a = ua''$.

定义 4.8.8　设 S 是序幺半群, $c \in S$. c 称为序右可消的, 如果对任意的 $s, t \in S$, 由 $sc \leqslant tc$ 推出 $s \leqslant t$.

每一个序右可消元一定是通常意义上的右可消元.

定义 4.8.9　序左 S-系 A 称为序挠自由的, 如果对任意的 $a, b \in A$, 以及任意的序左可消元 $s \in S$, 由 $sa \leqslant sb$ 推出 $a \leqslant b$.

定义 4.8.10　序左 S-系 A 称为挠自由的, 如果对任意的 $a, b \in A$, 以及任意的左可消元 $s \in S$, 由 $sa = sb$ 推出 $a = b$.

下面的定理可用来判断 $A \otimes B$ 中的两个元素是否相等.

定理 4.8.11　设 A 是序右 S-系, B 是序左 S-系, $a, a' \in A$, $b, b' \in B$. 则在 $A \otimes B$ 中 $a \otimes b = a' \otimes b'$ 的充要条件是: 存在 $a_1, a_2, \cdots, a_n, c_1, c_2, \cdots, c_m \in A$, $b_2, \cdots, b_n, d_2, \cdots, d_m \in B, s_1, t_1, \cdots, s_n, t_n \in S, u_1, v_1, \cdots, u_m, v_m \in S$, 使得

$$
\begin{aligned}
&a \leqslant a_1 s_1, \\
&a_1 t_1 \leqslant a_2 s_2, \qquad s_1 b \leqslant t_1 b_2, \\
&a_2 t_2 \leqslant a_3 s_3, \qquad s_2 b_2 \leqslant t_2 b_3, \\
&\qquad \cdots\cdots \qquad\qquad \cdots\cdots \\
&a_n t_n \leqslant a', \qquad\quad s_n b_n \leqslant t_n b'; \\
&a' \leqslant c_1 u_1, \\
&c_1 v_1 \leqslant c_2 u_2, \qquad u_1 b' \leqslant v_1 d_2, \\
&c_2 v_2 \leqslant c_3 u_3, \qquad u_2 d_2 \leqslant v_2 d_3, \\
&\qquad \cdots\cdots \qquad\qquad \cdots\cdots \\
&c_m v_m \leqslant a, \qquad\quad u_m d_m \leqslant v_m b.
\end{aligned} \tag{$*$}
$$

证明　对任意的 $a, a' \in A$, $b, b' \in B$, 定义 $A \times B$ 上的关系 σ 为 $(a, b)\sigma(a', b')$ 当且仅当 ($*$) 式成立. 易证 σ 是 A 上的等价关系. 下证 σ 为 $A \times B$ 上的序 S-同余. 假设 $a, a_i, a_i' \in A$, $b, b_i, b_i' \in B$, $i = 1, 2, \cdots, n$, 并且

$$
\begin{aligned}
(a, b) &\leqslant (a_1, b_1)\sigma(a_1', b_1') \\
&\leqslant (a_2, b_2)\sigma(a_2', b_2')
\end{aligned}
$$

$$\leqslant \cdots \leqslant (a_j, b_j)\sigma(a'_j, b'_j)$$
$$\leqslant \cdots$$
$$\leqslant (a_{n-1}, b_{n-1})\sigma(a'_{n-1}, b'_{n-1})$$
$$\leqslant (a_n, b_n)\sigma(a'_n, b'_n)$$
$$\leqslant (a, b). \tag{$**$}$$

那么对任意的 $k \in \{1, 2, \cdots, n\}$, 相应地有以下一组式子成立

$$a_k \leqslant a_{k,1}s_{k,1},$$
$$a_{k,1}t_{k,1} \leqslant a_{k,2}s_{k,2}, \qquad s_{k,1}b_k \leqslant t_{k,1}b_{k,2},$$
$$a_{k,2}t_{k,2} \leqslant a_{k,3}s_{k,3}, \qquad s_{k,2}b_{k,2} \leqslant t_{k,2}b_{k,3},$$
$$\cdots\cdots \qquad\qquad \cdots\cdots$$
$$a_{k,p_k}t_{k,p_k} \leqslant a'_k, \qquad s_{k,p_k}b_{k,p_k} \leqslant t_{k,p_k}b'_k;$$
$$a'_k \leqslant c_{k,1}u_{k,1},$$
$$c_{k,1}v_{k,1} \leqslant c_{k,2}u_{k,2}, \qquad u_{k,1}b'_k \leqslant v_{k,1}d_{k,2},$$
$$c_{k,2}v_{k,2} \leqslant c_{k,3}u_{k,3}, \qquad u_{k,2}d_{k,2} \leqslant v_{k,2}d_{k,3},$$
$$\cdots\cdots \qquad\qquad \cdots\cdots$$
$$c_{k,q_k}v_{k,q_k} \leqslant a_k, \qquad u_{k,q_k}d_{k,q_k} \leqslant v_{k,q_k}b_k,$$

其中每一个元素属于哪个集合是显然的, 这里不再赘述. 利用张量积 $A \times B$ 上的偏序定义、σ 的定义以及 $(**)$ 式, 容易证得对任意的 $k \in \{1, 2, \cdots, n\}$ 有 $(a, b)\sigma(a'_k, b'_k)$. 因为 $(a_k, b_k)\sigma(a'_k, b'_k)$, 所以 $(a, b)\sigma(a_k, b_k)$. 这说明每一个闭的 σ-链包含在 σ 的同一个等价类中, 故 σ 是 $A \times B$ 上的同余. 因为

$$as \leqslant a \cdot s,$$
$$a \cdot 1 \leqslant a, \qquad s \cdot b \leqslant 1 \cdot sb,$$
$$a \leqslant a \cdot 1,$$
$$a \cdot s \leqslant as, \qquad sb \leqslant s \cdot b.$$

所以 $(as, b)\sigma(a, sb)$, 但 σ 是同余, 故 $\rho \subseteq \sigma$.

另一方面, 若 $(a, b)\sigma(a', b')$, 由 σ 的定义知 $(*)$ 式成立, 因此

$$(a, b) \leqslant (a_1 s_1, b)H(a_1, s_1 b) \leqslant (a_1, t_1 b_2)H(a_1 t_1, b_2) \leqslant \cdots$$
$$\leqslant (a_n s_n, b_n)H(a_n, s_n b_n)$$
$$\leqslant (a_n, t_n b')H(a_n t_n, b') \leqslant (a', b').$$

故 $(a,b) \underset{H}{\leqslant} (a',b')$. 同理有 $(a',b') \underset{H}{\leqslant} (a,b)$. 所以有 $(a,b)\rho(a',b')$, 故 $\sigma \subseteq \rho$. 所以 $\rho = \sigma$. ∎

下面的命题指出了序 S-系和 S-系性质的一个重要区别.

命题 4.8.12   对任意序幺半群 S, 总存在序左 S-系不满足条件 (P).

证明   设 S 是序幺半群, $B = \{x,y\}$ 是一个链, B 上的序定义为 $x < y$. 任意的 $s \in S$, 规定 $sx = x, sy = y$, 则 B 成为序左 S-系且不满足条件 (P). ∎

相应于 S-系、序 S-系的其他性质, 诸如自由、投射、强平坦性等的定义, 和 S-系类似, 它们的相互关系如图 4.54 所示.

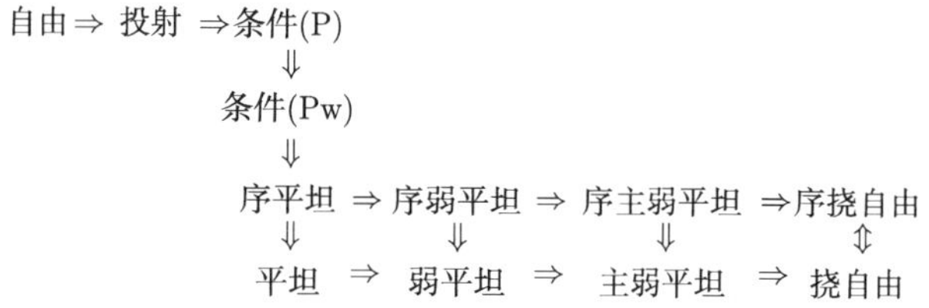

$$
\begin{array}{ccccccc}
\text{自由} \Rightarrow \text{投射} & \Rightarrow \text{条件(P)} \\
& & \Downarrow \\
& & \text{条件(Pw)} \\
& & \Downarrow \\
\text{序平坦} & \Rightarrow \text{序弱平坦} & \Rightarrow & \text{序主弱平坦} & \Rightarrow \text{序挠自由} \\
\Downarrow & & \Downarrow & & \Downarrow & & \Updownarrow \\
\text{平坦} & \Rightarrow & \text{弱平坦} & \Rightarrow & \text{主弱平坦} & \Rightarrow & \text{挠自由}
\end{array}
$$

图 4.54

在图 4.54 中, 目前还没有反例表明序平坦一定不能推出条件 (Pw). 除此之外, 其他的蕴含关系都不可逆.

本节的结果主要选自 [6].

定理 4.8.13   对任意序幺半群 S, 以下结论成立:

(1) $_S\Theta$ 是自由的当且仅当 $S = \{1\}$.

(2) $_S\Theta$ 是投射的当且仅当 S 包含右零元.

(3) $_S\Theta$ 满足条件 (E) 当且仅当对任意 $s,t \in S$, 存在 $u \in S$, 使得 $su = tu$.

(4) 下述条件等价:

(a) $_S\Theta$ 满足条件 (P);

(b) $_S\Theta$ 满足条件 (Pw);

(c) $_S\Theta$ 是序平坦的;

(d) $_S\Theta$ 是平坦的;

(e) $_S\Theta$ 是序弱平坦的;

(f) $_S\Theta$ 是弱平坦的;

(g) 对任意的 $s,t \in S$, 存在 $u,v \in S$, 使得 $su \leqslant tv$.

证明   仅证明结论 (3) 以及 (4)(f)⇒(4)(g)⇒(4)(a). 其余证明和 S-系的证明类似.

(3) 的证明: 显然 $_S\Theta$ 满足条件 (E) 当且仅当对任意 $s,t \in S$, 存在 $w \in S$, 使得 $sw \leqslant tw$. 对 s,t,w, 再次利用条件 (E), 知存在 $v \in S$, 使得 $twv \leqslant swv$. 由 $sw \leqslant tw$ 以及序幺半群的相容性可得 $swv \leqslant twv$. 令 $u = wv$, 那么显然有 $su = tu$.

(4) (f)⇒(4)(g) 设 $_S\Theta = \{\theta\}$ 是弱平坦的, 任取 $s, t \in S$. 因为 $s\theta = t\theta = \theta$, 故 $s \otimes \theta = t \otimes \theta$ 在 $S \otimes \theta$ 中成立, 也在 $(sS \cup tS) \otimes \theta$ 中成立. 这说明以下一组式子成立

$$s \leqslant s_1 u_1,$$
$$s_1 v_1 \leqslant s_2 u_2, \qquad u_1\theta \leqslant v_1\theta,$$
$$\cdots\cdots \qquad\qquad \cdots\cdots$$
$$s_n u_n \leqslant t, \qquad u_n\theta \leqslant v_n\theta,$$

其中 $u_i, v_i \in S, s_i \in \{s, t\}, i = 1, 2, \cdots, n$. 记 $v_0 = u_{n+1} = 1$, 显然存在某个 $k \in \{0, 1, \cdots, n+1\}$, 使得 $sv_k \leqslant tu_{k+1}$.

(4) (g)⇒(4)(a) 由条件 (P) 的定义易知显然.

设 S 是序幺半群, K 是 S 的左理想 $(SK \subseteq K)$. 由序 S-系上同余的构造容易证明, 左 Rees 商序 S-系 $S/\nu(K \times K)$ 也是左 Rees 商 S-系 (即 K 是其仅有的非平凡的同余类) 当且仅当左理想 K 是 S 的凸子集 ($\forall\, k, l \in K, s \in S, k \leqslant s \leqslant l \Rightarrow s \in K$). 将 $S/\nu(K \times K)$ 简记为 S/K, 对任意的 $s \in S$, s 所在的同余类记作 $[s]$.

引理 4.8.14 给出了左 Rees 商序 S-系 S/K 上序的刻画.

引理 4.8.14 设 K 是序幺半群 S 的凸的真左理想, 则对任意的 $x, y \in S$, 在 S/K 中

$$[x] \leqslant [y] \Longleftrightarrow x \leqslant y \text{ 或者存在 } k, k' \in K, \text{ 使得 } x \leqslant k, k' \leqslant y.$$

证明 由序同余以及 K 是 S 的凸真左理想的定义, 显然. ∎

引理 4.8.15 设 K 是序幺半群 S 的凸的真左理想, M 是任意的序右 S-系, $m, m' \in M$, 那么在 $M \otimes S/K$ 中 $m \otimes [1] \leqslant m' \otimes [1]$ 当且仅当 $m \leqslant m'$ 或者

$$m \leqslant m_1 k_1,$$
$$m_1 k_1' \leqslant m_2 k_2,$$
$$\cdots\cdots$$
$$m_n k_n' \leqslant m',$$

其中 $k_i, k_i' \in K, m_i \in M, i = 1, 2, \cdots, n$.

证明 **充分性** 若 $m \leqslant m'$, 那么由注 4.8.2 可知 $m \otimes [1] \leqslant m' \otimes [1]$. 另一方面, 若引理中的一组式子成立, 则在 $M \otimes S/K$ 中

$$m \otimes [1] \leqslant m_1 k_1 \otimes [1] = m_1 \otimes [k_1] = m_1 \otimes [k_1'] = m_1 k_1' \otimes [1]$$
$$\leqslant m_2 k_2 \otimes [1] = \cdots$$

$$\leqslant m_n k_n \otimes [1] = m_n \otimes [k_n] = m_n \otimes [k_n'] = m_n k_n' \otimes [1]$$

$$\leqslant m' \otimes [1].$$

必要性   假设在 $M \otimes S/K$ 中 $m \otimes [1] \leqslant m' \otimes [1]$, 故由注 4.8.2 可知有如下一组式子成立

$$m \leqslant m_1 k_1,$$

$$m_1 k_1' \leqslant m_2 k_2, \qquad k_1[1] \leqslant k_1'[1],$$

$$\cdots\cdots \qquad\qquad \cdots\cdots$$

$$m_n k_n \leqslant m', \qquad k_n[1] \leqslant k_n'[1].$$

在上式中, 若存在 i 使得 $k_i \leqslant k_i'$, 则上一组式子显然可以缩短. 如果任意的 i 都有 $k_i \leqslant k_i'$, 那么显然易得 $m \leqslant m'$. 否则, 将满足 $k_i \leqslant k_i'$ 的部分缩短, 由缩短后的式子显然得所需结果. ■

命题 4.8.16   设 K 是序幺半群 S 的凸的真左理想, 那么 S/K 是挠自由的当且仅当对任意的 $s \in S$, 任意的左可消元 $c \in S$, $cs \in K$ 推出 $s \in K$.

证明   类似于 S-系的证明. ■

命题 4.8.17   设 K 是序幺半群 S 的凸的真左理想, 那么 S/K 是序挠自由的当且仅当对任意的 $s, t \in S$, 任意的序左可消元 $c \in S$ 以及 $k, l \in K$, 由 $cs \leqslant k$, $l \leqslant ct$ 推出存在 $k', l' \in K$, 使得 $s \leqslant k'$, $l' \leqslant t$.

证明   **必要性**   设 c 是序左可消元, $k \in K$, $s \in S$ 并且 $cs \leqslant k$. 那么在 S/K 中 $c[s] \leqslant c[k]$, 故 $[s] \leqslant [k]$. 由引理 4.8.14 知存在 $k' \in K$, 使得 $s \leqslant k'$. 对 $l \leqslant ct$ 的讨论与之类似.

充分性   任取 $s, t \in S$, 序左可消元 $c \in S$, 使得 $c[s] \leqslant c[t]$. 若 $cs \leqslant ct$, 结论显然. 否则存在 $k', l' \in K$, 使得 $s \leqslant k'$, $l' \leqslant t$, 此即 $[s] \leqslant [t]$. ■

命题 4.8.18   设 K 是序幺半群 S 的凸的真左理想, 那么 S/K 是主弱平坦的当且仅当对任意的 $k \in K$, 存在 $k', k'' \in K$, 使得 $kk' \leqslant k \leqslant kk''$.

证明   **必要性**   设 $k \in K$. 因为在 $kS \otimes S/K$ 中 $k \otimes [1] = k^2 \otimes [1]$, 由引理 4.8.15 知下面一组式子成立

$$k \leqslant kk_2,$$

$$kk_2' \leqslant kk_3,$$

$$\cdots\cdots$$

$$kk_n' \leqslant k^2;$$

$$k^2 \leqslant kl_2,$$

$$kl'_2 \leqslant kl_3,$$

$$\cdots\cdots$$

$$kl'_m \leqslant k.$$

上式中出现的所有元素均在 K 中, 由第一个和最后一个式子可得结论成立. 对 $k \leqslant k^2$ 或者 $k^2 \leqslant k$ 的情形证明显然.

充分性 任取 $u, v, s \in S$, 使得在 S/K 中 $[su] = [sv]$. 如果 $su = sv$, 则在 $sS \otimes S/K$ 中 $su \otimes [1] = sv \otimes [1]$. 否则 $su, sv \in K$, 必存在 $k, k', k_1, k'_1 \in K$ 使得

$$suk \leqslant su \leqslant suk',$$

$$svk_1 \leqslant sv \leqslant svk'_1.$$

在 $sS \otimes S/K$ 中有

$$su \otimes [1] \leqslant suk' \otimes [1] = s \otimes [uk']$$
$$= s \otimes [vk_1] = svk_1 \otimes [1] \leqslant sv \otimes [1],$$
$$sv \otimes [1] \leqslant svk'_1 \otimes [1] = s \otimes [vk'_1]$$
$$= s \otimes [uk] = suk \otimes [1] \leqslant su \otimes [1],$$

即 S/K 是主弱平坦的. ∎

命题 4.8.19 设 K 是序幺半群 S 的凸的真左理想, 那么 S/K 是序主弱平坦的当且仅当对任意的 $k \in K, s \in S$,

$$k \leqslant s \Rightarrow (\exists k' \in K)(sk' \leqslant s) \text{ 并且}$$
$$s \leqslant k \Rightarrow (\exists k' \in K)(s \leqslant sk').$$

证明 **必要性** 设 $k \in K, s \in S$, 使得 $k \leqslant s$, 则在 $kS \otimes S/K$ 中 $[sk] \leqslant [s]$, 故在 $sS \otimes S/K$ 中

$$sk \otimes [1] \leqslant s \otimes [1],$$

由引理 4.8.15 知要么 $sk \leqslant s$, 要么下面一组式子成立

$$sk \leqslant sk_1,$$

$$sk'_1 \leqslant sk_2,$$

$$\cdots\cdots$$

$$sk'_n \leqslant s,$$

其中 $k_i, k_i' \in K$, 由最后一个式子可得结论成立. 对 $s \leqslant k$ 的情形证明类似.

充分性　任取 $u, v, s \in S$, 使得在 S/K 中 $[su] \leqslant [sv]$. 如果 $su \leqslant sv$, 则在 $sS \otimes S/K$ 中 $su \otimes [1] \leqslant sv \otimes [1]$. 否则必存在 $k, l \in K$, 使得 $su \leqslant k, l \leqslant sv$. 由假设的条件, 存在 $k', l' \in K$, 使得 $su \leqslant suk', svl' \leqslant sv$, 故在 $sS \otimes S/K$ 中, 有

$$su \otimes [1] \leqslant suk' \otimes [1] = s \otimes [uk'] = s \otimes [vl'] = svl' \otimes [1] \leqslant sv \otimes [1],$$

即 S/K 是序主弱平坦的.　∎

推论 4.8.20　若 S 是正则的序幺半群, 则任意序左 S-系是序主弱平坦的.

证明　设 A 是序左 S-系, S 是正则的序幺半群. 任意的 $a, a' \in A, v \in S$, 若 $va \leqslant va'$. 记 v' 是 v 的逆元, 那么在 $vS \otimes A$ 中有

$$v \otimes a = vv'v \otimes a = vv' \otimes va \leqslant vv' \otimes va' = vv'v \otimes a' = v \otimes a'.$$

故 A 是序主弱平坦的.　∎

命题 4.8.21　设 K 是序幺半群 S 的凸的真左理想. 那么 S/K 是序弱平坦的当且仅当 S/K 是序主弱平坦的, 并且对任意的 $s, t \in S$, 存在 $u, v \in S$, 使得 $su \leqslant tv$.

证明　**必要性**　显然 S/K 是序主弱平坦的. 对任意的 $s, t \in S$, 任取 $k \in K$, 显然 $s[k] = t[k]$. 由 S/K 的序弱平坦性, 在 $(sS \cup tS) \otimes S/K$ 中有 $sk \otimes [1] \leqslant tk \otimes [1]$. 由引理 4.8.15 易得结论.

充分性　任取 $s, t \in S$, 使得在 S/K 中 $[s] \leqslant [t]$. 若 $s \leqslant t$, 结论已证. 否则, 存在 $k, l \in K$, 使得 $s \leqslant k, l \leqslant t$. 由 S/K 是序弱平坦的知存在 $k', l' \in K$, 使得 $s \leqslant sk', tl' \leqslant t$. 并且存在 $p, p' \in S$, 使得 $sp \leqslant tp'$. 所以有

$$s \otimes [1] \leqslant sk' \otimes [1] = s \otimes [k'] = s \otimes [pk'] = sp \otimes [k'] \leqslant tp' \otimes [k']$$
$$= t \otimes [p'k'] = t \otimes [l'] \leqslant tl' \otimes [1] \leqslant t \otimes [1].$$

即 S/K 是序弱平坦的.　∎

命题 4.8.22　设 K 是序幺半群 S 的凸的真左理想. 那么 S/K 是弱平坦的当且仅当 S/K 是主弱平坦的, 并且对任意的 $s, t \in S$, 存在 $u, v \in S$, 使得 $su \leqslant tv$.

证明　**必要性**　类似于推论 4.8.20 的证明.

充分性　任取 $s, t, u, v \in S$, 使得在 S/K 中 $[su] = [tv]$, 则在 $(sS \cup tS) \otimes S/K$ 中 $su \otimes [1] = tv \otimes [1]$. 若 $su = tv$, 结论已证. 否则 $su, tv \in K$, 由假设及命题 4.8.18 存在 $k, k', k_1, k_1' \in K$, 使得

$$suk \leqslant su \leqslant suk',$$
$$svk_1 \leqslant sv \leqslant svk_1'.$$

并且由假设易得 $p, p', q, q' \in S$, 使得 $sp \leqslant tp'$, $tq \leqslant sq'$, 故在 $(sS \cup tS) \otimes S/K$ 中, 有

$$
\begin{aligned}
su \otimes [1] &\leqslant suk' \otimes [1] = s \otimes [uk'] = s \otimes [puk'] \\
&= sp \otimes [uk'] \leqslant tp' \otimes [uk'] \\
&= t \otimes [p'uk'] = t \otimes [vk_1] \leqslant tvk_1 \otimes [1] \\
&\leqslant tv \otimes [1].
\end{aligned}
$$

类似地, 有

$$
\begin{aligned}
tv \otimes [1] &\leqslant tvk_1' \otimes [1] = t \otimes [vk_1'] = t \otimes [qvk_1'] \\
&= tq \otimes [vk_1'] \leqslant sq' \otimes [vk_1'] \\
&= s \otimes [q'vk_1'] = s \otimes [uk] \leqslant suk \otimes [1] \\
&\leqslant su \otimes [1].
\end{aligned}
$$

即 S/K 是弱平坦的. ∎

　　设 K 是序幺半群 S 的凸的真左理想, 如何给出 S/K 是平坦、序平坦的等价刻画, 至今仍是没有解决的问题.

　　关于右绝对平坦的序幺半群, 在限定序幺半群是完全单的幺半群时, 在 [6] 中给出了部分解决.

　　同时, 相应于 S-系的同调分类问题, 自然有序 S-系的同调分类问题, 目前只得到了部分研究成果. 可以说, 关于序 S-系的研究才刚刚开始. 事实上, 序 S-系中偏序取成离散序, 就是 S-系. 由于任意偏序的复杂性, 序 S-系的研究, 在一定程度上, 比 S-系的研究困难和复杂得多, 需要发现新的工具和方法, 以解决遗留的大量公开问题.

第5章 码论基础

5.1 自由半群的进一步讨论

码理论, 在现代数学中, 具有重要的应用背景, 近年来获得长足发展. 由于码理论与自由半群具有密切联系, 本节主要内容, 是与码论有密切联系的自由半群的一些结论.

显然由自由半群的构造, 在自由幺半群中 A^* 中, 两个元素是相等的当且仅当它们是完全相同的.

命题 5.1.1 自由幺半群 A^* 是可消的.

一个半群或者幺半群 S 被称为等分割的, 若对任意的 $s, t, u, v \in S$, 由 $st = uv$ 可推出存在 $x \in S^1$, 使得 $s = ux$ 且 $v = xt$; 或者存在 $y \in S^1$, 使得 $u = sy$ 且 $t = yv$. 群显然是等分割的.

命题 5.1.2 自由幺半群 A^* 是等分割的.

证明 设 $st = uv = a_1 a_2 \cdots a_m$, 其中 $a_1, a_2, \cdots, a_m \in A$, 那么有 $k, l \in \{0, 1, \cdots, m\}$, 使得

$$s = a_1 a_2 \cdots a_k, \quad t = a_{k+1} a_{k+2} \cdots a_m, \quad u = a_1 a_2 \cdots a_l, \quad v = a_{l+1} a_{l+2} \cdots a_m.$$

按等分割的定义, 若 $k \geqslant l$, 则取 $x = a_{l+1} a_{l+2} \cdots a_k$; 若 $k \leqslant l$, 则取 $y = a_{k+1} a_{k+2} \cdots a_l$. ∎

一个半群或者幺半群 S 被称为是有长度的, 若存在一个从 S 到 $\mathbf{N}^0$ 的映射: $s \mapsto |s|$, 使得对任意的 $s, t \in S$, 有

$$|st| = |s| + |t|. \tag{5.1.1}$$

显然可以看出该映射是同态, 并且由 (5.1.1), 对有长度的幺半群 S 来说, $|1| = 0$. 称 S 是有合理长度的幺半群, 如果对任意的 $s \in S$,

$$|s| = 0 \Rightarrow s = 1.$$

显然任意的自由幺半群 A^* 是有合理长度的: 对 A^* 中任意的元素 $w = a_1 a_2 \cdots a_m$, 定义 $|w| = m$, 另外定义 $|1| = 0$. 由于有 (合理) 长度的半群的任意子幺半群也是有 (合理) 长度的, 故 A^* 的每一个子半群有合理长度. 容易看出, 自由幺半群 A^* 是交换的当且仅当 $|A| = 1$.

命题 5.1.3 设 U 是自由幺半群 A^* 的子半群或者子幺半群, 记 $V = U\backslash\{1\}$. 那么 $V\backslash V^2$ 是 U 的唯一的最小生成集.

证明 由自由半群的生成过程, 显然 U 的每一个生成集一定包含 $V\backslash V^2$, 下面仅需证明 $\langle V\backslash V^2\rangle = U$. 令 $l = \min\{|v| : v \in V\}$. 任取 $u \in U$, 如果 $|u| = l$, 那么由半群有合理长度的定义可知 $u \notin V^2$, 说明 $u \in V\backslash V^2 \subseteq \langle V\backslash V^2\rangle$. 下面对 $|u|$ 进行数学归纳. 假设对 U 中任意的元素 w, 只要 $|w| < |u|$, 那么 $w \in \langle V\backslash V^2\rangle$. 如果 $u \in V\backslash V^2$, 已证. 否则必存在 $u_1, u_2 \in V$, 使得 $u = u_1u_2$, 因为 U 有合理长度且 $|u| = |u_1| + |u_2|$, 故 $|u_1| > 0, |u_2| > 0, |u_1| < |u|, |u_2| < |u|$, 由归纳假设 $u_1, u_2 \in \langle V\backslash V^2\rangle$, 故 $u \in \langle V\backslash V^2\rangle$. ∎

命题 5.1.3 中的 $V\backslash V^2$ 称为 U 的基. 由命题 5.1.1 容易知道自由半群 A^+ 或者自由幺半群 A^* 的唯一的最小生成元的集合是 A.

定理 5.1.4 半群 S 是自由半群当且仅当 S 中任意元素可以唯一地表示成 $S\backslash S^2$ 中元素的积.

证明 **必要性** 显然若 $S = A^+$ 是自由半群, 那么 $S\backslash S^2 = A$, S 中每一个元素可唯一地表示成 A 中元素的积.

充分性 若 S 中任意元素可以唯一地表示成 $S\backslash S^2$ 中元素的积, 记 $S\backslash S^2 = A$. 下证 A^+ 满足交换图 1.6, 见第 19 页的性质. 设 T 是任意的半群, $\alpha : A \to T$ 是任意的映射. 对 S 中任意元素 s, 假设唯一地写成了 A 中元素的积, 不妨设 $s = a_1a_2\cdots a_m$. 定义 $\bar{\alpha} : S \to T$ 如下

$$s\bar{\alpha} = (a_1\alpha)(a_2\alpha)\cdots(a_m\alpha).$$

若 $t = a_1'a_2'\cdots a_n' \in S$, 显然 st 的唯一表达式是 $a_1a_2\cdots a_ma_1'a_2'\cdots a_n'$, 因此 $\bar{\alpha}$ 是一个同态, 且 $\bar{\alpha}$ 将 α 唯一地扩张成 S 到 T 的同态, 故 $S \simeq A^+$. ∎

5.2 码

尽管自由群的任意一个非平凡子群是自由的, 但对半群却并非如此. 对一个元素 a 生成的自由幺半群 a^*, 它的子幺半群

$$S = a^*\backslash\{a\} = \{1, a^2, a^3, a^4, \cdots\}$$

不是自由的, S 由基 $\{a^2, a^3\}$ 生成的, 但不是由这些元素自由生成, 因为生成元是交换的. 若记 $x = a^2, y = a^3$, 那么事实上

$$S = \langle x, y | xy = yx, x^3 = y^2\rangle.$$

例 5.2.1 对自由半群 $\{a,b\}^+$, 以 $\{ab,ba,aba,bab\}$ 为基生成的子半群是 $S = \{ab,ba,aba,bab\}$. 若记 $x_1 = ab, x_2 = ba, x_3 = aba, x_4 = bab$, 显然满足 $x_1x_3 = x_3x_2$, $x_2x_4 = x_4x_1$.

定理 5.2.2 设 A^* 是自由幺半群, U 是 A^* 的子半群或者子幺半群. 那么 U 是自由的当且仅当

$$(\forall w \in A^+)[wU \neq \varnothing \text{ 且 } Uw \neq \varnothing] \Rightarrow w \in U. \tag{5.2.1}$$

证明 必要性 若 U 是自由的, 设 $w \in A^*$, 使得 $wu_1 = u_2, u_3w = u_4$, 其中 $u_1, u_2, u_3, u_4 \in U$. 那么

$$u_3u_2 = u_3wu_1 = u_4u_1,$$

所以由 U 的等分割性质, 要么存在 $v \in U$ 使得 $u_3v = u_4, u_2 = vu_1$; 要么存在 $z \in U$, 使得 $u_4z = u_3, u_1 = zu_2$. 对前一情形, 由 A^+ 的可消性得 $w = v \in U$. 因为 $|w| \geqslant 1$, 后一情形 $wzu_2 = u_2$ 不可能成立.

充分性 假设 U 满足 (5.2.1). U 中每个元素 u 可以表示成 $C = V \backslash V^2$ 中元素 $c_1, c_2, \cdots, c_m$ 的积 $u = c_1c_2\cdots c_m$, 记 $V = U \backslash \{1\}$. 下证该表示是唯一的. 假设

$$c_1c_2\cdots c_m = c_1'c_2'\cdots c_n',$$

其中 $c_1, c_2, \cdots, c_m, c_1', c_2', \cdots, c_n' \in C$, 我们可以选择这些元素使得 $m+n$ 尽可能小. 那么由 A^* 的等分割性质, 不失一般性, 存在 $z \in A^*$, 使得

$$c_1' = c_1z, zc_2'\cdots c_n' = c_2\cdots c_m.$$

若 $z \neq 1$, 那么由 (5.2.1) 可知 $z \in V = U - \{1\}$, 因此 $c_1' \in V^2$, 与假设矛盾. 因此 $z = 1$, 故 $c_1 = c_1'$, 由可消性得 $c_2\cdots c_m = c_2'\cdots c_n'$, 故由 $m+n$ 的最小性, 可知 $m = n$ 且 $c_i = c_i'$, 其中 $i = 2, 3, \cdots, m$. 故 U 是由 C 自由生成的. ∎

半群 S 的子集 A 称为右单式的, 指对任意的 $a \in A, s \in S$, 若 $sa \in A$ 可得 $s \in A$. A 称为左单式的, 指对任意的 $a \in A, s \in S$, 若 $as \in A$ 可得 $s \in A$. A 称为单式的, 如果它既是左单式的又是右单式的. 自由幺半群 A^* 的任意左单式或者右单式的子半群或者子幺半群是自由的.

字母表 A 上的码指的是 A^+ 的一个子集 C, 使得 C 是 $\langle C \rangle$ 的自由生成元的集合. C 中的元素 $c_1, c_2, \cdots$ 可以看成 A^* 中的元素, 只不过按照 A^* 中字的方式编码. C 是一个码当且仅当 C 中没有任何字可以以两种不同的方式编码, 也就是说表达式唯一. 换言之, 自由幺半群 A^* 的子集合 X 是码, 如果自由半群 X^+ 中任意的字能唯一地表示成 X 中字的积, 也就是说有 X 中字的唯一的分解. 具体来说, 对任意的 $m, n \geqslant 1$, 以及 $x_1, \cdots, x_n, x_1', \cdots, x_m' \in C$, 由

$$x_1x_2\cdots x_n = x_1'x_2'\cdots x_m' \tag{5.2.2}$$

可推出

$$m = n, \quad 并且对任意的 \ i = 1, 2, \cdots, n, \quad x_i = x_i'. \tag{5.2.3}$$

因为 $1 \cdot 1 = 1$, 故一个码必然不包括空字 1. 显然, 码的任意子集还是码. 特别地, 空集是码. 比如在例 5.2.1 中, 元素 $ababab$ 既可以看成 x_1^3, 也可以看作 $x_3 x_4$, 存在两种不同的编码方式, 所以 $S = \{ab, ba, aba, bab\}$ 就不是码. 码还可以通过下面的结论理解.

命题 5.2.3 设 A, B 是字母表, 若自由幺半群 A^* 的子集 X 是码, 那么对任意的同态 $\beta : B^* \to A^*$, 若该同态能诱导从 B 到 X 的双射, 则该同态为单同态. 反之, 若存在单同态 $\beta : B^* \to A^*$, 使得 $X = \beta(B)$, 那么 X 是一个码.

证明 设 $\beta : B^* \to A^*$ 是同态, 使得 β 是 B 到 X 的双射. 任取 $u, v \in B^*$, 使得 $\beta(u) = \beta(v)$. 若 $u = 1$, 则 $v = 1$. 事实上, 因为 X 是码, 不含有空字 1, 故对任意的 $b \in B$, $\beta(b) \neq 1$. 若 $u \neq 1$ 且 $v \neq 1$, 设 $u = b_1 \cdots b_n, v = b_1' \cdots b_m'$, 其中 $m, n \geqslant 1$, $b_1, \cdots, b_n, b_1', \cdots, b_m' \in B$. 因为 β 是同态, 有

$$\beta(b_1) \cdots \beta(b_n) = \beta(b_1') \cdots \beta(b_m'),$$

但 X 是码, 且 $\beta(b_i), \beta(b_j') \in X$. 故 $n = m$, 且对任意的 $i = 1, 2, \cdots, n$, $\beta(b_i) = \beta(b_i')$. 而 β 是从集合 B 到 X 的单射. 则对任意的 $i = 1, 2, \cdots, n$, $b_i = b_i'$, 即 $u = v$. 说明 β 是单同态.

反之, 若 $\beta : B^* \to A^*$ 是单同态, 若

$$x_1 \cdots x_n = x_1' \cdots x_m', \tag{5.2.4}$$

其中 $m, n \geqslant 1$, $x_1, \cdots, x_n, x_1', \cdots, x_m' \in X = \beta(B)$, 考虑 $b_i, b_j' \in B$, 使得 $\beta(b_i) = x_i, \beta(b_j') = x_j', i = 1, \cdots, n, j = 1, \cdots, m$. 因为 β 是单同态, 故由 (5.2.4) 可知 $b_1 \cdots b_n = b_1' \cdots b_m'$. 因此 $n = m$, 且对任意的 $i = 1, 2, \cdots, n$, $x_i = x_i'$. ∎

在该命题中, 若单同态 $\beta : B^* \to A^*$, 使得 $X = \beta(B)$, 就称为 X 的码同态. 对任意的码 $X \subseteq A^*$, 码同态的存在性可以这样得到: 将集合 B 到 X 的任意双射扩张成 B^* 到 A^* 的同态. 通过该命题可以理解码的含义. 因为 X 中的字对集合 B 中的字母进行了编码, 编码的过程, 就是通过编码同态 β, 将清晰的语言原文, 即一个字 $b_1 b_2 \cdots b_n (b_i \in B)$ 与加密或者编码后的信息 $\beta(b_1)\beta(b_2) \cdots \beta(b_n)$ 联系起来. 由于 β 是单同态, 可以保证将编码后文本以唯一的方式译码为原文本.

命题 5.2.3 有如下的推论.

推论 5.2.4 设 $\alpha : A^* \to C^*$ 是单同态. 若 X 是 A 上的码, 那么 $\alpha(X)$ 是 C 上的码. 若 Y 是 C 上的码, 那么 $\alpha^{-1}(Y)$ 是 A 上的码.

证明　设 $\beta : B^* \to A^*$ 是码同态且 $X = \beta(B)$. 那么 $\alpha(\beta(B)) = \alpha(X)$ 且因为 $\alpha \circ \beta : B^* \to A^*$ 是单同态, 由命题 5.2.3 可知 $\alpha(X)$ 是码.

反之, 令 $X = \alpha^{-1}(Y)$, 设 $m, n \geqslant 1, x_1, \cdots, x_n, x_1', \cdots, x_m' \in X$, 使得

$$x_1 \cdots x_n = x_1' \cdots x_m',$$

那么

$$\alpha(x_1) \cdots \alpha(x_n) = \alpha(x_1') \cdots \alpha(x_m'),$$

由于 Y 是码, 因此 $n = m$, 且对任意的 $i = 1, 2, \cdots, n, \alpha(x_i) = \alpha(x_i')$. α 的单性推出对任意的 $i = 1, 2, \cdots, n, x_i = x_i'$. ∎

推论 5.2.5　若 $X \subset A^*$ 是码, 那么对任意整数 $n > 0$, X^n 也是码.

证明　设 $\alpha : B^* \to A^*$ 是 X 的码同态, 那么 $X^n = \alpha(B^n)$, 而 B^n 是码, 由推论 5.2.4 可得结论成立. ∎

对任意字母表 A, $X = A$ 是一个码. 一般来说, 若 $p \geqslant 1$ 是整数, 那么 $X = A^p$ 是一个码, 称为长为 p 的一致码. 如果字母表 $A = \{a\}$, 非空子集 $X \subseteq a^*$ 是码当且仅当 X 是单个元素构成的, 且该元素不等于 $1(= a^0)$. 集合 $X = \{a, ab, ba\}$ 不是码, 因为字 $w = aba$ 在 X 中有两种不同的分解

$$w = (ab)a = a(ba).$$

例 5.2.6　一般说来, 两个码的积 (不是笛卡儿积) 未必是码. 比如, 容易看出 $X = \{a, ba\}$ 与 $Y = \{a, ab\}$ 显然是字母表 $\{a, b\}$ 上的码. 那么

$$Z = XY = \{aa, aab, baa, baab\},$$

那么字 $w = aabaab$ 有两种不同的分解

$$w = (aa)(baab) = (aab)(aab),$$

说明 Z 不是码.

设 A 是字母表, 称字 $w \in A^*$ 是字 $x \in A^*$ 的前缀, 若存在字 $u \in A^*$, 使得 $x = wu$. 因子 w 称为真的, 若 $w \neq x$. 前缀关系在 A^* 中是一种偏序关系, 称为前缀序. 若 w 是 x 的前缀, 就记为 $w \leqslant x$. 若 w 是 x 的前缀且 $w \neq x$ 就记为 $w < x$. 该偏序具有如下的性质. 若对某个 x,

$$w \leqslant x, \quad w' \leqslant x,$$

那么 w 和 w' 是可比较的, 即

$$w \leqslant w', \quad \text{或者} \quad w' \leqslant w.$$

换言之, 若 $vw = v'w'$, 那么要么存在 $s \in A^*$, 使得 $v = v's$, 从而 $sw = w'$; 要么存在 $t \in A^*$, 使得 $v' = vt$, 从而 $w = tw'$.

字母表 $A = \{a, b\}$ 上的集合 $X = \{aa, baa, ba\}$ 是一个码. 若不然, 则存在具有两种不同的分解的字 $w \in X^+$, 且具有最小长度, 该字有以下两种分解

$$w = x_1 x_2 \cdots x_n = x_1' x_2' \cdots x_n',$$

其中 $n, m \geqslant 1, x_i, x_j' \in X$, 注意不是 $x_i, x_j' \in A$! 因为 w 有最小长度, 故有 $x_1 \neq x_1'$. 将 $w = x_1 x_2 \cdots x_n = x_1' x_2' \cdots x_n'$ 放在 A^+ 中来看, 由于 A^+ 是自由半群, 故 x_1 是 x_1' 的真的前缀, 或者 x_1' 是 x_1 的前缀. 不失一般性, 假设 x_1 是 x_1' 的真前缀码, 则由 X 的结构, 可知 $x_1 = ba, x_1' = baa$. 进而推出 $x_2 = aa, x_2' = aa$. 故 $x_1' = x_1 a, x_1' x_2' = x_1 x_2 a$, 并且若假设 $x_1' x_2' \cdots x_p' = x_1 x_2 \cdots x_p a$, 那么 $x_{p+1} = aa$, 因为 x_p 的后一个元素是 x_{p+1}, 而在 $x_1' x_2' \cdots x_p' = x_1 x_2 \cdots x_p a$ 中, x_p 后面元素是 a, 因此 $x_{p+1}' = aa$. 可推出 $x_1' x_2' \cdots x_{p+1}' = x_1 x_2 \cdots x_{p+1} a$. 这与 w 存在两种分解矛盾. 这个关系如图 5.1 所示.

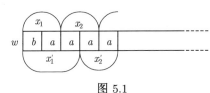

图 5.1

设 C 是 A^* 的子集. C 称为前缀集或者具有前缀性质, 如果 C 中没有元素是 C 中另一个元素的真的前缀. 换言之, $CA^+ \cap C = \varnothing$. 也可以这样描述: 对任意的 $x, x' \in X$, 有

$$x \leqslant x' \Rightarrow x = x', \tag{5.2.5}$$

即 X 中两个互不相同的元素按照前缀序是不可比较的.

由 (5.2.5) 可知, 包含空字的前缀集合 X 就只含有空字. 后缀集合可以对称定义. 一个集合是双缀码当且仅当既是前缀码也是后缀码. 设 $w = a_1 a_2 \cdots a_n, a_i \in A(i = 1, 2, \cdots, n)$ 是字, 记它的逆为 $\tilde{w} = a_n a_{n-1} \cdots a_1$. 显然, 字的集合 X 是后缀的当且仅当 $\tilde{X}$ 是前缀的.

命题 5.2.7 任意前缀 (后缀、双缀) 集 $X \neq \{1\}$ 是码.

证明 设 X 是前缀集. 若 X 不是码, 则存在字 w, 具有最小长度且有两种分解

$$w = x_1 x_2 \cdots x_n = x_1' x_2' \cdots x_m' \quad (x_i, x_j' \in X),$$

x_1, x_1' 都是非空的, 因为 w 具有最小长度, $x_1 \neq x_1'$. 从而 $x_1 < x_1'$ 或者 $x_1' \neq x_1$, 与 X 是前缀集矛盾, 那么 X 是码. 另外两种情形类似可证. ∎

前缀码 (后缀码、双缀码) 指的是前缀集且是码.

例 5.2.8　一致码是双缀码, 例 5.2.6 中的集合 X 和 Y 分别是前缀码和后缀码.

例 5.2.9　字母表 $A = \{a, b\}$ 上的集合 $X = a^*b$ 和 $Y = \{a^n b^n | n \geqslant 1\}$ 是前缀集, 因而是前缀码. 集合 Y 也是后缀码, 因而是双缀码, 但 X 不是后缀码. 该例子表明在有限的字母表上存在无限码.

码 X 称为 A 上的极大码, 如果 X 不能真包含在 A 上的任意其他码中, 换言之

$$X \subset X', \text{ 且 } X' \text{ 是码} \Rightarrow X = X',$$

码的极大性依赖于相应的字母表. 事实上, 若 $X \subset A^*$, $A \subsetneqq B$, 那么 $X \subsetneqq B^*$, 但不是 B 上的极大码. 极大码的定义, 并没有给出如何判断一个码是极大码的规则.

例 5.2.10　字母表 A 上的一致码 A^n 是极大的. 反设不是, 则存在字 $u \in A^+ - A^n$, 使得 $Y = A^n \cup \{u\}$ 是码. 字 $w = u^n \in Y^*$, 该元素的长度是 n 的倍数, 所以 $w \in (A^n)^*$. 因此存在, $x_1, x_2, \cdots, x_{|u|} \in A^n$, 使得 $w = u^n = x_1 x_2 \cdots x_{|u|}$. 由于 $u \notin A^n$, 故 w 有两种不同的分解, Y 不是码, 故 A^n 是极大码.

极大码的定义, 没有给出如何判断一个码是否为极大码的算法, 但有下面的命题.

命题 5.2.11　字母表 A 上的任意码包含在 A 上的某个极大码之中.

证明　设 $\mathcal{F}$ 是 A 上包含 X 的码的集合, 按照集合包含赋予偏序. 由 Zorn 引理, 要证明 $\mathcal{F}$ 包含一个极大元, 仅需证 $\mathcal{F}$ 的任意链 $\mathcal{C}$(全序子集) 在 $\mathcal{F}$ 中有一个最小上界.

考虑包含 X 的码的链 $\mathcal{C}$, 那么

$$\hat{Y} = \cup_{Y \in \mathcal{C}} Y$$

是 $\mathcal{C}$ 的最小上界, 下证 $\hat{Y}$ 是码. 为此, 令 $m, n \geqslant 1, y_1, y_2, \cdots, y_n, y_1', y_2', \cdots, y_m' \in \hat{Y}$, 使得

$$y_1 y_2 \cdots y_n = y_1' y_2' \cdots y_m'.$$

每一个 y_i, y_j' 属于链 $\mathcal{C}$ 中的某个码, 至多有 $\mathcal{C}$ 中的 $m + n$ 个码, 这些码中某一个, 不妨设为 Z, 包含其他所有的码. 因此 $y_1, y_2, \cdots, y_n, y_1', y_2', \cdots, y_m' \in Z$, 而 Z 是码, 从而可得 $n = m$, 且对任意的 $i = 1, 2, \cdots, n, y_i = y_i'$. 故 $\hat{Y}$ 是码. ∎

前缀码可以刻画如下.

命题 5.2.12　设 U 是自由幺半群 A^* 的子幺半群, 令 $C = V \backslash V^2$ 是 U 的基, 其中 $V = U \backslash \{1\}$. 那么 C 有前缀性质当且仅当 U 是 A^* 的左单式的子幺半群.

证明 **必要性** 假设 U 有前缀性质, 若 $w \neq 1, u, uw \in U$, 即

$$c_1 c_2 \cdots c_m w = c_1' c_2' \cdots c_n',$$

其中 $c_1, c_2, \cdots, c_m, c_1', c_2', \cdots, c_n' \in C$. 由 A^* 的等分割性质以及前缀性质, 总存在 $x \in A^*$, 使得 $c_1 = c_1' x$. 因为 $c_1, c_1' \in C$, 而 C 具有前缀性质, 故 $x = 1$, 因此 $c_1' = c_1$. 利用可消性以及重复刚才的推理, 可得要么

$$c_{n+1} c_{n+2} \cdots c_m w = 1, \qquad \text{或者} \qquad w = c_{m+1}' c_{m+2}' \cdots c_n'.$$

因为 $w \neq 1$, 故前一种情形不可能成立, 因此 $w = c_{m+1}' c_{m+2}' \cdots c_n' \in U$.

充分性 假设 U 是左单式的, $w \in A^+, c, c' \in C$, 使得 $cw = c'$. 那么由左单式性质, $w \in U$. 故存在 $c_1, c_2, \cdots, c_m \in C$, 使得 $w = c_1 c_2 \cdots c_m$. 因此 $c' = cc_1 c_2 \cdots c_m \subseteq V^2$, 矛盾. 说明 C 有前缀性质. ∎

由命题 5.2.12 可知, A^* 的具有前缀性质的子集是码, 称为前缀码. 前缀码的优势是在译码或者解码过程中, 不会出现 "错误的开始". 相比之下, 令 $C = \{c_1, c_2\}$ 不是前缀码, 其中 $c_1 = ab, c_2 = aba$, 显然 C 是码, 但不是前缀码, $abababab a$ 有唯一的编码 $c_1^3 c_2$, 但如果从左边读, 可能会出现 c_2 或者 $c_1^2 c_2$ 的尝试. 码 C 称为后缀码, 如果 $C \cap A^+ C = \varnothing$, 它具有和前缀码一样的优势. 验证一个有限集合是否具有前缀性质比较简单, 但要判断一个任意的有限集合是否为码, 却并不简单. 以下的经典的 Sardinas-Patterson 算法, 是 20 世纪 50 年代提出来的, 可以实现这一点. 介绍该算法之前, 先看个记号.

设 P, Q 是半群 S 的子集, 记

$$P^{-1} Q = \{s \in S : Ps \cap Q \neq \varnothing\}.$$

若 P 或者 Q, 或者二者仅有单个元素, 该集合分别记为 $p^{-1} Q, P^{-1} q, p^{-1} q$ 等.

设 C 是自由幺半群 A^* 的子集. 如下归纳地定义子集 $D_0, D_1, \cdots$, 有

$$D_0 = C, \quad D_1 = C^{-1} C \setminus \{1\}, \quad D_i = C^{-1} D_{i-1} \cup D_{i-1}^{-1} C \quad (i \geqslant 2).$$

例 5.2.13 例如, 若 $C = \{ab, ba, aba, bab\}$, 那么

$$D_1 = \{w \in A^+ : Cw \cap C \neq \varnothing\} = \{a, b\};$$
$$D_2 = \{w \in A^* : Cw \cap D_1 \neq \varnothing\} \cup \{w \in A^* : D_1 w \cap C \neq \varnothing\}$$
$$= \varnothing \cup \{a, b, ab, ba\} = \{a, b, ab, ba\};$$

$$D_3 = \{w \in A^* : Cw \cap D_2 \neq \varnothing\} \cup \{w \in A^* : D_2w \cap C \neq \varnothing\}$$

$$= \{1\} \cup \{1, a, b, ab, ba\} = \{1, a, b, ab, ba\};$$

$$D_4 = \{w \in A^* : Cw \cap D_3 \neq \varnothing\} \cup \{w \in A^* : D_3w \cap C \neq \varnothing\}$$

$$= \{1\} \cup \{1, a, b, ab, ba, aba, bab\} = \{1, a, b, ab, ba, aba, bab\};$$

$$D_5 = \{w \in A^* : Cw \cap D_4 \neq \varnothing\} \cup \{w \in A^* : D_4w \cap C \neq \varnothing\}$$

$$= \{1, a, b\} \cup \{1, a, b, ab, ba, aba, bab\} = \{1, a, b, ab, ba, aba, bab\} = D_4.$$

因此对任意的 $n \geqslant 4$, 有 $D_n = D_4$. 其中 D_1 中 $w \in A^+$ 而非 $w \in A^*$ 的原因是 D_1 的定义中不含有 $\{1\}$.

事实上, 在例 5.2.13 中, 所有的 $D_0, D_1, \cdots$ 互不相同并不是偶然的. 若 C 是有限集, 如果 $\max\{|c| : c \in C\} = m$, 那么由集合 $D_0, D_1, \cdots$ 的构造, $D_0, D_1, \cdots$ 中的所有字长度最多是 m, 故最多有 $2^{|A|^m}$ 个互不相同的集合 D_n. 在下面引理的证明中, $C^0 = \{1\}$.

引理 5.2.14 设 C 是自由幺半群 A^* 的非空有限子集, $n \geqslant 1$ 是整数. 下列叙述等价:

(1) $1 \in D_n$;

(2) 对任意的 $k \in \{1, 2, \cdots, n\}$, 存在 $i, j \geqslant 0$ 满足 $i + j + k = n$, 使得对某个 $u \in D_k$, 有 $uC^i \cap C^j \neq \varnothing$;

(3) 存在 $k \in \{1, 2, \cdots, n\}$ 以及 $i, j \geqslant 0$ 满足 $i + j + k = n$, 使得对某个 $u \in D_k$, 有 $uC^i \cap C^j \neq \varnothing$.

证明 (1)$\Rightarrow$(2) 假设 $1 \in D_n$. 为证明 (2), 对 $n - k$ 进行数学归纳. 若 $n - k = 0$, 结论显然, 此时取 $i = j = 0, u = 1$. 因此假设 $n - k \geqslant 1$, 归纳地假设存在 $u \in D_{k+1}$ 以及整数 $i, j \geqslant 0$, 使得 $i + j + k + 1 = n$ 且 $uC^i \cap C^j \neq \varnothing$. 可以假设存在 $v \in C^i, w \in C^j$, 使得 $uv = w$. 由

$$u \in D_{k+1} = C^{-1}D_k \cup D_k^{-1}C,$$

故要么存在 $c \in C$ 使得 $cu \in D_k$, 要么存在 $d \in D_k$, 使得 $du \in C$. 对前一情形

$$cuv = cw \in cuC^i \cap C^{j+1};$$

对后一情形

$$duv = dw \in dC^j \cap C^{i+1};$$

不管哪种情形, 都找到 D_k 中的元素 z (等于 cu 或者 d) 以及整数 $i', j' \geqslant 0$ 使得 $i' + j' + k = n$ 且 $zC^{i'} \cap C^{j'} \neq \varnothing$.

(2)$\Rightarrow$(3) 显然.

(3)⇒(1) 假设存在 $k \in \{1, 2, \cdots, n\}$ 以及 $i, j \geqslant 0$ 满足 $i + j + k = n$, 使得对某个 $u \in D_k$, 有 $uC^i \cap C^j \neq \varnothing$. 那么存在 $c_1, c_2, \cdots, c_i, c'_1, c'_2, \cdots, c'_j \in C$, 使得

$$uc_1 c_2 \cdots c_i = c'_1 c'_2 \cdots c'_j.$$

由 A^* 的等分割性质, 要么存在 $v \in A^*$, 使得 $u = c'_1 v$, 要么存在 $v \in A^+$, 使得 $c'_1 = uv$. 对前一情形, $v \in C^{-1} D_k \subseteq D_{k+1}$, 并且

$$vc_1 c_2 \cdots c_i = c'_2 \cdots c'_j;$$

因此 $vC^i \cap C^{j-1} \neq \varnothing$. 对后一情形, $v \in D_k^{-1} \subseteq D_{k+1}$, 并且

$$c_1 c_2 \cdots c_i = vc'_2 \cdots c'_j;$$

因此 $vC^{j-1} \cap C^i \neq \varnothing$. 注意到 $i + (j - 1) + (k - 1) = n$.

重复这个过程, 最后得到一个元素 $u \in D_n$ 以及整数 $i, j \geqslant 0$ 满足 $i + j + n = n$ 且 $uC^i \cap C^j \neq \varnothing$. 显然此时 $i = j = 0$ 且 $u = 1$. 因此 $1 \in D_n$. ∎

我们证明下面的结论.

定理 5.2.15 设 C 是自由幺半群 A^* 的非空有限子集. 那么 C 是码当且仅当对任意的 $i \geqslant 0$, $1 \notin D_i$.

证明 **必要性** 反设对某个自然数 n, $1 \in D_n$. 则由引理 5.2.14 的 (2), 存在 $u \in D_1$ 以及整数 $i, j \geqslant 0$ 满足 $i + j + 1 = n$, 并且 $uC^i \cap C^j \neq \varnothing$. 即存在 $c_1, c_2, \cdots, c_i, c'_1, c'_2, \cdots, c'_j \in C$, 使得

$$uc_1 c_2 \cdots c_i = c'_1 c'_2 \cdots c'_j.$$

而 $u \in D_1 = C^{-1} C \backslash \{1\}$, 故存在 $c.c' \in C$, 使得 $c \neq c'$ 且 $cu = c'$. 因此

$$c'c_1 c_2 \cdots c_i = c'_1 c'_2 \cdots c'_j,$$

因此 C 不是码.

充分性 假设 C 不是码, 则在 $\langle C \rangle$ 中有两种不同的分解

$$c_1 c_2 \cdots c_i = c'_1 c'_2 \cdots c'_j,$$

不失一般性, 可以假设 $c_1 \neq c'_1$, 并且由等分割性, 存在 $u \in A^*$ 且 $u \neq 1$, 使得 $c'_1 = c_1 u$. 说明 $u \in C^{-1} C \subseteq D_1$, 并且

$$uc_2 \cdots c_i = c'_2 \cdots c'_j,$$

说明 $uC^{i-1} \cap C^{j-1} \neq \varnothing$. 因此由引理 5.2.14 可得 $1 \in D_{i+j-1}$. ∎

5.3 自 动 机

设 A 是字母表, A 上的自动机是由集合 Q(状态的集合)、Q 的子集 I(开始状态的集合) 和 Q 的子集 T(终止状态的集合) 组成的. 集合

$$\mathcal{F} \subset Q \times A \times Q$$

称为边的集合. 自动机一般表示为

$$\mathcal{A} = (Q \times I \times T).$$

自动机是有限的, 若 Q 是有限的.

自动机 $\mathcal{A}$ 中的一个路, 指的是一个由连续的边

$$f_i = (q_i, a_i, q_{i+1}), \quad 1 \leqslant i \leqslant n$$

组成的序列 $c = (f_1, f_2, \cdots, f_n)$. 整数 n 称为路 c 的长度. 字 $w = a_1 a_2 \cdots a_n$ 称为路 c 的标签. 状态 q_1 是 c 的起点, 状态 q_{n+1} 是 c 的终点. 常用的记号是

$$c : q_1 \xrightarrow{w} q_{n+1}.$$

按照习惯, 对任意的 $q \in Q$, q 到 q 的路被称为长度为 0 的路. 它的标签是空字.

一条路 $c : i \xrightarrow{w} t$ 称为成功的, 若 $i \in I, t \in T$. 由成功的路构成的集合 $L(\mathcal{A})$ 称为可识别的.

状态 $q \in Q$ 称为可到达的, 若存在路径 $c : i \xrightarrow{w} q$, 其中 $i \in I$. 状态 $q \in Q$ 称为上可到达的, 若存在路径 $c : q \xrightarrow{w} t$, 其中 $t \in T$. 自动机称为整齐的, 如果它的每一个状态既是可到达的, 也是上可到达的. 设 P 是可到达的和上可到达的状态的集合, 令 $\mathcal{A}^0 = (P, I \cap P, T \cap P)$. 那么容易看出 $\mathcal{A}^0$ 是整齐的且

$$L(\mathcal{A}) = L(\mathcal{A}^0).$$

自动机 $\mathcal{A} = (Q, I, T)$ 称为确定性的, 若 $\mathrm{Card}(I) = 1$, 并且满足

$$(p, a, q), (p, a, r) \in \mathcal{F} \Rightarrow q = r.$$

换句话说, 对任意的 $p \in Q, a \in A$, 最多有一个状态 $q \in Q$, 使得 $p \xrightarrow{a} q$. 对任意的 $p \in Q, a \in A$, 定义

$$p \cdot a = \begin{cases} q, & (p, a, q) \in \mathcal{F}, \\ \varnothing, & \text{否则}. \end{cases}$$

按照这种方式定义的部分映射

$$Q \times A \to Q,$$

可以按照下面的方式扩张成字, 对任意的 $p \in Q$,

$$p \cdot 1 = p,$$

并且对任意的 $w \in A^*, a \in A$,

$$p \cdot wa = (p \cdot w) \cdot a.$$

该映射被称为 $\mathcal{A}$ 的过渡映射或者下一状态映射. 该定义从形式上很像 S-系的定义. 利用该记号, 对 $I = \{i\}$, 有

$$L(\mathcal{A}) = \{w \in A^* | i \cdot w \in T\}.$$

自动机称为完全的, 若对任意的 $p \in Q, a \in A$, 至少存在一个 $q \in Q$, 使得 $p \overset{a}{\longrightarrow} q$.

命题 5.3.1 对任意的自动机 $\mathcal{A}$, 存在完全决定的自动机 $\mathcal{B}$, 使得

$$L(\mathcal{A}) = L(\mathcal{B}).$$

若 $\mathcal{A}$ 是有限的, 那么可以将 $\mathcal{B}$ 选择为有限集.

证明 记 $\mathcal{A} = (Q, I, T)$. 定义 $\mathcal{B} = (R, u, V)$, 其中 $R = \mathfrak{P}(Q)$, 即 Q 的幂集, 也就是 Q 的所有子集的集合, $u = 1$,

$$V = \{S \subset Q | S \cap T \neq \varnothing\}.$$

对 $S \in R, a \in A$, 定义 $\mathcal{B}$ 的过渡映射如下

$$S \cdot a = \{q \in Q \mid 存在 s \in S, 使得 s \overset{a}{\longrightarrow} q \}.$$

自动机 $\mathcal{B}$ 是完全的和可决定的. 容易看出 $L(\mathcal{A}) = L(\mathcal{B})$. ∎

设 $\mathcal{A} = (Q, i, T)$ 是可决定的自动机. 对任意的 $q \in Q$, 令

$$L_q = \{w \in A^* | q \cdot w \in T\},$$

两个状态 $p, q \in Q$ 称为不可分的, 如果

$$L_p = L_q;$$

否则称为可分的. 一个可决定的自动机称为简化的, 如果两个不同的状态总是可分的.

设 X 是 A^* 的子集. 按照以下方式, 定义一个特殊的自动机 $\mathcal{A}(X) = (Q, i, T)$. $\mathcal{A}(X)$ 的状态是非空集合 $u^{-1}X, u \in A^*$. 初始状态 $X = 1^{-1}X$, 终止状态是由空字组成的. 转移函数定义为 $Y = u^{-1}X$, 若 $a \in A$, 定义 $Y \cdot a = a^{-1}Y$.

我们有 $L(\mathcal{A}(X)) = X$. 事实上, 容易证明, 对 $w \in A^*$,

$$X \cdot w = w^{-1}X.$$

因此

$$w \in L(\mathcal{A}(X)) \Leftrightarrow 1 \in X \cdot w \Leftrightarrow 1 \in w^{-1}X \Leftrightarrow w \in X.$$

自动机 $\mathcal{A}(X)$ 是可简化的. 事实上, 对 $Y = u^{-1}X$,

$$L_Y = \{v \in A^* \mid Y \cdot v \in T\} = \{v \in A^* \mid uv \in X\},$$

因此 $L_Y = Y$.

$\mathcal{A}(X)$ 是 X 上的极小的自动机. 这会在下面的命题中得到证明.

命题 5.3.2 设 $\mathcal{A} = (Q, i, T)$ 是整齐可决定的自动机, $X = L(\mathcal{A})$, 设 $\mathcal{A}(X) = (P, j, S)$ 是 X 的极小的自动机, 则 Q 到 P 的映射 $\varphi : q \to L_q$ 是满的并且满足 $\varphi(q \cdot a) = \varphi(q) \cdot a$.

证明 任取 $q \in Q$, 设 $u \in A^*$, 使得 $i \cdot u = q$. 则

$$L_q = \{w \in A^* \mid q \cdot w \in T\} = u^{-1}X,$$

因为 $\mathcal{A}$ 是整齐的, $L_q \neq \varnothing$. 这表明 $L_q \in P$. 因此 φ 是映射. 下面我们证明 φ 是满的. 设 $u^{-1}X \in P$, 则 $u^{-1}X \neq \varnothing$. 因此 $i \cdot u \neq \varnothing$. 令 $q = i \cdot u$, 有 $L_q = u^{-1}X = \varphi(q)$. 因此 φ 是满的.

最后, 对 $q = i \cdot u$,

$$\varphi(q \cdot a) = L_{q \cdot a} = (ua)^{-1}X = (u^{-1}X) \cdot a = L_q \cdot a. \qquad \blacksquare$$

假设上述命题中的 $\mathcal{A}$ 是可简化的, 则 φ 是双射, 这表明 $\mathcal{A}$ 与某个极小自动机相等. 在此情形下, 存在一个能识别给定集的可简化的自动机.

设 $\mathcal{A} = (Q, i, T)$ 是可决定的自动机. 考虑从 Q 到 Q 的部分映射的集合 $\mathcal{F}$, 作用都是写在右边: 如果 $q \in Q, m \in \mathcal{F}$, q 的像为 qm, 合成定义为 $q(mn) = (qm)n$. 因此 $\mathcal{F}$ 有幺半群的结构. 设映射 φ 将 A^* 中任意元素对应于 Q 到 Q 部分映射. 定义如下

$$q\varphi(w) = q \cdot w,$$

则 φ 是从 A^* 到半群 $\mathcal{F}$ 的同态. $\mathcal{F}$ 的子幺半群 $\varphi(A^*)$ 称为 $\mathcal{A}$ 的转换幺半群.

注意到, $X = L(\mathcal{A})$, 有

$$\varphi^{-1}\varphi(X) = X. \tag{5.3.1}$$

事实上, $w \in \varphi^{-1}\varphi(X)$ 当且仅当 $\varphi(w) \in \varphi(X)$, 这等价于 $i\varphi(w) \in T$, 也就是 $w \in X$. ∎

称 A^* 到幺半群 M 的满同态 φ 可识别 A^* 的一个子集 X, 如果

$$\varphi^{-1}\varphi(X) = X.$$

设 X 是 A^* 的一个子集, 设 $w \in A^*$, 令

$$\Gamma(w) = \{(u,v) \in A^* \times A^* \mid uwv \in X\}.$$

如下定义 A^* 上的等价关系 σ_X:

$$w \equiv w' \bmod \sigma_X \Leftrightarrow \Gamma(w) = \Gamma(w').$$

易证 σ_X 是同余. 称为 X 上的句法同余. 由定义, A^* 关于 σ_X 的商是 X 的句法幺半群, 我们将其表示为 $\mathcal{M}(X)$, 并且定义 φ_X 是从 A^* 到 $\mathcal{M}(X)$ 的标准同态.

命题 5.3.3 设 X 是 A^* 的子集, $\varphi : A^* \to M$ 是满同态. 如果 φ 识别 X, 则存在从 M 到句法幺半群 $\mathcal{M}(X)$ 的同态 ψ, 使得

$$\varphi_X = \psi \circ \varphi.$$

证明 只需要证明下面的等式成立即可.

$$\varphi(w) = \varphi(w') \Rightarrow \varphi_X(w) = \varphi_X(w'). \tag{5.3.2}$$

事实上, 如果 (5.3.2) 成立, 则对任意的 $m \in M$, $\psi(m)$ 定义为 $\varphi_X(\varphi^{-1}(m))$ 中唯一的元素, 为证明 (5.3.2), 我们考虑 $(u,v) \in \Gamma(w)$. 则 $uwv \in X$. 因此 $\varphi(u)\varphi(w)\varphi(v) \in \varphi(X)$. 因为 $\varphi(w) = \varphi(w')$, 所以 $\varphi(u)\varphi(w')\varphi(v) \in \varphi(X)$. 因为 φ 识别 X, 则 $uw'v \in X$, 所以 $(u,v) \in \Gamma(w')$. ∎

命题 5.3.4 设 X 是 A^* 的子集, 则 X 的句法幺半群同构于极小自动机 $\mathcal{A}(X)$ 的转换幺半群.

证明 设 M 是 $\mathcal{A}(X) = (Q, i, T)$ 的转换幺半群. $\varphi : A^* \to M$ 是标准同态, 由 (5.3.1), 同态 φ 识别 X. 由命题 5.3.3, 存在同态 $\psi : M \to \mathcal{M}(X)$, 使得 $\varphi_X = \psi \circ \varphi$.

只需要证明 ψ 是单的即可. 对此, 考虑 $m, m' \in M$, 使得 $\psi(m) = \psi(m')$. 设 $w, w' \in A$, 使得 $\varphi(w) = m, \varphi(w') = m'$. 则 $\varphi_X(w) = \varphi_X(w')$. 为了证明 $\varphi(w) = \varphi(w')$, 我们考虑状态 $p \in Q$, 设 $u \in A^*$, 使得 $p = u^{-1}X$, 则

$$p\varphi(w) = p \cdot w = (uw)^{-1}X = \{v \in A^* \mid (u,v) \in \Gamma(w)\}.$$

因为 $\Gamma(w) = \Gamma(w')$, 有 $p\varphi(w) = p\varphi(w')$. 因此 $\varphi(w) = \varphi(w')$, 即 $m = m'$. ∎

下面考虑有限自动机的特征.

命题 5.3.5   设 $X \subset A^*$, 下面几条等价.

(i) 集合 X 被有限的自动机识别;

(ii) 极小自动机 $\mathcal{A}(X)$ 是有限的;

(iii) 对 $u \in A^*$, 集合 $u^{-1}X$ 的族是有限的, 其中 $u \in A^*$;

(iv) 句法幺半群 $\mathcal{M}(X)$ 是有限的;

(v) 集合 X 能被从 A^* 到有限幺半群的同态识别.

证明   (i) $\Rightarrow$ (ii)   设 $\mathcal{A}$ 是识别 X 的有限的自动机. 由命题 5.3.1, 我们假设 $\mathcal{A}$ 是决定的. 由命题 5.3.2, $\mathcal{A}(X)$ 是有限的.

(ii) $\Leftrightarrow$ (iii) 显然.

(ii) $\Rightarrow$ (iv)   由命题 5.3.4 及有限的自动机的转换幺半群是有限的, 可得到证明.

(iv) $\Rightarrow$ (v) 显然.

(v) $\Rightarrow$ (i)   设 $\varphi : A^* \to M$ 是同态, M 是有限幺半群, 设 φ 识别 X, $\mathcal{A} = (M, 1, \varphi(X))$ 是可决定的自动机, 其上的转移作用定义如下:

$$m \cdot a = m\varphi(a).$$

则 $1 \cdot w \in \varphi(X) \Leftrightarrow \varphi(w) \in \varphi(X) \Leftrightarrow w \in X$, 因此 $L(\mathcal{A}) = X$. ∎

A^* 的子集 A 称为可识别的, 如果它满足定理 5.3.5 中任意一条.

命题 5.3.6 A^* 的可识别的子集族在布尔运算交、并、补的作用下是可识别的.

证明   设 $X, Y \subset A^*$ 是可识别的. 设 $\mathcal{A} = (P, i, S), \mathcal{B} = (Q, j, T)$ 是完全的可决定的自动机, 使得 $X = L(\mathcal{A}), Y = L(\mathcal{B})$. 设

$$\mathcal{C} = (P \times Q, (i, j), R)$$

是完全的可决定的自动机, 定义如下:

$$(p, q) \cdot a = (p \cdot a, q \cdot a),$$

对 $R = (S \times Q) \cup (P \times T)$, 有 $L(\mathcal{C}) = X \cup Y$. 对 $R = S \times T$, 有 $L(\mathcal{C}) = X \cap Y$. 最后, 对 $R = S \times (Q - T)$, 有 $L(\mathcal{C}) = X - Y$. ∎

下面我们考虑自动机的推广, A 上异步的自动机是 $\mathcal{A} = (Q, 1, T)$, 它的边界要么是字母, 要么是空字. 因此, 它的边界集满足

$$F \subset Q \times (A \cup 1) \times Q,$$

一个路径或一个成功的路径很自然地拓展了, 使得集合的概念很自然地被自动机识别.

命题 5.3.7 对任意的有限的异步自动机 $\mathcal{A}$, 存在有限的自动机 $\mathcal{B}$, 使得 $L(\mathcal{A}) = L(\mathcal{B})$.

证明 设 $\mathcal{A} = (Q, 1, T)$ 是异步的自动机, $\mathcal{B} = (Q, 1, T)$ 是自动机, 它的边界是 (p, a, q), 使得存在路径 $p \xrightarrow{a} q$, 有

$$L(\mathcal{A}) \cap A^+ = L(\mathcal{B}) \cap A^+,$$

如果 $I \cap T \neq \varnothing$, 则 $L(\mathcal{A}), L(\mathcal{B})$ 都包含空字, 因此等价. 否则这个集合是空字, 因为 $\{1\}$ 是可识别的, 所以由命题 5.3.6, 结论显然. ■

异步的自动机为下面的结论提供了帮助.

命题 5.3.8 如果 $X \subset A^*$ 是可识别的, 则 X^* 是可识别的. 如果 $X, Y \subset A^*$ 是可识别的, 则 XY 是可识别的.

证明 因为 $X^* = (X - 1)^*$, 且 $X - 1$ 是可识别的, 假设 1 不属于 X. 设 $\mathcal{A} = (Q, 1, T)$ 是识别 X 的有限的自动机. 设 $\mathcal{F}$ 是其边界集, 因为 1 不属于 X, 有 $I \cap T = \varnothing$. 设 $\mathcal{B} = (Q, 1, T)$ 是含有边界 $\mathcal{F} \cup (T \times \{1\} \times 1)$ 的自动机, 则 $L(\mathcal{B}) = X^+$, 实际上, $X^* - 1 \subset L(\mathcal{B})$ 是显然的. 相反, 设 $c : i \xrightarrow{w} j$ 是成功的路径. 由 $\mathcal{B}$ 的定义, 这种路径有以下形式

$$c : i_1 \xrightarrow{w_1} t_1 \xrightarrow{1} i_2 \xrightarrow{w_2} t_2 \xrightarrow{w_3} \cdots \xrightarrow{w_{n-1}} i_n \xrightarrow{w_n} t_n$$

$i = i_1, j = t_n$, 路径 $c_k : i_k \xrightarrow{w_k} t_k$ 没有包含由空字标记的边界, 则 $w_1, w_2, \cdots, w_n \in X$, 因此 $w \in X^+$.

设 $\mathcal{A} = (P, I, S)$ 和 $\mathcal{B} = (Q, J, T)$ 是分别含有边界集 $\mathcal{F}$ 和 $\mathcal{G}$ 的两个有限的自动机, 设 $X = L(\mathcal{A}), Y = L(\mathcal{B})$, 假设 $P \cap Q = \varnothing$. 设 $\mathcal{C} = (P \cup Q, I, T)$ 是异步的自动机, 含有边界

$$\mathcal{F} \cup \mathcal{G} \cup (S \times \{1\} \times J).$$

则 $L(\mathcal{C}) = XY$. ■

现在给出 A^* 的可识别子集的另一种刻画, 设 M 是幺半群, M 的有理子集族 $\mathcal{R}$ 是 M 的子集构成的最小的子集族, 满足下列条件:

(i) M 的任意有限子集都属于 $\mathcal{R}$;

(ii) 如果 $X, Y \in \mathcal{R}$, 则 $X \cup Y \in R, XY \in \mathcal{R}$;

(iii) 如果 $X \in \mathcal{R}$, 则 $X^* \in \mathcal{R}$.

命题 5.3.9 设 A 是有限的字母表, A^* 的子集是可识别的当且仅当它是有理的.

证明 定义 Rec(A^*) 是 A^* 的可识别子集族, Rat(A^*) 是 A^* 的有理数子集族, 首先证明 Rat(A^*) ⊂ Rec(A^*). 事实上, A^* 的有限子集 X 是可识别的, 进而, 由命题 5.3.6 和命题 5.3.8 知, Rec(A^*) 的子集族满足 Rat(A^*) 定义的 (ii) 和 (iii), 所以 Rat(A^*) ⊂ Rec(A^*).

下面证 Ret(A^*) ⊂ Rat(A^*). 先考虑 A^* 的可识别子集 X, 设 $\mathcal{A} = (Q, I, T)$ 是识别 X 的有限的自动机, 令 $Q = \{1, 2, \cdots, n\}$, 对 $1 \leqslant i, j \leqslant n$,

$$X_{i,j} = \{w \in A^* \mid i \xrightarrow{w} j\},$$

有

$$X = \bigcup_{i \in I} \bigcup_{j \in T} X_{i,j}.$$

下面证明每个 $X_{i,j}$ 是有理的即可. 对 $k \in \{0, 1, \cdots, n\}$, $w \in A^*$ 的集合定义为 $X_{i,j}^{(k)}$, 使得存在路径 $c: i \xrightarrow{w} j$. 换句话说, 有 $w \in X_{i,j}^{(k)}$, 当且仅当 $w = a_1 a_2 \cdots a_m$,

$$c: i \xrightarrow{a_1} i_1 \xrightarrow{a_2} i_2 \xrightarrow{a_3} \cdots \xrightarrow{a_{m-1}} i_{m-1} \xrightarrow{a_m} j$$

且 $i_1 \leqslant k, \cdots, i_{m-1} \leqslant k$. 我们有

$$X_{i,j}^{(0)} = A \cup I, \tag{5.3.3}$$

$$X_{i,j}^{(n)} = X_{i,j}, \tag{5.3.4}$$

$$X_{i,j}^{(k+1)} = X_{i,j}^{(k)} \cup X_{i,k+1}^{(k)} (X_{k+1,k+1}^{(k)})^* X_{k+1,j}^{(k)} \quad (0 \leqslant k < n). \tag{5.3.5}$$

因为 A 是有限的, 由等式 (5.3.3) 知 $X_{i,j}^{(0)} \in$ Rat(A^*), 由等式 (5.3.5) 知 $X_{i,j}^{(k)} \in$ Rat(A^*), 所以由等式 (5.3.4) 知 $X_{i,j} \in$ Rat(A^*). ∎

第6章 半超群理论

6.1 半超群和例子

一个超群胚 $(H, \circ)$ 指的是非空集合 H, 带有一个称作超运算的映射 $\circ: H \times H \to P^*(H)$, 其中 $P^*(H)$ 表示 H 的所有非空子集的集合, $x \circ y$ 表示元素对 (x, y) 的像.

令 A, B 是 H 的非空子集, $x \in H$. 用 $A \circ B, A \circ x, x \circ B$ 分别表示

$$A \circ B = \bigcup_{a \in A, b \in B} a \circ b, \quad A \circ x = A \circ \{x\} \quad \text{和} \quad x \circ B = \{x\} \circ B.$$

定义 6.1.1 称超群胚 $(H, \circ)$ 为半超群, 如果对所有的 $x, y, z \in H$,

$$(x \circ y) \circ z = x \circ (y \circ z),$$

即

$$\bigcup_{u \in x \circ y} u \circ z = \bigcup_{v \in y \circ z} x \circ v.$$

称半超群 H 是有限的, 如果它有有限多个元素. 如果对所有的 $x, y \in H, x \circ y = y \circ x$, 那么称半超群 H 是交换的.

注记 6.1.2 所有的半群是半超群.

注记 6.1.3 半超群的结合性可以被运用到子集, 即如果 $(H, \circ)$ 是半超群, 那么对 H 的所有非空子集 A, B, C, 有 $(A \circ B) \circ C = A \circ (B \circ C)$.

称元素 $a \in H$ 是标量的, 如果对所有的 $x \in H$,

$$|a \circ x| = |x \circ a| = 1.$$

称半超群 $(H, \circ)$ 中的元素 e 是标量单位元, 如果对所有的 $x \in H$,

$$x \circ e = e \circ x = \{x\}.$$

称半超群 $(H, \circ)$ 中的元素 e 是单位元, 如果对所有的 $x \in H$,

$$x \in e \circ x \cap x \circ e.$$

称元素 $a' \in H$ 是元素 $a \in H$ 的逆元, 如果存在单位元 $e \in H$, 使得

$$e \in a \circ a' \cap a' \circ a.$$

称半超群 $(H,\circ)$ 中的元素 0 是零元, 如果对所有的 $x \in H$,

$$x \circ 0 = 0 \circ x = \{0\}.$$

跟半群一样, 用 Cayley 表来描述半超群上的超运算.

例 6.1.4　(1) 设 $H = \{a,b,c,d\}$. 用以下表格来定义 H 上的超运算。

$\circ$	a	b	c	d
a	a	$\{a,b\}$	$\{a,c\}$	$\{a,d\}$
b	a	$\{a,b\}$	$\{a,c\}$	$\{a,d\}$
c	a	b	c	d
d	a	b	c	d

则 $(H,\circ)$ 是半超群.

(2) 设 $H = \{a,b,c,d,e\}$. 用以下表格来定义 H 上的超运算。

$\circ$	a	b	c	d	e
a	a	$\{a,b,d\}$	a	$\{a,b,d\}$	$\{a,b,d\}$
b	a	b	a	$\{a,b,d\}$	$\{a,b,d\}$
c	a	$\{a,b,d\}$	$\{a,c\}$	$\{a,b,d\}$	$\{a,b,c,d,e\}$
d	a	$\{a,b,d\}$	a	$\{a,b,d\}$	$\{a,b,d\}$
e	a	$\{a,b,d\}$	$\{a,c\}$	$\{a,b,d\}$	$\{a,b,c,d,e\}$

则 $(H,\circ)$ 是半超群.

(3) 设 H 是单位区间 $[0,1]$. 对任意的 $x,y \in H$, 定义

$$x \circ y = \left[0, \frac{xy}{2}\right],$$

则 $(H,\circ)$ 是半超群.

(4) 设 $\mathbb{N}$ 是非负整数集, 如下定义 $\mathbb{N}$ 上的超运算

$$x \circ y = \{z \in \mathbb{N} | z \geqslant \max\{x,y\}\},$$

其中 $x,y \in \mathbb{N}$. 则 $(\mathbb{N},\circ)$ 是半超群.

(5) 设 $(S,\cdot)$ 是半群且 K 是 S 上的任意子半群. 用通常方式定义超运算 $\bar{x} \circ \bar{y} = \{\bar{z} | z \in \bar{x} \cdot \bar{y}\}$, 其中 $\bar{x} = x \cdot K$. 则 $S/K = \{x \cdot K | x \in S\}$ 是半超群.

(6) 设 R 是实数集. 对任意的 $a,b \in R$, 如果 R 有如下定义的超运算,

$$a \circ b = \begin{cases} (a,b), & a < b, \\ (b,a), & b < a, \\ \{a\}, & a = b, \end{cases}$$

那么 R 是半超群, 其中开区间 $(a,b) = \{x|a < x < b\}$.

(7) 设 $(S, \cdot)$ 是半群且 P 是 S 的非空子集. 定义 S 上的超运算,

$$x \circ_P y = x \cdot P \cdot y,$$

其中 $x, y \in S$. 则 $(S, \circ_P)$ 是半超群. 称超运算 $\circ_P$ 为 P- 超运算.

(8) 设 $(S, \cdot)$ 是半群且对任意的 $x, y \in S$, $\langle x, y \rangle$ 表示由 x 和 y 生成的子半群. 定义 $x \circ y = \langle x, y \rangle$. 则 $(S, \circ)$ 是半超群.

(9) 设 $(H, \circ)$ 和 $(H', \star)$ 都是半超群. 则这两个半超群的笛卡儿积是带有如下超运算

$$(x, y) \otimes (x', y') = \{(a, b) | a \in x \circ x', b \in y \star y'\}$$

的半超群, 其中 $(x, y), (x', y') \in H \times H'$.

定义 6.1.5 称半超群 $(H, \circ)$ 为超群, 如果对任意的 $a \in H$,

$$a \circ H = H \circ a = H.$$

称以上的条件为再生公理.

称超群是正则的, 如果它至少有一个单位元并且每个元素至少有一个逆元.

6.2 正则半超群

定义 6.2.1 设 $(H, \circ)$ 是半超群, 称 $x \in H$ 是正则的, 如果 $x \in x \circ H \circ x$, 即存在 $y \in H$, 使得 $x \in x \circ y \circ x$, 称 y 是 x 的广义逆. 一般情况下, x 的广义逆不唯一. 称半超群 $(H, \circ)$ 是正则的, 如果 H 中的每一个元素是正则的.

注记 6.2.2 正则半群是正则半超群.

命题 6.2.3 任意超群 $(H, \circ)$ 是正则半超群.

证明 设 $x \in H$, 因为 $H = H \circ x$, 所以对任意的 $a \in H$ 有 $x \in a \circ x$. 又因为 $a \in H = x \circ H$, 所以存在 $y \in H$ 使得 $a \in x \circ y$, 因此 $x \in a \circ x \subseteq x \circ y \circ x$, 即 $(H, \circ)$ 是正则的. ∎

例 6.2.4 设 $H = \{a, b, c\}$ 上的超运算 $\circ$ 为

$\circ$	a	b	c
a	a	$\{a, b\}$	$\{a, b, c\}$
b	a	$\{a, b\}$	$\{a, b, c\}$
c	a	$\{a, b\}$	c

则 $(H, \circ)$ 是正则半超群, 它既不是交换的也不是可再生的. 同时, H 的每一个元素都是 H 中任意元素的广义逆.

例 6.2.5　设 H 是非空集合, $\{P_1, P_2, \cdots, P_n\}$ 是 H 的一个划分, 对任意的 $x \in P_i$, $y \in P_j$, 定义 H 上的超运算 $\circ$ 为 $x \circ y = P_k$, 其中 $k = \max\{i, j\}$, 则 $(H, \circ)$ 是半超群, 设 $a \in H$, 如果 $a \in P_i$, $1 \leqslant i \leqslant n$, 则 $a \circ a \circ a = P_i$, $a \in a \circ a \circ a$. 因此 $(H, \circ)$ 是正则半超群, 同时, 对某个 $j > 1$ 以及任意的 $a \in P_j$,

$$a \circ H = a \circ \left(\bigcup_{i=1}^{n} P_i \right) = \bigcup_{i=1}^{n} (a \circ P_i) = \bigcup_{i=j}^{n} P_i \neq H,$$

因此 $(H, \circ)$ 不是超群.

设 $(S, \cdot)$ 是半群, P 是 S 的非空子集, 定义 S 上的超运算 $\circ_P$ 为: $x \circ_P y = x \cdot P \cdot y, x, y \in S$, 则 $(S, \circ_P)$ 是半超群. 记作 (S, P). 设 S 是半群, P 是 S 的非空子集, 如果 $a \in S$ 是正则的, 那么记 $V(a) = \{x \in S | a = a \cdot x \cdot a\}$.

命题 6.2.6　在 (S, P) 中, $a \in S$ 是正则的当且仅当在 S 中 a 是正则的, 并且 $V(a) \cap P \cdot S \cdot P \neq \varnothing$, 即在 S 中 a 是正则的且存在 a 的形如 $p \cdot s \cdot p$ 的广义逆, 其中 $p, q \in P$, $s \in S$.

证明　设在 (S, P) 中, $a \in S$ 是正则的, 则存在 $x \in S$, 使得 $a \in a \circ_P x \circ_P a = a \cdot P \cdot x \cdot P \cdot a$. 即存在 $p, q \in P$, 使得 $a = a \cdot p \cdot x \cdot q \cdot a = a \cdot y \cdot a$, $y = p \cdot x \cdot q \in P \cdot S \cdot P$. 因此 $y \in V(a) \cap P \cdot S \cdot P$. 即 $V(a) \cap P \cdot S \cdot P \neq \varnothing$.

反之, 假设在 S 中 a 是正则的且 $V(a) \cap P \cdot S \cdot P \neq \varnothing$, 则存在 $x \in V(a) \cap P \cdot S \cdot P$. 即 $a = a \cdot x \cdot a$, $x = p \cdot s \cdot q$, $p, q \in P$, $s \in S$. 因此 $a = a \cdot (p \cdot s \cdot q) \cdot a \in a \cdot P \cdot s \cdot P \cdot a = a \circ_p s \circ_p a$. 即在 (S, P) 中, $a \in S$ 是正则的. ∎

推论 6.2.7　在半超群 (S, P) 中, 如果 $a \in S$ 是正则的, 那么在半群 S 中, $a \in S$ 是正则的.

推论 6.2.8　设半超群 (S, P) 是正则的, 则半群 S 是正则的.

例 6.2.9　定义自然数集 N 上的二元运算 $\star$ 为 $a \star b = \max\{a, b\}$, $a, b \in N$, 则 $(N, \star)$ 是半群, 因为 $a = a \star a = a \star a \star a$, $a \in N$, 故 N 是正则半群. 设 $c \in N$, P 是非空集合 $\{c+1, c+2, \cdots\}$ 的子集, 则在半超群 (N, P) 中 c 不是正则的. 这个例子说明推论 6.2.7 的逆命题不成立. 而且注意到 $V(c) = \{1, 2, 3, \cdots, c\}$ 且 $V(c) \cap P \star N \star P = \varnothing$.

定理 6.2.10　(S, P) 是正则的当且仅当 S 是正则的且 $V(a) \cap P \cdot S \cdot P \neq \varnothing$, $a \in S$.

证明　由性质 6.2.6 可得. ∎

命题 6.2.11　设 $a \in S$ 是正则的, 则在 (S, S) 中 a 是正则的.

证明　因为 $a \in S$ 是正则的, 所以存在 $x \in S$, 使得 $a = a \cdot x \cdot a$, 故 $x \in V(a)$. 又因为 $a = a \cdot x \cdot a = a \cdot (x \cdot a \cdot x) \cdot a$, 所以 $x \cdot a \cdot x \in V(a) \cap S \cdot S \cdot S$, 则 $V(a) \cap S \cdot S \cdot S \neq \varnothing$, 因此在 (S, S) 中 a 是正则的. ∎

推论 6.2.12　设 S 是正则的, 则半超群 (S, S) 是正则的.

命题 6.2.13 设 $a \in S$ 是正则的, 则在 $(S, V(a))$ 中 a 是正则的.

证明 因为 $a \in S$ 是正则的, 所以存在 $x \in S$, 使得 $a = a \cdot x \cdot a$, 则 $x \in V(a)$. 又因为 $a = a \cdot x \cdot a = a \cdot (x \cdot a \cdot x) \cdot a$, 所以 $x \cdot a \cdot x \in V(a) \cap V(a) \cdot S \cdot V(a)$, 则 $V(a) \cap V(a) \cdot S \cdot V(a) \neq \varnothing$, 因此在 $(S, V(a))$ 中 a 是正则的. ∎

命题 6.2.14 设 P, Q 是 S 的非空子集且 $P \subseteq Q$. 如果在半超群 (S, P) 中 a 是正则的, 则在半超群 (S, Q) 中 a 是正则的.

证明 设 $a \in S$, 因为半超群 (S, P) 是正则的, 所以 $V(a) \cap P \cdot S \cdot P \neq \varnothing$, 因为 $P \subseteq Q$, 所以 $V(a) \cap Q \cdot S \cdot Q \neq \varnothing$. 即在半超群 (S, Q) 中 a 是正则的. ∎

推论 6.2.15 设 P, Q 是 S 的非空子集且 $P \subseteq Q$. 如果半超群 (S, P) 是正则的, 则半超群 (S, Q) 是正则的.

推论 6.2.16 设 S 是正则的, 则 $(S, \bigcup_{a \in S} V(a))$ 是正则半超群.

证明 设 $a \in S$, 则由性质 6.2.13 知, 在 $(S, V(a))$ 中 a 是正则的, 因此由性质 6.2.14 知, 在 $(S, \bigcup_{a \in S} V(a))$ 中 a 是正则的. ∎

命题 6.2.17 设 $a \in S$ 是正则的, P 是 S 的非空子集且 $a \in a \cdot P^m \cap P^n \cdot a$, $m, n \in N$, 则在半超群 (S, P) 中 a 是正则的.

证明 因为 a 是半群 S 中的正则元, 所以存在 $b \in S$, 使得 $a = a \cdot b \cdot a$. 因为 $a \in a \cdot P^m \cap P^n \cdot a$, 所以存在 $c \in P^m$, $d \in P^n$, 使得 $a = a \cdot c, a = d \cdot a$, 因此 $a = a \cdot b \cdot a = a \cdot c \cdot b \cdot d \cdot a \in a \cdot P^m \cdot b \cdot P^n \cdot a$. 显然 $c \cdot b \cdot d \in V(a)$, $c \cdot b \cdot d \in P^m \cdot b \cdot P^n$. 当 $m > 1, n > 1$ 时, $c \cdot b \cdot d \in P \cdot (P^{m-1} \cdot b \cdot P^{n-1}) \cdot P \subseteq P \cdot S \cdot P$; 如果 $m = 1, n = 1$, 则 $c \cdot b \cdot d \in P \cdot b \cdot P \subseteq P \cdot S \cdot P$, 如果 $m > 1, n = 1$, 则 $c \cdot b \cdot d \in P \cdot P^{m-1} \cdot b \cdot P \subseteq P \cdot s \cdot P$, 若 $m = 1, n > 1$, 则 $c \cdot b \cdot d \in P \cdot b \cdot P^{n-1} \cdot P \subseteq P \cdot S \cdot P$, 因此, $V(a) \cap P \cdot S \cdot P \neq \varnothing$. 因此, 在半超群 (S, P) 中 a 是正则的. ∎

推论 6.2.18 设 S 是正则半群, P 是 S 的非空子集且对任意的 $a \in S$, 存在自然数 m, n, 使得 $a \in a \cdot P^m \cap P^n \cdot a$, 则半超群 (S, P) 是正则的.

注记 6.2.19 设 S 是半群, 称 $a \in S$ 是 r-potent 的, 如果 $a^r = a$, 其中 $r \geqslant 2$ 是 (最小) 自然数. 特别地, 称 $a \in S$ 是幂等元, 如果 $a^2 = a$.

推论 6.2.20 设 $a \in P$ 是 r-potent 的, 则在半超群 (S, P) 中 a 是正则的.

证明 因为 $a \in P$ 且 $a = a^r$, $r \geqslant 2$, 所以 a 是正则的且 $a \in a \cdot P^{r-1} \cap P^{r-1} \cdot a$, 因此 a 是半群 (S, P) 中的正则元. ∎

推论 6.2.21 设 P 是由 S 的所有幂等元构成的集合, 如果 $a \in S$ 是正则的, 那么在半超群 (S, P) 中 a 是正则的.

证明 因为在 S 中 a 是正则的, 故存在 $x \in S$, 使得 $a = a \cdot x \cdot a$. 显然元素 $a \cdot x, x \cdot a \in P$, 因为 $a = a \cdot x \cdot a = a \cdot (x \cdot a) = (a \cdot x) \cdot a$, 所以 $a \in a \cdot P \cap P \cdot a$, 因此, 在半超群 (S, P) 中 a 是正则的. ∎

推论 6.2.22 设 S 是正则半群, P 是 S 的所有幂等元构成的集合, 则 (S, P)

是正则半超群.

推论 6.2.23　假设 S 有左单位元 f 和右单位元 g, 且 P 包含 f, g, 如果 $a \in S$ 是正则的, 那么在半超群 (S, P) 中 a 是正则的.

证明　假设 $a \in S$, 因为 $a = f \cdot a$, $a = a \cdot g$, 所以 $a \in P \cdot a \cap a \cdot P$. 因此 a 是半超群 (S, P) 中的正则元. ∎

推论 6.2.24　假设 S 有左单位元 f 和右单位元 g, 且 P 包含 f, g, 如果 S 是正则的, 那么半超群 (S, P) 是正则的.

推论 6.2.25　设 S 是正则的, 且含有单位元 e, 同时 $e \in P$, 则半超群 (S, P) 是正则的.

定理 6.2.26　设 P 是 S 的右理想, Q 是 S 的左理想且 $P \cap Q \neq \varnothing$, 如果在 (S, Q) 和 (S, P) 中 a 是正则的, 那么在半超群 $(S, P \cap Q)$ 中 a 是正则的.

证明　设 $a \in S$, 则 $a \in a \cdot P \cdot x \cdot P, x \in P$, $a \in a \cdot Q \cdot y \cdot Q \cdot a, y \in Q$, 即 $a = a \cdot p_1 \cdot x \cdot p_2 \cdot a, p_1, p_2 \in P$, 且 $a = a \cdot q_1 \cdot y \cdot q_2 \cdot a, q_1, q_2 \in Q$, 则有

$$
\begin{aligned}
a &= a \cdot p_1 \cdot x \cdot p_2 \cdot a \\
&= (a \cdot p_1 \cdot x \cdot p_2) \cdot (a \cdot q_1 \cdot y \cdot q_2 \cdot a) \\
&= (a \cdot p_1 \cdot x \cdot p_2) \cdot (a \cdot q_1 \cdot y \cdot q_2) \cdot (a \cdot p_1 \cdot x \cdot p_2 \cdot a) \\
&= (a \cdot p_1 \cdot x \cdot p_2) \cdot (a \cdot q_1 \cdot y \cdot q_2) \cdot (a \cdot p_1 \cdot x \cdot p_2) \cdot (a \cdot q_1 \cdot y \cdot q_2 \cdot a) \\
&= a \cdot (p_1 \cdot x \cdot p_2 \cdot a \cdot q_1) \cdot (y \cdot q_2 \cdot a \cdot p_1 \cdot x) \cdot (p_2 \cdot a \cdot q_1 \cdot y \cdot q_2) \cdot a.
\end{aligned}
$$

因为 P 是 S 的右理想, Q 是 S 的左理想, 所以 $p_1 \cdot x \cdot p_2 \cdot a \cdot q_1 \in P \cap Q$, $p_2 \cdot a \cdot q_1 \cdot y \cdot q_2 \in P \cap Q$, 因此在半超群 $(S, P \cap Q)$ 中 a 是正则的. ∎

推论 6.2.27　设 P 是 S 的右理想, Q 是 S 的左理想且 $P \cap Q \neq \varnothing$, 如果半超群 (S, Q) 和 (S, P) 是正则的, 则半超群 $(S, P \cap Q)$ 是正则的.

定理 6.2.28　设 S 是正则半群, S 含有单位元 e, 则半超群 (S, P) 是正则的当且仅当 P 含有 S 的左可逆元和右可逆元.

证明　假设 (S, P) 是正则半超群, 则在 (S, P) 中 e 是正则的, 因此存在 $y \in S$, 使得 $e \in e \circ_p y \circ_p e$, 即 $e = e \cdot p \cdot y \cdot q \cdot e = p \cdot y \cdot q, p, q \in P$, 因此 $p \in P$ 是右可逆的, $q \in P$ 是左可逆的.

反之, 假设 P 是 S 的子集含有左可逆元 x 和右可逆元 y, 则存在 $s, t \in S$, 使得 $s \cdot x = e$, $y \cdot t = e$. 设 $a \in S$, 因为 S 是正则的, 所以存在 $b \in S$, 使得 $a = a \cdot b \cdot a$, 因此有

$$
a = a \cdot b \cdot a = a \cdot e \cdot b \cdot e \cdot a = a \cdot y \cdot t \cdot b \cdot s \cdot x \cdot a \in a \cdot P \cdot (t \cdot b \cdot s) \cdot P \cdot a = a \circ p(t \cdot b \cdot s) \circ_p a.
$$

因此半超群 (S, P) 是正则的. ∎

推论 6.2.29 设 S 是半群, 含有单位元 e, S 中的每个单侧可逆元是可逆的, 则半超群 (S, P) 是正则的当且仅当 P 含有 S 的一个逆元.

推论 6.2.30 设 P 是 R 上 $n \times n$ 乘法矩阵半群 $M_n(R)$ 的非空子集, 则半超群 $(M_n(R), P)$ 是正则的当且仅当 P 含有半群 $M_n(R)$ 的一个可逆矩阵.

证明 由推论 6.2.29 可得, 因为在乘法半群 $M_n(R)$ 中, 每一个单侧可逆矩阵是可逆的. ■

6.3 子半超群和超理想

定义 6.3.1 称半超群 $(H, \circ)$ 的非空子集合 A 为子半超群, 如果 $A \circ A \subseteq A$.

例 6.3.2 考虑定义在例 6.1.4(3) 中的半超群 $(H, \circ)$. 如果我们考虑 $B = [0, t], 0 \leqslant t \leqslant 1$, 那么 B 是 H 的子半超群.

定义 6.3.3 设 $(H, \circ)$ 是半超群. 称 H 的非空子集合 I 是 H 的右 (左) 超理想, 如果对于任意 $x \in I$ 和 $h \in H$

$$x \circ h \subseteq I \quad (h \circ x \subseteq I).$$

称 H 的非空子集合 I 为超理想 (或双边超理想), 如果它既是左超理想又是右超理想.

定义 6.3.4 设 $(H, \circ)$ 是半超群. 对于任意 $a \in H$, 有如下定义

$$aH = (a \circ H) \cup \{a\},$$
$$Ha = (H \circ a) \cup \{a\},$$
$$HaH = (H \circ a \circ H) \cup Ha \cup aH.$$

半超群上也可以定义格林关系, 即格林关系的超版本 $\mathcal{L}, \mathcal{R}, \mathcal{J}$ 和 $\mathcal{H}$, 并且对于任意 $x, y \in H$, 有如下定义

$$x\mathcal{L}y \Longleftrightarrow Hx = Hy,$$
$$x\mathcal{R}y \Longleftrightarrow xH = yH,$$
$$x\mathcal{J}y \Longleftrightarrow HxH = HyH,$$
$$\mathcal{H} = \mathcal{L} \cap \mathcal{R}.$$

此外, 我们考虑关系, $\mathcal{L}^{\leqslant}, \mathcal{R}^{\leqslant}$ 和 $\mathcal{J}^{\leqslant}$, 并且对于任意 $x, y \in H$, 有如下定义

$$x\mathcal{L}^{\leqslant}y \Longleftrightarrow Hx \subseteq Hy,$$
$$x\mathcal{R}^{\leqslant}y \Longleftrightarrow xH \subseteq yH,$$
$$x\mathcal{J}^{\leqslant}y \Longleftrightarrow HxH \subseteq HyH.$$

定理 6.3.5　　设 $(H, \circ)$ 是半超群, A 是 H 的非空子集合. 那么 A 是 H 的右超理想当且仅当对于任意 $x, y \in H$,

$$x\mathcal{R}^{\leqslant}y, y \in A \Rightarrow x \in A. \tag{6.3.1}$$

证明　　假设等式 (6.3.1) 成立. 那么对于任意 $x \in A$ 和 $h \in H$, 总有 $x \circ h \subseteq A$. 事实上, 设 z 是 $x \circ h$ 的任意元素. 再设 $u \in zH$, 则有

$$u = z \text{ 或 存在 } t \in H, \text{有 } u \in z \circ t.$$

如果 $u = z$, 那么 $u \in x \circ h$. 所以 $u \in xH$.

如果 $u \in z \circ t$, 则有

$$u \in (x \circ h) \circ t = x \circ (h \circ t) \subseteq x \circ H \subseteq xH.$$

因此, 可以推出 $zH \subseteq xH$. 即 $z\mathcal{R}^{\leqslant}x$. 因为由等式 (6.3.1) 知 $x \in A$, 则有 $z \in A$. 因此, $x \circ h \subseteq A$.

反过来, 假设 A 是 H 的右超理想, $x\mathcal{R}^{\leqslant}y$ 和 $y \in A$. 因为 A 是右超理想, 故有 $yH = y \circ H \cup \{y\} \subseteq A$. 因此 $x \in xH \subseteq yH \subseteq A$. ■

定理 6.3.6　　设 $(H, \circ)$ 是半超群, A 是 H 的非空子集合. 那么 A 是 H 的左超理想当且仅当对于任意 $x, y \in H$,

$$x\mathcal{L}^{\leqslant}y, y \in A \Rightarrow x \in A. \tag{6.3.2}$$

证明　　假设等式 (6.3.2) 成立. 那么对于任意 $x \in A$ 和 $h \in H$, 则 $h \circ x \subseteq A$. 为此, 设 z 是 $h \circ x$ 的任意元素. 再设 $u \in Hz$, 则有

$$u = z \text{ 或 } u \in t \circ z, \text{存在 } t \in H.$$

如果 $u = z$, 由此可得 $u \in h \circ x$. 所以 $u \in Hx$.

如果 $u \in t \circ z$, 即可得到

$$u \in t \circ (h \circ x) = (t \circ h) \circ x \subseteq H \circ x \subseteq Hx.$$

因此, 可以推出 $Hz \subseteq Hx$, 即 $z\mathcal{L}^{\leqslant}x$. 因为由 (6.3.2) 知 $x \in A$, 所以有 $z \in A$. 因此, $h \circ x \subseteq A$.

反过来, 假设 A 是 H 的左超理想, $x\mathcal{L}^{\leqslant}y$ 且 $y \in A$. 因为 A 是左超理想, 则有 $Hy = H \circ y \cup \{y\} \subseteq A$. 因此 $x \in Hx \subseteq Hy \subseteq A$. ■

定理 6.3.7　　设 $(H, \circ)$ 是半超群, $a \in H$. 那么 aH 是包含 a 的最小的右超理想.

证明　　我们有

$$aH \circ H = (a \circ H \cup \{a\}) \circ H = (a \circ H \circ H) \cup (a \circ H) \subseteq a \circ H \subseteq aH.$$

因此, aH 是 H 的右超理想. 现假设 A 是 H 的包含 a 的右超理想. 因为 $a \in A$, 所以有 $aH = a \circ H \cup \{a\} \subseteq A$.

形如 aH 的右超理想叫做主右超理想. ■

定理 6.3.8　设 $(H, \circ)$ 是半超群, $a \in H$. 那么 Ha 是包含 a 的最小的左超理想.

证明　我们有
$$H \circ Ha = H \circ (H \circ a \cup \{a\}) = H \circ H \circ a \cup H \circ a \subseteq Ha.$$
即可推出 Ha 是 H 的左超理想. 现假设 A 是 H 的包含 a 的左超理想. 因为 $a \in A$, 所以有 $Ha = H \circ a \cup \{a\} \subseteq A$.

形如 Ha 的左超理想叫做主左超理想.　　　　　　　　　　　　　　　■

定理 6.3.9　设 $(H, \circ)$ 是半超群, 如果 $a, b \in H$. 那么以下几条等价:

(1) $a\mathcal{R}^{\leqslant}b$;

(2) $a \in bH$;

(3) 对于 H 的任意主右超理想 J, 如果 $b \in J$, 那么 $a \in J$;

(4) 对于 H 的任意右超理想 J, 如果 $b \in J$, 那么 $a \in J$.

证明　显然.　　　　　　　　　　　　　　　　　　　　　　　　　■

推论 6.3.10　设 $(H, \circ)$ 是半超群, 如果 $a, b \in H$, 那么以下几条等价:

(1) $a\mathcal{R}b$;

(2) $a \in bH$ 且 $b \in aH$;

(3) 对于 H 的任意主右超理想 J, 如果 $b \in J$ 当且仅当 $a \in J$;

(4) 对于 H 的任意右超理想 J, 如果 $b \in J$ 当且仅当 $a \in J$.

证明　由定义 6.3.4 和定理 6.3.9 即可证得.　　　　　　　　　　■

定理 6.3.11　设 $(H, \circ)$ 是半超群, 如果 $a, b \in H$, 那么以下几条等价:

(1) $a\mathcal{L}^{\leqslant}b$;

(2) $a \in Hb$;

(3) 对于 H 的任意主左超理想 J, 如果 $b \in J$, 那么 $a \in J$;

(4) 对于 H 的任意左超理想 J, 如果 $b \in J$, 那么 $a \in J$.

证明　显然.　　　　　　　　　　　　　　　　　　　　　　　　　■

推论 6.3.12　设 $(H, \circ)$ 是半超群, 如果 $a, b \in H$, 那么以下几条等价:

(1) $a\mathcal{L}b$;

(2) $a \in Hb$ 且 $b \in Ha$;

(3) 对于 H 的任意主左超理想 J, 如果 $b \in J$ 当且仅当 $a \in J$;

(4) 对于 H 的任意左超理想 J, 如果 $b \in J$ 当且仅当 $a \in J$.

证明　由定义 6.3.4 和定理 6.3.11 即可证得.　　　　　　　　　■

定义 6.3.13　设 $(H, \circ)$ 是半超群, B 是 H 的非空子集合. 则称 B 是称 H 的双边超理想, 如果以下条件成立.

(1) B 是 H 的子半超群;

(2) $B \circ H \circ B \subseteq B$.

注记 6.3.14　每一个左 (右) 超理想都是双边超理想.

例 6.3.15　(1) 考虑定义在例 6.1.4(3) 中的半超群 $(H, \circ)$. 可知 $B = [0, t], 0 \leqslant t \leqslant 1$ 是 H 中的子半超群. 此外, 有

$$B \circ H \circ B = \left[0, \frac{t^2}{4}\right] \subseteq [0, t] = B.$$

因此 B 是 H 的双边超理想.

(2) 设 $H = \{a, b, c, d\}$ 是半超群, 满足以下超运算

$$x \circ y = \begin{cases} \{b, c\}, & (x, y) = (a, a), \\ \{b, d\}, & (x, y) \neq (a, a). \end{cases}$$

易证得 $\{b, d\}$ 是 H 的双边超理想.

在下面中, $(H, \circ)$ 用来表示带有纯量单位 1 且包含零元的半超群.

定义 6.3.16　设 $(H, \circ)$ 是半超群. 称 H 的右超理想 A 是纯右超理想, 如果对于任意 $x \in A$, 存在元素 $y \in A$, 使得 $x \in x \circ y$. 如果 A 是双边超理想且满足: 对任意的 $x \in A$, 则存在 $y \in A$, 使得 $x \in x \circ y$, 那么称 A 是纯右超理想. 左纯左超理想和纯左超理想可类似定义.

定义 6.3.17　设 $(H, \circ)$ 是半超群. 称 H 的右超理想 A 是右半纯右超理想, 如果对于任意 $x \in A$, 存在 $y \in A$ 属于 H 的某个真右超理想, 使得 $x \in x \circ y$. 如果 A 是双边超理想, 若对任意的 $x \in A$, 则存在 $y \in A$ 属于 H 的某个真右超理想, 使得 $x \in x \circ y$, 那么称 A 是半纯右超理想. 左半纯左超理想和半纯右超理想可类似定义.

例 6.3.18　设 $(H, \circ)$ 是在 $H = \{0, 1, x, y, z, t\}$ 上的半超群, 满足下列表格中的超运算 $\circ$.

$\circ$	0	x	y	z	t	1
0	0	0	0	0	0	0
x	0	$\{1, x\}$	$\{x, y, 1\}$	$\{0, 1, x, y\}$	H	x
y	0	$\{0, y\}$	y	$\{y, t, 1\}$	$\{0, 1, y, t\}$	y
z	0	z	$\{z, t\}$	z	$\{z, t\}$	z
t	0	$\{0, t\}$	$\{0, t\}$	$\{0, t\}$	$\{0, t\}$	t
1	0	x	y	z	t	1

易证得 $I_1 = \{0, t\}$ 和 $I_2 = \{0, z, t\}$ 是 H 的右纯右超理想.

例 6.3.19　设 $(H, \circ)$ 是在 $H = \{0, 1, a, b, c, d, e, f\}$ 上的半超群, 满足下列表格中的超运算 $\circ$.

∘	0	a	b	c	d	e	f	1
0	0	0	0	0	0	0	0	0
a	0	a	$\{a,b\}$	c	$\{c,d\}$	e	$\{e,f\}$	a
b	0	b	b	d	d	f	f	b
c	0	c	$\{c,d\}$	c	$\{c,d\}$	c	$\{c,d\}$	c
d	0	d	d	d	d	d	d	d
e	0	e	$\{e,f\}$	c	$\{c,d\}$	e	$\{e,f\}$	e
f	0	f	f	d	d	f	f	f
1	0	a	b	c	d	e	f	1

显然 $I_1 = \{0, d\}$, $I_2 = \{0, d, f\}$ 和 $I_3 = \{0, b, d, f\}$ 是 H 的右纯右超理想. 此外, $I_4 = \{0, c, d\}$ 是 H 的双边超理想, 这里的 H 是右 (左) 纯超理想. 而且, I_4 也是右半纯和左半纯超理想. $I_5 = \{0, c, d, e, f\}$ 也是 H 的双边超理想, 这里的 H 是右纯和左纯超理想.

例 6.3.20 设 $H = [0, 1]$. 那么 H 是满足超运算 $x \circ y = [0, xy]$ 的半超群. 设 $t \in [0, 1]$ 和 $T = [0, t]$. 那么 T 是子半超群. 而且 T 是 H 的双边超理想, 这里的 H 既不是右纯的也不是左纯的, 而是左半纯和右半纯的.

命题 6.3.21 设 A 是 H 的双边超理想, A 是右纯的当且仅当对于任意的右超理想 B, $B \cap A = B \circ A$.

证明 设 A 是 H 的右纯超理想. 因为 B 是 H 的右超理想, 即得 $B \circ A \subseteq B$. 又因为 A 是左超理想, 即得 $B \circ A \subseteq A$, 所以 $B \circ A \subseteq B \cap A$. 再设 $x \subseteq B \cap A$, 因为 A 是右纯超理想, 所以存在 $y \in A$ 使得 $x \in x \circ y$. 因为 $x \in B$ 和 $y \in A$, $x \circ y \subseteq B \circ A$, 所以 $x \subseteq B \circ A$. 这就表明 $B \cap A = B \circ A$.

反过来, 假设 $B \cap A = B \circ A$, 对于 H 的任意右超理想 B, 下证 A 是右纯的. 设 $x \in A$, 则有 $x \circ H = x \circ H \cap A = x \circ H \circ A \subseteq x \circ A$. 因为 $x \in x \circ H$, 所以 $x \in x \circ A$. 因此, 存在 $y \in A$ 使得 $x \in x \circ y$. 即可证得 A 是右纯超理想. ∎

推论 6.3.22 如果 A 是右纯超理想, 那么 $A = A \circ A$.

命题 6.3.23 (0) 和 H 是 H 的右纯超理想, 右纯 (半纯) 超理想的任意并集和有限交集是右纯的 (半纯的).

证明 (0) 和 H 显然是右纯超理想. 设 I_1 和 I_2 是右纯超理想, 再设 $x \in I_1 \cap I_2$. 因为 $x \in I_1$, I_1 是右纯的, 由此可得存在 $y_1 \in I_1$ 使得 $x \in x \circ y_1$. 同理存在 $y_2 \in I_2$, 使得 $x \in x \circ y_2$. 所以我们有 $x \in x \circ y_2 \subseteq (x \circ y_1) \circ y_2 = x \circ (y_1 \circ y_2)$. 再由 $y_1 \circ y_2 \subseteq I_1 \cap I_2$, 可得 $I_1 \cap I_2$ 是右纯的. 该命题的其他情况也可类似得证. ∎

由以上命题可得, 如果 I 是 H 的任意超理想, 则 I 包含最大的纯超理想, 即指包含 I 在内的所有纯超理想的并 (这样的超理想是存在的, 例如 (0)). 我们用 $L(I)$

来表示包含 I 在内的最大的纯超理想. 同理, 每一个超理想 I 包含最大的半纯超理想, 用 $H(I)$ 来表示. 此外称 $L(I)$ 是 I 的纯的 (半纯的) 部分.

定义 6.3.24   设 I 是 H 的右纯 (相应地, 半纯) 超理想. 那么 I 叫做极大纯的 (半纯) 的, 如果 I 是所有真的右纯 (半纯) 超理想中的极大元.

例 6.3.25   在例 6.3.19 中, $I_4 = \{0, c, d\}$, $I_5 = \{0, c, d, e, f\}$ 及 $I_6 = \{0, a, b, c, d, e, f\}$ 是半超群 H 的右纯超理想, 显然 I_6 是 H 的纯的极大超理想.

定义 6.3.26   设 I 是 H 的右纯 (半纯) 超理想. 那么 I 叫做纯素的 (半纯素的), 如果 I 是真的且对于任意的右纯 (半纯) 超理想 I_1 和 I_2, $I_1 \cap I_2 \subseteq I$ 推出 $I_1 \subseteq I$ 或 $I_2 \subseteq I$.

例 6.3.27   在例 6.3.19 中, 超理想 I_6 如上所述是 H 中纯素超理想.

以下命题同时表述了纯超理想和半纯超理想. 因为其他情况的证明都是类似的, 所以只给出了其中一种情况的证明.

命题 6.3.28   任意纯的 (半纯地) 极大超理想是纯素的 (半纯素的).

证明   假设 I 是纯极大的, I_1, I_2 是使得 $I_1 \cap I_2 \subseteq I$ 成立的右纯超理想. 假设 $I_1 \nsubseteq I$, 那么 $I_1 \cup I = H$. 则有

$$I_2 = I_2 \cap H = I_2 \cap (I_1 \cup I) = (I_2 \cap I_1) \cup (I_2 \cap I) \subseteq I \cup I = I. \qquad \blacksquare$$

命题 6.3.29   任意极大超理想的纯的 (半纯的) 部分是纯素的 (半纯素的).

证明   设 M 是 H 的极大超理想. 下证 M 的纯的部分 $L(M)$ 是纯素的. 假设 $I_1 \cap I_2 \subseteq L(M)$, 其中 I_1, I_2 是纯的. 如果 $I_1 \subseteq M$, 那么 $I_1 \subseteq L(M)$, 结论已成立. 假设 $I_1 \nsubseteq M$, 那么 $I_1 \cup M = H$. 则有

$$I_2 = I_2 \cap H = I_2 \cap (I_1 \cup M) = (I_2 \cap I_1) \cup (I_2 \cap M) \subseteq M \cup M = M.$$

因此, $I_2 \subseteq M$. 因为 I_2 是纯的, 所以 $I_2 \subseteq L(M)$. $\blacksquare$

命题 6.3.30   如果 I 是 H 的右纯 (半纯) 超理想, $a \notin I$, 那么一定存在纯素 (半纯素) 超理想 J, 使得 $I \subseteq J$ 和 $a \notin J$.

证明   考虑含有序关系的集合 X

$$X = \{J | J \text{ 是右半纯超理想}, I \subseteq J, a \notin J\}.$$

由 $I \subseteq X$ 得 $X \neq \varnothing$. 设 $(J_k)_{k \in K}$ 是 X 的全序子集. 显然 $\bigcup_k J_k$ 是半纯超理想, $a \notin \bigcup_k J_k$. 因此 X 是归纳序. 所以再由 Zorn 引理, X 有极大元 J. 即可表明 J 是半纯素的. 假设 I_1, I_2 是使得 $I_1 \nsubseteq J$ 和 $I_2 \nsubseteq J$ 成立的右半纯超理想, 因为 $I_k(k = 1, 2)$ 和 J 是半纯的, 于是就有 $I_k \cup J$ 是半纯超理想, 且 $J \subseteq I_k \cup J$. 那么 $a \in I_k \cup J (k = 1, 2)$. 因为如果 $a \notin I_k \cup J$, 由 J 的极大性得 $I_k \cup J \subseteq J$. 与假设 $I_k \nsubseteq J(k = 1, 2)$ 矛盾. 因此 $a \in (I_1 \cap I_2) \cup J$. 所以 $a \notin J$ 即得 $I_1 \cap I_2 \nsubseteq J$. 故由逆否命题可得 J 是半纯素的. $\blacksquare$

命题 6.3.31 设 I 是 H 的真的右纯 (半纯) 超理想, 那么在纯的 (半纯的) 极大超理想中包含 I.

证明 考虑含有序关系的集合 X

$$X = \{J | J \text{ 是真的右半纯超理想}, J \subseteq I\}.$$

由 $I \subseteq X$ 得 $X \neq \varnothing$. 设 $J \subseteq X$ 是真的超理想. 因此 X 中的任意元素的并仍然在 X 中, 即 X 仍然是归纳序. 由 Zorn 引理, X 有极大元 J, 任意包含 J 的真半纯超理想也包含 I, 故属于 X. 因为在 X 中 J 是极大的, 所以这样的一个超理想将是 J 本身. 故 J 是半纯极大的. ■

命题 6.3.32 设 I 是 H 的真的右纯 (半纯) 超理想. 那么 I 是 H 的包含 I 的纯素 (半纯素) 超理想的交.

证明 由命题 6.3.31 和命题 6.3.28, 存在集合

$$\{P_\alpha | P_\alpha \text{ 是一个包含 } I \text{ 的半纯素超理想}, \alpha \in \Lambda\}.$$

因此, $I \subseteq \bigcap_{\alpha \in \Lambda} P_\alpha$. 为证 $\bigcap_{\alpha \in \Lambda} P_\alpha \subseteq I$, 假设存在元素 x, 使得 $x \notin I$. 再由命题 6.3.30 知, 存在半纯素超理想 P_{α_0}, 使得 $I \subseteq P_{\alpha_0}$, 但由 $x \notin P_{\alpha_0}$ 可推出 $x \notin \bigcap_{\alpha \in \Lambda} P_\alpha$, 命题得证. ■

定义 6.3.33 设 A 是 H 的右超理想, 设 $\{K_\alpha | \alpha \in \Lambda\}$ 是包含 A 的右纯超理想构成的集合. 那么我们定义 $P(A) = \bigcap_{\alpha \in \Lambda} K_\alpha$ 并称它为 A 的纯超根. 注意到集合 $\{K_\alpha | K_\alpha \text{ 是包含 } A \text{ 的右纯超理想}\}$ 是非空的, 因为 H 本身也属于这个集合.

命题 6.3.34 设 $P(A)$ 是超理想 A 的纯超根, 以下表述都成立.

(1) $P(A)$ 是包含 A 的纯超理想或半纯超理想;

(2) $P(A)$ 包含于所有包含 A 的右纯超理想;

(3) 如果 P_α 是包含 A 的纯素超理想, 那么 $P(A) = \bigcap_\alpha P_\alpha$.

证明 (1) 如果设集合

$$\{K_\alpha | \alpha \in \Lambda, K_\alpha \text{ 是 } H \text{ 的包含 } A \text{ 的右纯超理想}\}$$

由 H 单独组成, 那么 $P(A) = H$. 因此, $P(A)$ 在这种情况下是纯的. 如果集合 $\{K_\alpha | K_\alpha \text{ 是包含 } A \text{ 的右纯超理想}\}$ 中仅有有限多个元素, 那么由命题 6.3.23 可知 $P(A)$ 是纯的. 一般情况下, $P(A)$ 是半纯的.

(2) 显然.

(3) 因为每一个纯超理想包含于一个纯的极大超理想 (命题 6.3.31), 每一个纯的极大超理想是纯素的 (命题 6.3.28), 所以集合 $\{P_\alpha | P_\alpha \text{ 是包含 } A \text{ 的纯素的}\}$ 是非空的. 因此由 (2) 就有以下结论 $P(A) \subseteq \bigcap_\alpha P_\alpha$. 下证 $\bigcap_\alpha P_\alpha \subseteq P(A)$. 为证 $\bigcap_\alpha P_\alpha \subseteq P(A)$, 假设 $x \notin P(A)$, 即有 $P(A) = \bigcap_\alpha K_\alpha$. 这里的每一个 K_α 是包含 A 的右纯超理想. 因此, 存在 α_0, 使得 $x \notin K_{\alpha_0}$. 所以 K_{α_0} 是包含 A 而不含 x 的真的纯超理想. 因此由命题 6.3.30 得, 存在纯素超理想 P_{α_0}, 使得 $A \subseteq K_{\alpha_0} \subseteq P_{\alpha_0}, x \notin P_{\alpha_0}$. 故 $x \notin \bigcap_\alpha P_\alpha$, 从而 $P_\alpha s$ 是包含 A 的纯素超理想. 从而可得 $P(A) = \bigcap_\alpha P_\alpha$. ■

定义 6.3.35　设 A 是 H 的超理想. 那么 $H(A)$ 是 A 的半纯部分, 即所有包含 A 的半纯超理想的并叫做 A 的半纯超自由根.

命题 6.3.36　对于所有的超理想 A, $H(A)$ 是半纯素超理想的交集.

证明　由命题 6.3.32 可得.　■

总体而言, $P(A)$ 和 $H(A)$ 是有区别的. 例如, 在例 6.3.19 中, 若 $A = \{0, d\}$, 那么 $P(A) = \{0, c, d\}$, $H(A) = \{0\}$.

6.4　素和半素超理想

定义 6.4.1　设 $(H, \circ)$ 是半超群. 称 H 是半单的, 如果对每个 $h \in H$, 存在 $x, y, z \in H$, 使得 $h \in x \circ h \circ y \circ h \circ z$.

引理 6.4.2　设 $(H, \circ)$ 是有单位元的半超群. 则下列条件等价:

(1) H 是半单的;

(2) 对 H 的所有超理想 A 和 B, $A \cap B = A \circ B$;

(3) 对 H 的所有超理想 A, $A = A \circ A$;

(4) 对所有的 $a \in H$, $\langle a \rangle = \langle a \rangle \circ \langle a \rangle$.

证明　(1) $\Rightarrow$ (2)　设 $a \in A \cap B$, 则 $a \in A, a \in B$. 由于 H 是半单的, 所以存在 $x, y, z \in H$, 使得

$$a \in x \circ a \circ y \circ a \circ z = (x \circ a \circ y) \circ (a \circ z) \subseteq A \circ B.$$

因此 $A \cap B \subseteq A \circ B$.

另一方面, 由于 A 和 B 都是 H 的超理想, 可以得到 $A \circ B \subseteq A$ 且 $A \circ B \subseteq B$, 那么 $A \circ B \subseteq A \cap B$. 因此 $A \cap B = A \circ B$.

(2) $\Rightarrow$ (3)　取 $B = A$, 则由假设 $A \cap A = A \circ A$ 可推出 $A = A \circ A$.

(3) $\Rightarrow$ (4)　显然可得.

(4) $\Rightarrow$ (1)　因为 $a \in \langle a \rangle = \langle a \rangle \circ \langle a \rangle$, 所以

$$a \in (H \circ a \circ H) \circ (H \circ a \circ H) = H \circ a \circ (H \circ H) \circ a \circ H \subseteq H \circ a \circ H \circ a \circ H.$$

由此可推出对任意的 $x, y, z \in H$, $a \in x \circ a \circ y \circ a \circ z$. 因此 H 是半单的.　■

定义 6.4.3　设 $(H, \circ)$ 是半超群.

(1) 称 H 的真超理想 I 为 H 的素超理想, 如果对 H 的所有超理想 A, B, 由 $A \circ B \subseteq I$ 可推出 $A \subseteq I$ 或 $B \subseteq I$.

(2) 称 H 的真超理想 I 为 H 的半素超理想, 如果对 H 的所有超理想 A, 由 $A \circ A \subseteq I$ 可推出 $A \subseteq I$.

定义 6.4.4 称半超群 H 的超理想 I 为不可约超理想, 如果对 H 的所有超理想 I_1, I_2, 由 $I_1 \cap I_2 = I$ 可推出 $I_1 = I$ 或 $I_2 = I$.

命题 6.4.5 半超群 H 的超理想 A 是素的当且仅当 A 是半素的且不可约.

证明 必要性 设 A 是 H 的素超理想. 显然 A 是半素的. 设 B, C 是 H 的超理想且 $B \cap C = A$. 由于 $B \circ C \subseteq B \cap C = A$ 且 A 是 H 的素超理想, 因此 $B \subseteq A$ 或 $C \subseteq A$. 另一方面, 因为 $B \cap C = A$, 所以 $A \subseteq B$ 且 $A \subseteq C$. 因此 $B = A$ 或 $C = A$.

充分性 设 A 是 H 的不可约半素超理想. 设 B, C 是 H 的任意超理想且 $B \circ C \subseteq A$. 由于 $(B \cap C) \circ (B \cap C) \subseteq B \circ C \subseteq A$ 且 A 是半素的, 所以 $B \cap C \subseteq A$. 但由于 $A \cup (B \cap C) = (A \cup B) \cap (A \cup C) = A$ 且 A 是不可约的, 可以得到 $A \cup B = A$ 或 $A \cup C = A$. 因此 $B \subseteq A$ 或 $C \subseteq A$. 故 A 是素的. ∎

命题 6.4.6 设 I 是 H 的超理想且 $a \in H, a \notin I$. 那么存在 H 的一个不可约超理想 A, 使得 $I \subseteq A$ 且 $a \notin A$.

证明 设 Ω 是 H 的所有包含 I 但不包含 "a" 的超理想的集合. 因为 $I \in \Omega$, 所以 Ω 非空. 集合 Ω 按照集合的包含形成偏序集. 由于 Ω 的所有全序子集有上界, 由 Zorn 引理, 存在一个极大元 $A \in \Omega$. 我们下证 A 是 H 的不可约超理想. 假设 C, D 是 H 的两个超理想且 $C \cap D = A$. 如果 $C, D \subset A$, 由 A 的极大性得到矛盾. 因此 $C = A$ 或 $D = A$, 故 A 是不可约的. ∎

下面的定理我们将描述怎样的半超群, 它的所有超理想都是半素的.

定理 6.4.7 设 H 是有单位元的半超群. 下列条件等价:

(1) H 是半单的;

(2) 对 H 的所有超理想 A, B, $A \cap B = A \circ B$;

(3) 对 H 的所有超理想 A, $A = A \circ A$;

(4) H 的任意超理想是半素的;

(5) H 的任意超理想是包含它的 H 的素超理想的交.

证明 $(1) \Leftrightarrow (2)$ 和 $(2) \Leftrightarrow (3)$ 由引理 6.4.2 得到.

$(3) \Rightarrow (4)$ 设 A 和 I 是 H 的超理想, 且 $A \circ A \subseteq I$. 由假设知 $A \circ A = A$, 因此 $A \subseteq I$. 故 H 的每个超理想是半素的.

$(4) \Rightarrow (5)$ 设 A 是 H 的超理想. 显然 A 包含在 H 的所有包含 A 的不可约超理想的交中. 如果 $a \notin A$, 则由命题 6.4.6 知存在一个 H 的包含 A 但不包含 a 的不可约超理想. 因此 A 是 H 的所有包含它的不可约超理想的交. 由假设 H 的每个超理想是半素的, 故 H 的每个超理想是 H 的所有包含它的不可约半素超理想的交. 由命题 6.4.5, H 的每个不可约半素超理想是素的. 因此, H 的每个超理想是 H 的包含它的素超理想的交.

$(5) \Rightarrow (3)$ 设 A 是 H 的真超理想. 则 $A \circ A$ 是 H 的超理想. 由假设,

$$A \circ A = \bigcap_\alpha \{A_\alpha | A_\alpha \text{ 是包含} A \circ A \text{ 的 } H \text{ 的素超理想}\}.$$

由此可推出对任意的 α, $A \circ A \subseteq A_\alpha$. 因为每个 A_α 是素的, 所以对任意 α, $A \subseteq A_\alpha$, 因此 $A \subseteq \bigcap_\alpha A_\alpha = A \circ A$. 但由于 $A \circ A \subseteq A$, 因此 $A \circ A = A$. ∎

下面的命题将说明在半单半超群下, 素超理想和不可约超理想是一致的.

命题 6.4.8 设 T 是半单半超群 H 的超理想. 则下列条件等价:

(1) T 是 H 的素超理想;

(2) T 是 H 的不可约超理想;

证明 (1) $\Rightarrow$ (2) 设 T 是 H 的素超理想, A, B 是 H 的任意超理想且 $A \cap B = T$. 则 $T \subseteq A$ 且 $T \subseteq B$. 由于 $A \circ B \subseteq A \cap B$, 可推出 $A \circ B \subseteq T$. 因为 T 是素的, 所以 $A \subseteq T$ 或 $B \subseteq T$. 因此 $A = T$ 或 $B = T$.

(2) $\Rightarrow$ (1) 设 T 是 H 的不可约超理想, A, B 是 H 的任意超理想且 $A \circ B \subseteq T$. 因为 H 是半单的, 所以 $A \cap B = A \circ B \subseteq T$. 故 $(A \cap B) \cup T = T$. 但由于 $(A \cap B) \cup T = (A \cup T) \cap (B \cup T)$, 因此 $(A \cup T) \cap (B \cup T) = T$. 因为 T 是不可约的, 所以 $A \cup T = T$ 或 $B \cup T = T$. 故 $A \subseteq T$ 或 $B \subseteq T$. ∎

定理 6.4.9 设 $(H, \circ)$ 是半超群. 则下列条件等价:

(1) H 的任意超理想是素的;

(2) H 是半单的且 H 的超理想集合是一个链.

证明 (1) $\Rightarrow$ (2) 设 H 的任意超理想是素的. 那么由定理 6.4.7 H 是半单的. 设 A, B 是 H 的超理想. 则 $A \circ B \subseteq A \cap B$, 由假设知 H 的任意超理想是素的, 故 $A \cap B$ 是素的. 因此 $A \subseteq A \cap B$ 或 $B \subseteq A \cap B$, 即 $A \subseteq B$ 或 $B \subseteq A$.

(2) $\Rightarrow$ (1) 设 H 是半单的且 H 的超理想的集合是一个链, A, B, C 是 H 的超理想且 $A \circ B \subseteq C$. 由于 H 是半单的, 故 $A \circ B = A \cap B$. 因为超理想的集合是一个链, 所以 $A \subseteq B$ 或 $B \subseteq A$. 因此 $A \subseteq C$ 或 $B \subseteq C$. ∎

例 6.4.10 设 $(S, \cdot)$ 是半群. 对任意的 $a, b \in S$, 如下定义 S 上的超运算 $\circ$.

$$a \circ b = \{a, b, a \cdot b\}.$$

容易验证 $(S, \circ)$ 是半超群. 如上半超群唯一的超理想是它本身. 因为 $S \circ S = S$, 所以 $(S, \circ)$ 是半单的.

例 6.4.11 设 $(S, \cdot, \leqslant)$ 是一个序半群. 对任意的 $a, b \in S$, 如下定义 S 上的超运算 $\circ$.

$$a \circ b = \{x \in S | x \leqslant a \cdot b\}.$$

容易验证 $\circ$ 具有结合律并且 $(S, \circ)$ 是半超群.

现在我们考虑满足如下乘法表和序关系的序半群 $S = \{a, b, c, d, e\}$.

∘	a	b	c	d	e
a	a	d	a	d	d
b	a	b	a	d	d
c	a	d	c	d	e
d	a	d	a	d	d
e	a	d	c	d	e

$\leqslant= \{(a,a),(a,c),(a,d),(a,e),(b,b),(b,d),(b,e),(c,c),(c,e),(d,d),(d,e),(e,e)\}.$

如下表定义超运算。

∘	a	b	c	d	e
a	a	$\{a,b,d\}$	a	$\{a,b,d\}$	$\{a,b,d\}$
b	a	b	a	$\{a,b,d\}$	$\{a,b,d\}$
c	a	$\{a,b,d\}$	$\{a,c\}$	$\{a,b,d\}$	$\{a,b,c,d,e\}$
d	a	$\{a,b,d\}$	a	$\{a,b,d\}$	$\{a,b,d\}$
e	a	$\{a,b,d\}$	$\{a,c\}$	$\{a,b,d\}$	$\{a,b,c,d,e\}$

则 $(S,\circ)$ 是半超群且 S 中仅有超理想 $\{a,b,d\}$ 和 S. 这两个超理想是幂等的. 因此 $(S,\circ)$ 是半单半超群, 并且它的两个超理想是素的.

例 6.4.12 考虑满足如下乘法表和序关系的序半群 $S=\{a,b,c,d\}$.

∘	a	b	c	d
a	a	a	a	a
b	a	a	a	a
c	a	a	b	a
d	a	a	b	b

$\leqslant= \{(a,a),(b,b),(c,c),(d,d),(a,b)\}.$

如下表定义 S 上的超运算。

∘	a	b	c	d
a	a	a	a	a
b	a	a	a	a
c	a	a	$\{a,b\}$	$\{a,b\}$
d	a	a	$\{a,b\}$	$\{a,b\}$

则 $(S,\circ)$ 是半超群且 $(S,\circ)$ 中的超理想是 $\{a\}$, $\{a,b\}$, $\{a,b,c\}$, $\{a,b,d\}$ 和 S. 没有超理想是素的或半素的. 但是真超理想 $\{a,b,c\}$ 和 $\{a,b,d\}$ 是不可约的.

例 6.4.13　考虑满足如下乘法表和序关系的序半群 $S = \{a, b, c, d\}$.

$\circ$	a	b	c	d
a	a	a	a	a
b	a	b	c	a
c	a	a	a	a
d	u	d	a	a

$$\leqslant = \{(a,a),(b,b),(c,c),(d,d),(a,b),(a,c),(a,d)\}.$$

如下表定义 S 上的超运算 $\circ$.

$\circ$	a	b	c	d
a	a	a	a	a
b	a	$\{a,b\}$	$\{a,c\}$	a
c	a	a	a	a
d	a	$\{a,d\}$	a	a

则 $(S, \circ)$ 是半超群且 $(S, \circ)$ 中的超理想是 $\{a\}, \{a,c\}, \{a,d\}, \{a,c,d\}$ 和 S. 超理想 $\{a,c,d\}$ 是素的且所有其他超理想既不是素的也不是半素的.

6.5　半超群同态

定义 6.5.1　设 $(H_1, \circ)$ 和 $(H_2, \star)$ 是半超群, 称映射 $f : H_1 \to H_2$ 为

(1) 同态或包含同态, 如果对任意的 $x, y \in H_1$, 有 $f(x \circ y) \subseteq f(x) \star f(y)$;

(2) 好 (强) 同态, 如果对任意的 $x, y \in H_1$, 有 $f(x \circ y) = f(x) \star f(y)$;

(3) 同构, 如果 f 是一对一映射且 f 是满的好同态. 若 f 同构, 则 H_1 与 H_2 同构, 记作 $H_1 \simeq H_2$.

例 6.5.2　设 $H_1 = \{a, b, c\}$ 和 $H_2 = \{0, 1, 2\}$ 是两个半超群, 其上的超运算为

$\circ$	a	b	c		$*$	0	1	2
a	a	H_1	H_1		a	0	H_2	H_2
b	H_1	b	b		b	H_2	1	1
c	H_1	b	c		c	H_2	1	$\{1,2\}$

设 $f : H_1 \to H_2$ 的作用方式为 $f(a) = 0, f(b) = 1, f(c) = 2$. 显然, f 是包含同态但不是好同态.

引理 6.5.3　　设 $(H_1, \circ)$ 和 $(H_2, \star)$ 是半超群, 映射 $f : H_1 \to H_2$ 是好同态, 则 $\mathrm{Im} f$ 是 H_2 的子超半群.

证明　　对任意的 $a, b \in H_1$, 有 $f(a) \star f(b) = f(a \circ b) \subseteq \mathrm{Im} f$. ■

运用简化的符号 $x_f = f^{-1}(f(x))$ 和 H_1 的非空子集 $A, A_f = f^{-1}(f(A)) = \cup\{x_f | x \in A\}$.

注意到一个包含同态的定义条件等价于

$$x \circ y \subseteq f^{-1}(f(x) \star f(y)).$$

对于一个包含同态, 显然有

$$(x \circ y)_f \subseteq f^{-1}(f(x) \star f(y)).$$

包含同态的定义条件对于集合是很重要的, 即设 A, B 是 H_1 的非空子集, 则

$$f(A \circ B) \subseteq f(A) \star f(B).$$

在上面的关系中, 令 $A = x_f, B = y_f$, 则

$$x_f \circ y_f \subseteq f^{-1}(f(x) \star f(y)),$$

且

$$(x_f \circ y_f)_f \subseteq f^{-1}(f(x) \star f(y)).$$

定义 6.5.4　　设 $(H_1, \circ)$ 和 $(H_2, \star)$ 是半超群, $f : H_1 \to H_2$ 是映射, 则对任意的 $x, y \in H_1$, 若满足以下类型 $n(n = 1, 2, 3, 4)$ 的条件, 就称为 $n(n = 1, 2, 3, 4)$ 型同态:

类型 1　　如果 $f^{-1}(f(x) \star f(y)) = (x_f \circ y_f)_f$;
类型 2　　如果 $f^{-1}(f(x) \star f(y)) = (x \circ y)_f$;
类型 3　　如果 $f^{-1}(f(x) \star f(y)) = x_f \circ y_f$;
类型 4　　如果 $f^{-1}(f(x) \star f(y)) = (x \circ y)_f = x_f \circ y_f$.

注意到 $x \circ y \subseteq (x \circ y)_f, x \circ y \subseteq x_f \circ y_f$, 则 $(x \circ y)_f \subseteq (x_f \circ y_f)_f, x_f \circ y_f \subseteq (x_f \circ y_f)_f$. 因此, 类型 1— 类型 4 同态都是包含同态, 既单又满的类型 1— 类型 4 同态都是同构. 的一对一同态通过类型 4 是一个同构.

命题 6.5.5　　设 $(H_1, \circ)$ 和 $(H_2, \star)$ 是半超群, A, B 是 H_1 的非空子集, $f : H_1 \to H_2$ 是映射, 则 $n(n = 1, 2, 3, 4)$ 型同态可以分别用如下类型条件等价刻画:

(1) 类型 1　　$f^{-1}(f(A) \star f(B)) = (A_f \circ B_f)_f$;
(2) 类型 2　　$f^{-1}(f(A) \star f(B)) = (A \circ B)_f$;
(3) 类型 3　　$f^{-1}(f(A) \star f(B)) = A_f \circ B_f$;
(4) 类型 4　　如果 $f^{-1}(f(A) \star f(B)) = (A \circ B)_f = A_f \circ B_f$.

证明　每一部分的证明可以通过集合理论直接讨论.

命题 6.5.6　设 $(H_1, \circ)$ 和 $(H_2, \star)$ 是半超群, $f : H_1 \to H_2$ 是映射, 如果

(1) f 是 4 型同态当且仅当 f 是 2 型和 3 型同态;

(2) 若 f 是 2 型或 3 型同态, 则 f 是 1 型同态.

证明　(1) 显然;

(2) 假设 $x, y \in H_1$, f 是 2 型同态, 则

$$(x \circ y)_f \subseteq (x_f \circ y_f)_f \subseteq f^{-1}(f(x) \star f(y)) = (x \circ y)_f.$$

同理, 如果 f 是 3 型同态, 则

$$(x_f \circ y_f) \subseteq (x_f \circ y_f)_f \subseteq f^{-1}(f(x) \star f(y)) = x_f \circ y_f.$$

因此, 在任何一种情况下, f 是 1 型同态. 综上, (2) 成立 (图 6.1).

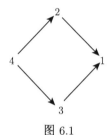

图 6.1

如果同态是满射, 则 1 型或 2 型同态关于同态的定义条件很容易被简化.

命题 6.5.7　设 $(H_1, \circ)$ 和 $(H_2, \star)$ 是半超群, $f : H_1 \to H_2$ 是满射, 则对任意的 $x, y \in H_1$,

(1) f 是 1 型同态当且仅当 $f(x_f \circ y_f) = f(x) \star f(y)$;

(2) f 是 2 型同态当且仅当 $f(x \circ y) = f(x) \star f(y)$.

证明　显然成立.

推论 6.5.8　设 $(H_1, \circ)$ 和 $(H_2, \star)$ 是半超群, A, B 是 H_1 的非空子集, $f : H_1 \to H_2$ 是满射, 则

(1) 若 f 是 1 型同态, 则 $f(A_f \circ B_f) = f(A) \star f(B)$;

(2) 若 f 是 2 型同态, 则 $f(A \circ B) = f(A) \star f(B)$.

例 6.5.9　考虑 $H_1 = \{0, 1, 2\}$ 和 $H_2 = \{a, b\}$, 其上的超运算为

$\circ$	0	1	2
0	0	$\{0,1\}$	$\{0,2\}$
1	$\{0,1\}$	1	$\{1,2\}$
2	$\{0,2\}$	$\{1,2\}$	2

$*$	a	b
a	a	$\{a,b\}$
b	$\{a,b\}$	b

假设 $f: H_1 \to H_2$ 的作用方式为 $f(0) = f(1) = a, f(2) = b$. 则 f 是 4 型好同态.

设 H 是半超群, ρ 是 H 的一个等价关系, 用 $x_\rho, \overline{x}$ 或 $\rho(x)$ 表示 $x \in H$ 的等价类. 一般来说, 如果 A 是 H 的一个非空子集, 则 $A_\rho = \cup\{x_\rho | x \in A\}$.

设 H/ρ 表示 ρ 等价类的 $\{x_\rho | x \in A\}$ 的族, 定义 H/ρ 上的超运算 $\otimes$ 为

$$x_\rho \otimes y_\rho = \{z_\rho | z_\rho \in x_\rho \circ y_\rho\},$$

其中 $x, y \in H$. 结构 $(H/\rho, \otimes)$ 被称为商结构. 注意到在 $\otimes$ 的定义中, 条件 $z \in x_\rho \circ y_\rho$ 可以替换为 $z \in (x_\rho \circ y_\rho)_\rho$ 或 $z_\rho \subseteq (x_\rho \circ y_\rho)_\rho$. 显然, $\cup(x_\rho \otimes y_\rho) = (x_\rho \circ y_\rho)_\rho$.

命题 6.5.10 设 $(H, \circ)$ 是半超群, 则 $(H/\rho, \otimes)$ 是半超群当且仅当对任意的 $x, y, z \in H$,

$$((x_\rho \circ y_\rho)_\rho \circ z_\rho)_\rho = (x_\rho \circ (y_\rho \circ z_\rho)_\rho)_\rho.$$

证明 在 H/ρ 中, 有 $(x_\rho \otimes y_\rho) \otimes z_\rho = \{u_\rho | u \in x_\rho \circ y_\rho\} \otimes z_\rho$
$$= \{t_\rho | t \in u_\rho \circ z_\rho, u \in x_\rho \otimes y_\rho\}$$
$$= \{t_\rho | t \in (x_\rho \circ y_\rho)_\rho \circ z_\rho\}.$$

同理, $(x_\rho \otimes y_\rho) \otimes z_\rho = \{t_\rho | t \in x_\rho \circ (y_\rho \circ z_\rho)_\rho\}$. ∎

定义 6.5.11 设 ρ 是半超群 $(H, \circ)$ 上的等价关系, ρ 称为 $i(i = 1, 2, 3, 4)$ 型等价关系, 若对任意的 $x, y \in H$, ρ 满足以下四种类型条件:

类型 1 H/ρ 是半超群;

类型 2 $x_\rho \circ y_\rho \subseteq (x \circ y)_\rho$;

类型 3 $(x \circ y)_\rho \subseteq x_\rho \circ y_\rho$;

类型 4 $x_\rho \circ y_\rho = (x \circ y)_\rho$.

命题 6.5.12 设 ρ 是半超群 $(H, \circ)$ 上的等价关系, 则

(1) ρ 是 4 型的当且仅当 ρ 是 2 型和 3 型的;

(2) 如果 ρ 是 2 型或 3 型的, 则 ρ 是 1 型的.

证明 (1) 显然.

(2) 设 $x, y, z \in H$, 假设 ρ 是 2 型的, 则可得到

$$((x_\rho \circ y_\rho)_\rho \circ z_\rho)_\rho = ((x \circ y) \circ z)_\rho$$

和

$$((x_\rho \circ y_\rho)_\rho \circ z_\rho)_\rho = (x \circ (y \circ z))_\rho.$$

假设 ρ 是 3 型的, 则可得到

$$((x_\rho \circ y_\rho)_\rho \circ z_\rho)_\rho = (x_\rho \circ y_\rho) \circ z_\rho$$

和

$$((x_\rho \circ y_\rho)_\rho \circ z_\rho)_\rho = x_\rho \circ (y_\rho \circ z_\rho).$$

因此, 在任何一种情况下, 应用性质 6.5.10 知, H/ρ 是半超群, 因此 ρ 是 1 型的, 故 (2) 成立. ∎

定理 6.5.13　设 $(H_1, \circ)$ 和 $(H_2, \star)$ 是半超群, $f: H_1 \to H_2$ 是满射, H_1 上的由 f 决定的等价关系也记为 f, 如果它的等价类由集合 $\{x_f | x \in H_1\}$ 组成. 则取 $n = 1, 2, 3, 4$, f 是 H_1 上 n 型的等价关系, H_1/f 到 H_2 是标准同构当且仅当 f 是 n 型同态.

证明　设 $n = 1$. 假设 f 是 1 型的同态, 由性质 6.5.10 可知, f 是 H_1 上 1 型的等价关系. 设 $x, y, z \in H_1$, 由推论 6.5.8(1) 知,

$$\begin{aligned}
((x_f \circ y_f)_f \circ z_f)_f &= f^{-1}(f((x_f \circ y_f) \circ z_f)) \\
&= f^{-1}(f(x_f \circ y_f) \star f(z)) \\
&= f^{-1}(f(x) \star f(y) \star f(z)).
\end{aligned}$$

同理, 我们可以得到, $(x_f \circ (y_f \circ z_f)_f)_f = f^{-1}(f(x) \star f(y) \star f(z))$. 因此, f 是 1 型的一个等价关系. 标准同态 $\theta: H_1/f \to H_2$ 的作用方式为, 对任意的 $x \in H_1, \theta(x_f) = f(x)$. 显然 θ 是有定义且是一一对应的, 而且, 对任意 $x, y \in H_1$,

$$\theta(x_f \otimes y_f) = \theta(\{z_f | z \in x_f \circ y_f\}) = \{f(z) | z \in x_f \circ y_f\} = f(x_f \circ y_f)$$

和

$$\theta(x_f) \star \theta(y_f) = f(x) \star f(y).$$

因此, 由性质 6.5.7(1) 知, H_1/f 到 H_2 是标准同构当且仅当 f 是 1 型的同态, 则定理在 $n = 1$ 的类型下成立.

现在, 设 $n > 1$, 如果 f 是 n 型下的同态, 则由性质 6.5.6 和当 $n = 1$ 时的定理可知, H_1/f 到 H_2 是标准同构. 另一方面, 如果 H_1/f 到 H_2 是标准同构, 则上面关系中, 对任意 $x, y \in H$, 则 $f^{-1}(f(x) \star f(y)) = (x_f \circ y_f)_f$. 因此, 当 $n = 2, 3, 4$ 时, f 是 n 型等价关系当且仅当 f 是 n 型同态. ∎

推论 6.5.14　设 $(H_1, \circ)$ 是半超群, θ 是半超群 H 上的等价关系, $\theta: H \to H/\theta$ 是标准映射, 则当 $n = 1, 2, 3, 4$ 时, θ 是 n 型等价关系当且仅当 H/θ 是半超群且 θ 是 n 型同态.

证明　通过定理 6.5.13 知, 如果 θ 是 1, 2, 3, 或 4 型等价关系, 则 H/θ 是半超群. 注意到 $\theta(x) = x_\theta, x \in H$, 是 H/θ 的一个元素, $\theta^{-1}(\theta(x)) = x_\theta$ 是 H 的一个子集. 这种相容性可以应用于定理 6.5.13 即得推论. ∎

定义 6.5.15　设 $(H, \circ)$ 是半超群, $x, y \in H$, 称 x 和 y 是运算等价或 o-等价的, 如果 $x \circ a = y \circ a$ 且 $a \circ x = a \circ y$, 其中 $a \in H$. 称元素 x 和 y 是不可分的或 i-等

价的, 如果 $x \in a \circ b$ 当且仅当 $y \in a \circ b$, $a,b \in H$. 同时, 称 x 和 y 是本质不可分的或 e-等价的, 如果它们既是运算等价的, 又是不可分的.

显然, 关系 o-等价、i-等价和 e-等价分别记为 o, i 和 e 都是半超群 H 上的等价关系, 对任意的 $x \in H$, x 的 o-、i-和 e-等价类分别记作 x_0, x_i 和 x_e.

命题 6.5.16 设 $(H, \circ)$ 是半超群, $x, y \in H$.

(1) $x_o \circ y_o = x \circ y$, o-等价是 2 型等价关系;

(2) $(x \circ y)_i = x \circ y$, i-等价是 3 型等价关系;

(3) $x_e = x_o \cap x_i$, $x_e \circ y_e = (x \circ y)_e = x \circ y$, e-等价是 4 型等价关系.

证明 由定义直接可得. ∎

推论 6.5.17 设 H 是半超群, $H/o, H/i, H/e$ 是半超群, 则 H 到 $H/o, H/i, H/e$ 的标准映射分别是 $2, 3, 4$ 型同态.

定义 6.5.18 在半超群 H 上, 对任意的 $x \in H, x_o = x, x_i = x$, 或 $x_e = x$ 分别称为 o-约化, i-约化, 或 e-约化. 一个 e-约化半超群简称为约化.

例 6.5.19 设 $H_1 = \{a, b, c, d\}$, 其上的超运算 $\circ$ 为

$\circ$	a	b	c	d
a	$\{a,b\}$	$\{a,b\}$	$\{c,d\}$	$\{c,d\}$
b	$\{a,b\}$	$\{a,b\}$	$\{c,d\}$	$\{c,d\}$
c	$\{c,d\}$	$\{c,d\}$	a	b
d	$\{c,d\}$	$\{c,d\}$	b	a

易验证 $(H, \circ)$ 是半超群, o-等价类为 $\{a,b\}, c, d$, 而 i-等价类为 $a, b, \{c,d\}$. 因此, e-等价类是所有单个元素, 即 H 是 e-约化的.

命题 6.5.20 设 $(H, \circ), (H, \star)$ 和 $(H, \bullet)$ 是半超群, 对 $n = 1, 2, 3, 4$, 设 f 是 H_1 到 H_2 的 n 型满同态, g 是 H_2 到 H_3 的 n 型满同态, 则 gf 是 H_1 到 H_3 的 n 型同态.

证明 设 $x, y \in H_1$, 首先考虑 $z \in H_1$,

$$z_{gf} = f^{-1} g^{-1} g f(z) = f^{-1}(f(z)_g).$$

设 $n = 1$, 通过上面的关系可以得到

$$gf(x_{gf} \circ y_{gf}) = gf(f^{-1}(f(x)_g) \circ f^{-1}(f(y)_g)).$$

因为 f 是满的, 由**推论 6.5.8**(1) 知,

$$gf(f^{-1}(f(x)_g) \circ f^{-1}(f(y)_g)) = g(f(x)_g \star f(y)_g).$$

又由性质 6.5.7(1) 知,

$$g(f(x)_g \star f(y)_g) = gf(x) \cdot gf(y).$$

因此, 通过上面关系和性质 6.5.7(1) 知 gf 是 1 型同态.

设 $n = 2$. 证明过程与上面的证明类似.

设 $n = 3$, 因为 g 是 3 型同态,

$$f^{-1}g^{-1}(gf(x) \cdot gf(y)) = f^{-1}(f(x)_g \star f(y)_g).$$

又因为 f 是满的, 由性质 6.5.5(3) 知,

$$f^{-1}(f(x)_g \star f(y)_g) = f^{-1}(f(x)_g) \circ f^{-1}(f(y)_g).$$

那么

$$f^{-1}(f(x)_g) \circ f^{-1}(f(y)_g) = x_{gf} \circ y_{gf}.$$

因此, 通过上面的关系, 我们可得到 gf 是 3 型同态.

设 $n = 4$, 通过性质 6.5.6(1) 知, gf 是在 4 型同态. ∎

对于任意的 a, b, 定义 $a/b = \{x | a \in x \circ b\}$ 且 $b \backslash a = \{y | a \in b \circ y\}$.

定义 6.5.21 设 $(H_1, \circ)$ 和 $(H_2, \star)$ 是半超群, $f: H_1 \to H_2$ 是映射, 称 f 是 5 型同态, 如果对所有的 $x, y \in H_1$, f 是好同态, 且

(1) $f(x/y) = f(x/f^{-1}(f(y)))$,

(2) $f(y \backslash x) = f(f^{-1}(f(y)) \backslash x)$;

称 f 是 6 型同态, 如果对所有的 $x, y \in H_1$, f 是好同态, 且

(3) $f(x/f^{-1}(f(y))) = f(x)/f(y)$,

(4) $f(f^{-1}(f(y)) \backslash x) = f(y) \backslash f(x)$;

称 f 是 7 型同态, 如果对所有的 $x, y \in H_1$, f 是好同态, 且

(5) $f(x/y) = f(x)/f(y)$,

(6) $f(y \backslash x) = f(y) \backslash f(x)$.

定理 6.5.22 设 $f: H_1 \to H_2$ 是 7 型同态, 则 f 是 4 型同态.

证明 一般情况下, 如果 f 是包含同态, 则对任意的 $x, y \in H_1$,

$$f^{-1}(f(x)) \circ f^{-1}(f(y)) \subseteq f^{-1}(f(x) \star f(y)).$$

设 f 是 7 型同态, 假设 $z \in f^{-1}(f(x) \star f(y))$, 则 $f(z) \in f(x) \star f(y)$, 即可得到 $f(y) \in f(x)/f(z)$, 因此 $f(y) \in f(x/z)$. 则存在 $y' \in x/z$, 使得 $f(y) = f(y')$, 所以 $z \in x \circ y' \subseteq f^{-1}(f(x)) \circ f^{-1}(f(y'))$. 因此, $f^{-1}(f(x) \star f(y)) \subseteq f^{-1}(f(x)) \circ f^{-1}(f(y))$. ∎

定理 6.5.23　设 $f: H_1 \to H_2$ 是 4 型满同态, 则 f 是 6 型同态.

证明　我们知道 4 型满同态是好同态. 假设 $u \in f(z)/f(x)$. 则存在 y, 使得 $f(y) = u$, 因此 $f(z) \in f(y) \star f(x)$. 所以 $z \in f^{-1}(f(y) \star f(x)) = f^{-1}(f(y)) \circ f^{-1}(f(x))$, 则存在 a, b 使得 $z \in a \circ b$, 其中 $a \in f^{-1}(f(y)), b \in f^{-1}(f(x))$, 因此 $f(y) = f(a), f(x) = f(b), u = f(a) \in f(z/b) \subseteq f(z/f^{-1}(f(x)))$. 因此, $f(z)/f(x) \subseteq f(z/f^{-1}(f(x)))$. 这里的反包含自然是成立的. 类似地, 我们可证明 $f(f^{-1}(f(y))/x) = f(y)/f(x)$. ∎

6.6　正则关系和强正则关系

设 $(H, \circ)$ 是半超群, ρ 是 H 上的等价关系. 如果 A 和 B 是 H 的非空子集合, 如下定义关系 $\overline{\rho}, \overline{\overline{\rho}}$,

$$A \overline{\rho} B \iff (\forall a \in A, \exists b \in B)\, a\rho b \wedge (\forall b' \in B, \exists a' \in A)\, a'\rho b',$$

$$A \overline{\overline{\rho}} B \iff (\forall a \in A, \forall b \in B)\, a\rho b.$$

定义 6.6.1　称等价关系 ρ 为

(1) 右 (左) 正则的, 如果对于 H 的任意元素 x, 由 $a\rho b$ 得 $(a \circ x)\overline{\rho}(b \circ x)$(相应地$(x \circ a)\overline{\rho}(x \circ b)$);

(2) 右(左)强正则的, 如果对于 H 的任意元素 x, 由 $a\rho b$ 得 $(a \circ x)\overline{\overline{\rho}}(b \circ x)$(相应地 $(x \circ a)\overline{\overline{\rho}}(x \circ b)$);

(3) 正则的 (强正则的), 如果它既是左正则的, 又是右正则的 (既是强左正则的, 又是强右正则的).

定理 6.6.2　设 $(H, \circ)$ 是半超群, ρ 是 H 上的等价关系.

(1) 关于以下超运算: $\overline{x} \otimes \overline{y} = \{\overline{z} | z \in x \circ y\}$, 如果 ρ 是正则的, 那么 H/ρ 是半超群.

(2) 如果以上超运算在 H/ρ 上有定义, 那么 ρ 是正则的.

证明　(1) 首先验证一下超运算 $\otimes$ 在 H/ρ 上有定义. 考虑 $\overline{x} = \overline{x_1}$ 和 $\overline{y} = \overline{y_1}$. 进而验证 $\overline{x} \otimes \overline{y} = \overline{x_1} \otimes \overline{y_1}$. 则有 $x\rho x_1$ 和 $y\rho y_1$. 因为 ρ 是正则的, 由 $(x \circ y)\overline{\rho}(x_1 \circ y)$, $(x_1 \circ y)\overline{\rho}(x_1 \circ y_1)$ 得 $(x \circ y)\overline{\rho}(x_1 \circ y_1)$. 因此对于任意 $z \in x \circ y$, 一定存在 $z_1 \in x_1 \circ y_1$, 使得 $z\rho z_1$, 即 $\overline{z} = \overline{z_1}$. 由此可得 $\overline{x} \otimes \overline{y} \subseteq \overline{x_1} \otimes \overline{y_1}$, 同理可证反包含. 接下来验证 $\otimes$ 满足结合律. 设 $\overline{x}, \overline{y}, \overline{z}$ 是 H/ρ 上的任意元素, $\overline{u} \in (\overline{x} \otimes \overline{y}) \otimes \overline{z}$. 则存在 $\overline{v} \in (\overline{x} \otimes \overline{y})$, 使得 $\overline{u} \in (\overline{v} \otimes \overline{z})$. 换句话说, 即存在 $v_1 \in (x \circ y)$ 和 $u_1 \in (v \circ z)$, 使得 $v\rho v_1$ 和 $u\rho u_1$. 因为 ρ 是正则的, 所以存在 $u_2 \in v_1 \circ z \subseteq x \circ (y \circ z)$, 使得 $u_1\rho u_2$. 从而, 存在 $u_3 \in y \circ z$, 使得 $u_2 \in x \circ u_3$. 则有 $\overline{u} = \overline{u_1} = \overline{u_2} \in \overline{x} \otimes \overline{u_3} \subseteq \overline{x} \otimes (\overline{y} \otimes \overline{z})$. 由此可得 $(\overline{x} \otimes \overline{y}) \otimes \overline{z} \subseteq \overline{x} \otimes (\overline{y} \otimes \overline{z})$. 同理可证得反包含.

(2) 设 $a\rho b$, x 是 H 中的任意元素, $u \in a \circ x$, 那么 $\overline{u} \in \overline{a} \otimes \overline{x} = \overline{b} \otimes \overline{x} = \{\overline{v}|v \in b \circ x\}$. 因此, 存在 $v \in b \circ x$, 使得 $u\rho v$. 从而 $(a \circ x)\overline{\rho}(b \circ x)$. 同理可证得 ρ 是左正则的. ■

推论 6.6.3   如果 $(H,\circ)$ 是超群, ρ 是 H 上的等价关系, 那么 ρ 是正则的当且仅当 $(H/\rho, \otimes)$ 是超群.

证明   如果 H 是超群, 那么对于 H 的任意元素 x, 都有 $H \circ x = x \circ H = H$, 从而可得 $H/\rho \otimes \overline{x} = \overline{x} \otimes H/\rho = H/\rho$. 根据定理 6.6.2 可得 $(H/\rho, \otimes)$ 是超群.

注意如果 ρ 在半超群 $(H,\circ)$ 上是正则的. 那么标准投影 $\pi: H \longrightarrow H/\rho$ 是一个好的满同态. 事实上, 对于任意的 $x, y \in H$, $\overline{z} \in \pi(x \circ y)$, 总存在 $z' \in x \circ y$, 使得 $\overline{z} = \overline{z'}$. 则有 $\overline{z} = \overline{z'} \in \overline{x} \otimes \overline{y} = \pi(x) \otimes \pi(y)$. 相反, 如果 $\overline{z} \in \pi(x) \otimes \pi(y) = \overline{x} \otimes \overline{y}$, 则存在 $z_1 \in x \circ y$, 使得 $\overline{z} = \overline{z_1} \in \pi(x \circ y)$. ■

定理 6.6.4   如果 $(H,\circ)$ 和 $(K,\star)$ 是半超群, $f: H \longrightarrow K$ 是一个好同态, 定义 $x\rho^f y \Longleftrightarrow f(x) = f(y)$, 那么 ρ^f 是正则的且 $\varphi: f(H) \longrightarrow H/\rho^f$ 是同构, 其中 $\varphi(f(x)) = \overline{x}$.

证明   设 $h_1\rho^f h_2$, 对任意的 $a \in H$. 如果 $u \in h_1 \circ a$, 那么

$$f(u) \in f(h_1 \circ a) = f(h_1) \star f(a) = f(h_2) \star f(a) = f(h_2 \circ a).$$

因此, 存在 $v \in h_2 \circ a$, 使得 $f(u) = f(v)$, 即 $u\rho^f v$. 所以 ρ^f 是右正则的. 同理可证得 ρ^f 是左正则的. 另一方面, 对于 $f(H)$ 中所有的 $f(x)$, $f(y)$, 都有

$$\varphi(f(x) \star f(y)) = \varphi(f(x \circ y)) = \{\overline{z}|z \in x \circ y\} = \overline{x} \otimes \overline{y} = \varphi(f(x)) \otimes \varphi(f(y)).$$

而且, 如果 $\varphi(f(x)) = \varphi(f(y))$, 那么 $x\rho^f y$, 显然 φ 既是单的又是满的. 最后对于 H/ρ^f 中的所有元素 $\overline{x}, \overline{y}$ 都有

$$\varphi^{-1}(\overline{x} \otimes \overline{y}) = \varphi^{-1}(\{\overline{z}|z \in x \circ y\}) = \{f(z)|z \in x \circ y\}$$
$$= f(x \circ y) = f(x) \star f(y) = \varphi^{-1}(\overline{x}) \star \varphi^{-1}(\overline{y}).$$

因此, φ 是同构. ■

定理 6.6.5   设 $(H,\circ)$ 是半超群, ρ 是 H 上的等价关系.

(1) 如果 ρ 是强正则的, 定义运算 $\overline{x} \otimes \overline{y} = \overline{z}$, 其中 $z \in x \circ y$, 那么 H/ρ 是半群.

(2) 如果以上超运算在 H/ρ 上有定义, 那么 ρ 是强正则的.

证明   (1) 对任意的 $x, y \in H$, 有 $(x \circ y)\overline{\overline{\rho}}(x \circ y)$. 因此 $\overline{x} \otimes \overline{y} = \{\overline{z}|z \in x \circ y\} = \{\overline{z}\}$, 即 $\overline{x} \otimes \overline{y}$ 中正好有一个元素. 因此 $(H/\rho, \otimes)$ 是半群.

(2) 设 $a\rho b$, x 是 H 上的任意元素, 验证 $(a \circ x)\overline{\overline{\rho}}(b \circ x)$. 事实上对于所有的 $u \in a \circ x$ 和 $v \in b \circ x$, 都有 $\overline{u} = \overline{a} \otimes \overline{x} = \overline{b} \otimes \overline{x} = \overline{v}$, 即 $u\rho v$. 因此 ρ 是右强正则的. 同理可证得 ρ 是左强正则的. ■

定理 6.6.6 如果 $(H, \circ)$ 是半超群, $(S, \star)$ 是半群, $f : H \longrightarrow S$ 是一个好同态, 那么与 f 相关的等价关系 ρ^f 是强正则的.

证明 设 $a\rho^f b, x \in H, u \in a \circ x$. 由此可得

$$f(u) = f(a) \star f(x) = f(b) \star f(x) = f(b \circ x).$$

因此, 对于所有的 $v \in b \circ x$, 总有 $f(u) = f(v)$, 即 $u\rho^f v$. 因此 ρ^f 是右强正则的. 同理可证得 ρ^f 是左强正则的. ∎

设 α 是从半超群 $(H, \circ)$ 到另一个半超群 $(H', \star)$ 的好同态, $\alpha^{-1} \circ \alpha$ 是 H 上的等价关系 ρ, 即

$$a\rho b \Longleftrightarrow \alpha(a) = \alpha(b).$$

这个关系 ρ 叫做 α 的核. 与 ρ 相关的自然映射 $\varphi : H \longrightarrow H/\rho$, 其中 $\varphi(a) = \rho(a)$. 映射 $\psi : H/\rho \longrightarrow H'$, 其中 $\psi(\rho(a)) = \alpha(a)$ 是使得图 6.2 可交换的唯一的好同态.

图 6.2

定理 6.6.7 设 α_1 和 α_2 是从半超群 $(H, \star)$ 分别到半超群 $(H_1, \star_1)$ 和半超群 $(H_2, \star_2)$ 的好同态, 使得 $\alpha_1^{-1} \circ \alpha_1 \subseteq \alpha_2^{-1} \circ \alpha_2$. 则存在唯一的好同态 $\theta : H_1 \longrightarrow H_2$, 使得 $\theta \circ \alpha_1 = \alpha_2$, 即图 6.3 可换.

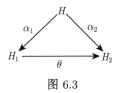

图 6.3

证明 设 $a_1 \in H_1$, 元素 $a \in H$, 使得 $\alpha_1(a) = a_1$. 定义 $\theta(a_1) = \alpha_2(a)$. 这是单值的. 因为如果 $\alpha_1(b) = a_1 (b \in H)$, 所以有 $(a, b) \in \alpha_1^{-1} \circ \alpha_1 \subseteq \alpha_2^{-1} \circ \alpha_2$, 使得 $\alpha_2(a) = \alpha_2(b)$. 显然 $\theta \circ \alpha_1 = \alpha_2$. 由下式可断定 θ 是一个好同态.

$$\theta(\alpha_1(a) \star_1 \alpha_1(b)) = \theta(\alpha_1(a \star b)) = \alpha_2(a \star b)$$
$$= \alpha_2(a) \star_2 \alpha_2(b) = \theta(\alpha_1(a)) \star_2 \theta(\alpha_1(b)).$$

θ 的唯一性是显然的, 因为如果 θ 满足 $\theta \circ \alpha_1 = \alpha_2$, θ 只能如上定义. ∎

定理 6.6.8 设 $(H, \star)$ 和 $(H', \star')$ 是两个半超群, $\alpha : H \longrightarrow H'$ 是一个好同态, 那么 $\rho = \ker \alpha$ 是正则关系, 并且存在一个好同态 $f : H/\rho \longrightarrow H'$, 使得 $f \circ \varphi = \alpha$.

证明   设 $a\rho b$, 对于任意 $c \in H$ 都有

$$\alpha(a \star c) = \alpha(a) \star' \alpha(c) = \alpha(b) \star' \alpha(c) = \alpha(b \star c).$$

因此, 对于所有的 $x \in a \star c$, 总存在 $y \in b \star c$, 使得 $\alpha(x) = \alpha(y)$, 故 $x\rho y$. 因此 ρ 是 H 上的正则关系.

现在假设 $\rho(a) \in H/\rho$ 并且定义 $f(\rho(a)) = \alpha(u)$. 即可注意到如果 $b \in \rho(a)$, 那么 $\alpha(a) = \alpha(b)$. 所以 f 是有定义的. 而且 f 是好同态. 因为如果 $\rho(a), \rho(b) \in H/\rho$, 则有

$$
\begin{aligned}
f(\rho(a) \odot \rho(b)) &= f(\{\rho(z)|z \in a \star b\}) \\
&= \{\alpha(z)|z \in a \star b\} \\
&= \alpha(a \star b) \\
&= \alpha(a) \star' \alpha(b) \\
&= f(\rho(a)) \star' f(\rho(b)),
\end{aligned}
$$

故 f 是好同态.   ■

定理 6.6.9   如果 ρ_1 和 ρ_2 是半超群 H 上的强正则关系, 满足 $\rho_1 \subseteq \rho_2$, 那么存在一个从 H/ρ_1 到 H/ρ_2 的好同态.

证明   设 $\pi_1 : H \longrightarrow H/\rho_1, \pi_2 : H \longrightarrow H/\rho_2$ 都是标准同态. 因为 $\rho_1 = \pi_1^{-1} \circ \pi_1$, $\rho_2 = \pi_2^{-1} \circ \pi_2$ 满足定理 6.6.7 中的假设, 故从 H/ρ_1 到 H/ρ_2 有一个好同态.   ■

引理 6.6.10   设 I 是半超群 $(H, \star)$ 的超理想. 考虑如下定义在 H 上的 Rees 关系

$$a\rho b \Longleftrightarrow a = b \text{ 或者 } a, b \in I.$$

那么 ρ 是 H 上的强正则关系.

证明   显然 ρ 是等价关系. 现假设 $x\rho y, a \in H$. 因为 $x, y \in I$, 所以有 $x \star a \subseteq I, y \star a \subseteq I$, 因此对于所有的 $u \in x \star a, v \in y \star a$ 都有 $u\rho v$. 如果 $x = y$, 那么 $x \star a = y \star a$, 并且由 $u \in x \star a$ 可得 $(u, u) \in \rho$. 因此 ρ 是 H 上的强右正则关系.   ■

定理 6.6.11   设 A 是半超群 $(H, \star)$ 中的超理想, B 是半超群 $(H, \star)$ 中的子半超群. 那么 $A \cap B$ 是 B 的超理想, $A \cup B$ 是 H 的子半超群, 则一定存在从 $B/(A \cap B)$ 到 $(A \cup B)/A$ 的包含同态.

证明   因为

$$(A \cup B)^2 = A^2 \cup A \star B \cup B \star A \cup B^2 \in \mathcal{P}^*(A \cup B),$$

由此说明 $A \cup B$ 是 H 的子半超群, 显然 $A \cap B$ 是 B 的超理想, 并且 A 是 $A \cup B$ 的超理想. 因此我们就可以定义这样两个商 $(A \cup B)/A$ 和 $B/A \cap B$, 即

(1) 在 B 中: $x\rho_1 y \Longleftrightarrow x = y$ 或 $(x \in A \cap B$ 且 $y \in A \cap B)$,

(2) 在 $A \cup B$ 中: $x\rho_2 y \Longleftrightarrow x = y$ 或 $(x \in A$ 且 $y \in A)$.

对于所有的 $x \in B$, 则有 $\rho_1(x) \subseteq \rho_2(x)$. 现在我们来考虑映射 $f : B/(A \cap B) \longrightarrow (A \cup B)/A$, $f(\rho_1(x)) = \rho_2(x)$. 显然这个映射是成立的. 下证 f 是包含同态. 对于所有的 $x, y \in B$, 则有

$$f(\rho_1(x) \odot \rho_1(y)) = \{f(\rho_1(z)) | z \in \rho_1(x) \star \rho_1(y)\}$$
$$= \{\rho_2(z) | z \in \rho_1(x) \star \rho_1(y)\}$$
$$\subseteq \{\rho_2(z) | z \in \rho_2(x) \star \rho_2(y)\}$$
$$= \rho_2(x) \otimes \rho_2(y).$$ ∎

6.7 单半超群

定义 6.7.1 称含有零元的半超群 $(H, \circ)$ 是单的, 如果它没有真的超理想. 称含有零元的半超群 $(H, \circ)$ 是0-单的, 如果它满足下列条件.

(1) $\{0\}$ 和 H 是其仅有超理想;

(2) $H^2 \neq 0$.

例 6.7.2 例 6.1.4(6) 中的半超群是个单半超群.

命题 6.7.3 半超群 $(H, \circ)$ 是0-单的, 当且仅当对任意的 $a \in H$, $H \circ a \circ H = H$. 即对任意的 $a, b \in H \backslash \{0\}$, 存在 $x, y \in H$, 使得 $b \in x \circ a \circ y$.

证明 假设 H 是 0-单半超群, 易知 H^2 是 H 的超理想, 由定义 $H^2 \neq 0$. 因此 $H^2 = H$, 且 $H^3 = H$. 我们考虑非零元 $a \in H$, 显然 $H \circ a \circ H$ 是 H 的超理想, 当 $H \circ a \circ H = \{0\}$ 时, 集合 $I = \{h \in H \mid H \circ h \circ H = \{0\}\}$ 是 H 的非空子集, 因为 $a \in I$. 如果 x 是 $H \circ I$ 中的元素, 则存在 $h \in H, i \in I$, 使得 $x \in h \circ i$, 因此 $H \circ x \circ H \subseteq H \circ h \circ i \circ H \subseteq H \circ i \circ H = \{0\}$. 可推出 $H \circ x \circ H = \{0\}$ 且 $x \in I$. 同理可知 $I \circ H$ 是 I 的子集, 从而 I 是 H 的超理想, 因此 $I = H$. 故对任意的 $h \in H$, $H \circ h \circ H = \{0\}$, 即 $H^3 = \{0\}$, 这与 $H^3 = H$ 矛盾. 因此 $H \circ a \circ H = H$.

反过来, 假设对任意的非零元 $a \in H$, $H \circ a \circ H = H$. 则 $H^2 \neq \{0\}$(如果 $H^2 = \{0\}$, 则对任意的非零元 $a \in H$, $H \circ a \circ H = \{0\}$). 现在假设 a 是 H 中的非零元, I 是 H 的包含 a 的超理想, 则有 $H = H \circ a \circ H \subseteq H \circ I \circ H \subseteq I$. 这推出 $H = I$, 因此 H 是 0-单的. ∎

推论 6.7.4   半超群 $(H, \circ)$ 是单的当且仅当对任意的 $a \in H, H \circ a \circ H = H$.

命题 6.7.5   每个超群是单的半超群.

证明   设 $(H, \circ)$ 是超群, 则对任意 $a \in H, a \circ H = H \circ a = H$. 因此, 我们得到 $H = a \circ H \subseteq H \circ H \subseteq H$, 故 $H \circ H = H$. 另一方面, $a \circ H = H$, 因此 $H \circ a \circ H = H \circ H = H$, 所以 H 是单的. ∎

定理 6.7.6   设 $(H, \circ)$ 和 $(H', \star)$ 是两个单半超群, 则 $H \times H'$ 是单半超群, 其上的超运算与例 6.1.4(9) 所定义的相同.

证明   这是显然的. ∎

命题 6.7.7   设 $(H, \circ)$ 是单半超群, ρ 是 H 上的正则关系, 则 H/ρ 是单半超群.

证明   根据定理 6.6.2, H/ρ 是半超群. 设 $\bar{a}, \bar{b}$ 是 H/ρ 中任意的元素, 因为 H 是单的, 可知存在 $x, y \in H$, 使得 $b \in x \circ a \circ y$. 因此 $\bar{b} \in \bar{x} \otimes \bar{a} \otimes \bar{y}$. 因此 H/ρ 是单的. ∎

例 6.7.8   考虑整数集 $\mathbb{Z}$, 其上的超运算 $i \circ j = \{i, j\}$. 由命题 6.7.5, 超群是一个单半群. 设等价关系 ρ 是模 2 同余, 即正则关系. 则 $\mathbb{Z}/\rho$ 关于下面的超运算

$$\bar{i} \otimes \bar{j} = \{\bar{k} \mid k \in i \circ j = \{i, j\}\}$$

是单半超群.

定理 6.7.9   设 $(H, \circ)$ 是正则的超群, I, Λ 是非空集合. 设 $P = (p_{ij})$ 是 $\Lambda \times I$ 的正则矩阵 (每行每列不全为零), 则 $S = I \times H \times \Lambda$(Rees 矩阵半超群) 关于如下超运算

$$(i, a, \lambda) \star (j, b, \mu) = \{(i, t, \mu) \mid t \in a \circ p_{\lambda j} \circ b\}$$

是单半超群.

证明   可以验证该运算满足结合律, 设 $(i, a, \lambda), ((j, b, \mu), (k, c, \upsilon))$ 是 S 中的任意元素, z 是下列集合的元素

$$(i, a, \lambda) \star ((j, b, \mu) \star (k, c, \nu)) = \bigcup_{t \in b \circ p_{\mu k} \circ c} \{(i, x, \nu) \mid x \in a \circ p_{\lambda j} \circ t\},$$

存在 $t' \in b \circ p_{\mu k} \circ c, x' \in a \circ p_{\lambda j} \circ t'$, 使得 $z = (i, x', \nu)$. 这意味着存在 $v \in p_{\mu k} \circ c, u \in a \circ p_{\lambda j}$, 使得 $t' \in b \circ v, x' \in u \circ t'$, 因此 $x' \in u \circ b \circ v$. 则存在 $s \in a \circ p_{\lambda j} \circ b$, 使得 $x' \in s \circ p_{\mu k} \circ c$, 因此

$$z = (i, x', \nu) \in \bigcup_{s \in a \circ p_{\lambda j} \circ b} \{(i, y, \nu) \mid y \in s \circ p_{\mu k} \circ c\} = ((i, a, \lambda) \star (j, b, \mu)) \star (k, c, \nu).$$

同理, 可以证明 $((i, a, \lambda) \star (j, b, \mu)) \star (k, c, \nu)$ 中的每个元素属于 $(i, a, \lambda) \star ((j, b, \mu) \star (k, c, \nu))$, 因此, S 是个半超群.

为了证明 S 是单的, 假设 $(i, a, \lambda), (j, b, \mu)$ 是 S 中的两个非零元, 因为 H 是超群, 则存在 $x, y \in H$, 使得 $b \in x \circ a \circ y$, 且由于 H 的正则性, 存在幂等元 $e \in H$, 使得 $b \in x \circ e \circ a \circ e \circ y$, 因此 $b \in x \circ p_{vi}^{-1} \circ p_{vi} \circ a \circ p_{\lambda k} \circ p_{\lambda k}^{-1} \circ y$(由于矩阵 P 的正则性, 存在 $v \in \Lambda, k \in I$, 使得 $p_{\lambda k}, p_{vi}$ 是非零元). 则存在 $t \in x \circ p_{vi}^{-1} \circ p_{vi} \circ a$, 使得 $b \in t \circ p_{\lambda k} \circ p_{\lambda k}^{-1} \circ y$. 因此,

$$(j, b, \mu) \in \{(j, e, v) \mid e \in x \circ p_{vi}^{-1}\} \star (i, a, \lambda) \star \{(k, f, \mu) \mid f \in p_{\lambda k}^{-1} \circ y\}$$
$$= \bigcup_{t \in x \circ p_{vi}^{-1} \circ p_{vi} \circ a} \{(j, s, \mu) \mid s \in t \circ p_{\lambda k} \circ p_{\lambda k}^{-1} \circ y\}.$$

则存在 $e' \in x \circ p_{vi}^{-1}, f' \in p_{\lambda k}^{-1} \circ y$, 使得

$$(j, b, \mu) \in (j, e', v) \star ((i, a, \lambda) \star (k, f', \nu)).$$

因此, S 是单的. ■

定义 6.7.10　称半超群 $(H, \circ)$ 的元素 e 是幂等元, 如果 $e \in e^2$.

在半超群 $(H, \circ)$ 所有标量幂等元构成的集合中, 我们定义序 $e \leqslant f$ 当且仅当 $e = e \circ f = f \circ e$. 易验证这种关系是偏序关系.

定义 6.7.11　称半超群 $(H, \circ)$ 的标量幂等元集中元素 e 是本原标量幂等元 (或者仅仅是本原的), 如果它是 H 的所有非零标量幂等元中极小的. 因此一个本原的标量幂等元有以下性质: 如果 $0 \neq f = e \circ f = f \circ e$, 则 $f = e$.

定义 6.7.12　称半超群 $(H, \circ)$ 是完全单半超群, 如果它是单的且有本原幂等元.

例 6.7.13　考虑半超群 H, 其上的超运算由下表给出.

$\circ$	p	q	r	t
p	p	q	r	t
q	q	$\{p, r\}$	$\{q, r\}$	t
r	r	$\{q, r\}$	$\{p, q\}$	t
t	t	t	t	H

在这个半群中, p, t 是幂等元, p 是唯一的标量幂等元, 也是本原幂等元. 显然这个半超群是单的 (对任意的 $a \in H, H \circ a \circ H = H$). 因此它是完全单半超群.

例 6.7.14　例 6.7.2 的半超群是完全单半超群, 事实上, 这个半超群的每个元素是本原幂等元.

引理 6.7.15　正则超群的每个标量幂等元是标量单位元.

证明   设 $(H, \circ)$ 是正则超群, a 是 H 的标量幂等元. 则 $a^2 = a$, 因此 $a^{-1} \circ a^2 = a^{-1} \circ a$ (由于 H 的正则性, a 的逆元 a' 是存在的). 则存在单位元 $e \in H$, 使得 $e \circ a = a$ (a 是标量的), 另一方面, e 是单位元, 有 $e \circ a = a \circ e = a$, 故 $a = e$. ∎

命题 6.7.16   每个正则超群是完全单半超群.

证明   设 $(H, \circ)$ 是正则超群, e, f 是 H 的两个标量幂等元且 $f = e \circ f = f \circ e$. 则 f 是 H 的单位元, 因此 $e = e \circ f = f \circ e$, 所以 $e = f$. 这表明 H 的每个标量幂等元是本原的, 这推出 H 是完全单半超群. ∎

定理 6.7.17   设 $(H, \circ)$ 是正则超群, ρ 是 H 上的正则关系, 则 $(H/\rho, \otimes)$ 是正则超群.

证明   根据推论 6.6.3, 因为 H 是超群, 可知 H/ρ 也是超群. 假设 e 是 H 的单位元, 则对任意的 $x \in H$, $x \in x \circ e \cap e \circ x$. 因此 $\overline{x} \in \overline{x \circ e} \cap \overline{e \circ x}$. 标准投影 $\pi : H \to H/\rho$ 是个好满同态, 因此 $\overline{x} \in \overline{x} \otimes \overline{e} \cap \overline{e} \otimes \overline{x}$. 即 $\overline{e}$ 是 H/ρ 的单位元. 另一方面, 对任意的 $\overline{x} \in H/\rho$, 存在 $x \in H$, 使得 $\pi(x) = \overline{x}$. 由 H 的正则性, 存在单位元 e 和 $x' \in H$, 使得 $e \in x \circ x' \cap x' \circ x$, 因此 $\overline{e} \in \overline{x \circ x'} \cap \overline{x' \circ x} = \overline{x} \otimes \overline{x'} \cap \overline{x'} \otimes \overline{x}$. 这表明 $\overline{x'}$ 是 $\overline{x}$ 的逆元. ∎

定理 6.7.18   整数集 $(\mathbb{Z}, +)$ 是正则超群, 设等价关系 ρ 是模 2 同余, 也是正则关系, 则易证 $(\mathbb{Z}, +) = \{\overline{0}, \overline{1}\}$ 关于下面的超运算是正则半超群.

$$\overline{i} \otimes \overline{j} = \{\overline{k} \mid k = i + j\}, \quad \forall \overline{i}, \overline{j} \in \mathbb{Z}/\rho.$$

推论 6.7.19   设 $(H, \circ)$ 是正则超群, ρ 是 H 上的正则关系, 则 $(H/\rho, \otimes)$ 是完全单半超群.

证明   由定理 6.7.17 和命题 6.7.16, 这是显然的. ∎

命题 6.7.20   每个有限超群 (至少含有一个标量元素) 是完全单半超群.

证明   设 $(H, \circ)$ 是一个有限超群且至少含有一个标量元素, 则存在单位元 $e \in H$, 使得 H 的所有标量元素的集合是一个含有单位元 e 的群, 显然 e 是一个标量幂等元, 这说明本原的标量幂等元是存在的, 考虑 H 中标量幂等元构成的降链 $e_1 \geqslant e_2 \geqslant e_3 \geqslant \cdots$, 因为 H 是有限的, 所以该链也是有限的, 这意味着 H 含有本原标量幂等元, 因此它是完全单半超群. ∎

定理 6.7.21   设 $(H, \circ)$ 和 $(H', \star)$ 是两个完全单半超群, 则 $H \times H'$ 是完全单半超群.

证明   显然. ∎

定理 6.7.22   设 $(H, \circ)$ 是正则的超群, I, Λ 是非空集合. 设 $P = (p_{ij})$ 是 $\Lambda \times I$ 的正则矩阵 (每行每列不全为零), 则 $S = I \times H \times \Lambda$(Rees 矩阵半超群) 关于超运算

$$(i, a, \lambda) \star (j, b, \mu) = \{(i, t, \mu) \mid t \in a \circ p_{\lambda j} \circ b\}$$

是完全单半超群.

证明　根据定理 6.7.9, S 是单的, 易知 S 的每个标量幂等元是本原幂等元, 因此, $(S, \star)$ 是完全单半超群. ∎

定理 6.7.23　设 $f: H \to H'$ 是从正则半超群 H 到半超群 H' 的好同态, 则 $\mathrm{Im} f$ 是正则半超群.

证明　显然. ∎

推论 6.7.24　设 $(H, \circ)$ 是正则半超群, ρ 是 H 上的正则关系, 则 $(H/\rho, \otimes)$ 是正则半超群.

证明　由定理 6.7.23, 显然. ∎

6.8　循环半超群

循环半群的结构是清楚的, 循环半超群不但对研究有限生成半超群很重要, 而且在组合理论方面有重要应用.

设 $(H, \circ)$ 是半超群且 P 是 H 的一个非空子集. 称 P 是 H 的循环部分, 如果存在 $x \in P$, 使得

$$\forall a \in P, \exists n \in N : a \in x^n.$$

称元素 x 是 P 的生成元.

定义 6.8.1　称 H 是循环半超群, 如果 H 是一个循环部分.

因此, 半超群 $(H, \circ)$ 是循环的, 如果

$$H = x^1 \cup x^2 \cup \cdots \cup x^n \cup \cdots, \quad x \in H. \tag{6.8.1}$$

如果存在最小的整数 $n > 0$, 具有如下性质

$$H = x^1 \cup x^2 \cup \cdots \cup x^n, \tag{6.8.2}$$

那么称 H 是具有有限周期的循环半超群, x 是 H 的周期为 n 的生成元. 如果不存在整数 n 使得等式 (6.8.2) 成立, 但等式 (6.8.1) 成立, 那么称 H 具有无限周期.

例 6.8.2　(1) 满足以下超运算的半超群 $H = \{a, b, c\}$ 是循环半超群.

$\circ$	a	b	c
a	b	$\{b, c\}$	$\{b, c\}$
b	$\{b, c\}$	$\{b, c\}$	$\{b, c\}$
c	$\{b, c\}$	$\{b, c\}$	$\{b, c\}$

其中 $a \in a^1, b \in a^2, c \in a^3$.

(2) 满足以下超运算的半超群 (超群) $H = \{a, b, c, d\}$ 是循环半超群 (超群).

○	a	b	c	d
a	b	$\{a,c,d\}$	b	b
b	$\{a,c,d\}$	b	$\{a,c,d\}$	$\{a,c,d\}$
c	b	$\{a,c,d\}$	b	b
d	b	$\{a,c,d\}$	b	b

其中 $a \in a^1, b \in a^2, c \in a^3, d \in a^3$.

命题 6.8.3 设 $(H, \circ)$ 是半超群, A, B 是分别由 a, b 生成的 H 的循环子半超群.

(1) 如果 $a \in A \cap B$, 那么 $A \subseteq B$.

(2) 如果 $\{a, b\} \subseteq A \cap B$, 那么 $A = B$.

证明 (1) 对任意的 $x \in A$, 存在 $m \in \mathbb{N}$, 使得 $x \in a^m$. 因为 $a \in B$, 所以 $a^m \subseteq B$. 由此可推出 $x \in B$. 故 $A \subseteq B$.

(2) 同 (1).   ■

如果 $(H, \circ)$ 是半超群, 那么 H 的子半超群的集族 $\{S_i\}_{i \in I}$ 的交 $\bigcap_{i \in I} S_i$ 若非空, 则是 H 的子半超群. 对任意的非空子集 $A \subseteq H$ 至少有一个 H 的子半超群包含 A, 即 H 本身. 因此 H 的包含 A 的子半超群的交是子半超群. 我们记作 $\langle A \rangle$, 并且满足下面性质.

(1) $A \subseteq \langle A \rangle$;

(2) 如果 S 是 H 的子半超群且 $A \subseteq S$, 那么 $\langle A \rangle \subseteq S$. 而且 $\langle A \rangle$ 表示 A 在 H 的超积下的代数闭包, 即 $\langle A \rangle = \bigcup_{n \geqslant 1} A^n$. 此外如果 H 是有限的, 集合 $\left\{ r \in N \,\middle|\, \bigcup_{k=1}^{r} A^k = \bigcup_{k=1}^{r+1} A^k \right\}$ 有最小元 $m \leqslant |H|$, 否则

$$A \subset \bigcup_{k=1}^{2} A^k \subset \bigcup_{k=1}^{3} A^k \subset \cdots \subset \bigcup_{k=1}^{|H|} A^k \subset \bigcup_{k=1}^{|H|+1} A^k,$$

以上所有的包含是真包含, 推出 $|\langle A \rangle| > |H|$, 矛盾. 即有

$$\langle A \rangle = \bigcup_{k=1}^{m} A^k = \bigcup_{k=1}^{m+1} A^k = \cdots = \bigcup_{k=1}^{|H|} A^k.$$

对于 $A = \{x\}$ 的情形, 称 $\langle x \rangle = \bigcup_{n \geqslant 1} x^n$ 是由元素 x 生成的 H 的循环子半超群.

注记 6.8.4 如果 $H = \langle x \rangle$, 那么 H 是由 x 生成的循环半超群.

定义 6.8.5 如果 $(H, \circ)$ 是半超群, 且 $P \subseteq H$ 是 H 中一些元素的超积, 那么称子半超群 $\langle P \rangle$ 是由 P 超循环生成的. 称半超群 $(H, \circ)$ 是超循环的, 如果存在 H 中元素的超积 P, 使得 $H = \langle P \rangle$.

第7章 序半超群

7.1 序半超群基础

定义 7.1.1 称 $(H, \circ, \leqslant)$ 是序半超群, 设 $(H, \circ)$ 是半超群, 偏序 $\leqslant$ 是半超群 $(H, \circ)$ 上相容的偏序关系, 即对任意的 $x, y, z \in H$,

$$x \leqslant y \Rightarrow z \circ x \leqslant z \circ y, x \circ z \leqslant y \circ z.$$

因此, 由 $z \circ x \leqslant z \circ y$ 可知, 对任意的 $a \in z \circ x$, 存在 $b \in z \circ y$, 使得 $a \leqslant b$. $x \circ z \leqslant y \circ z$ 的情形是类似的.

例 7.1.2 设 $(H, \circ, \leqslant)$ 是一个序半超群, 其上的超运算 $\circ$ 和序关系 $\leqslant$ 为

$\circ$	a	b	c
a	a	$\{a, b\}$	$\{a, c\}$
b	a	$\{a, b\}$	$\{a, c\}$
c	a	$\{a, b\}$	c

$$\leqslant := \{(a, a), (b, b), (c, c), (a, b)\}.$$

则 H 的覆盖关系

$$\prec = \{(a, b)\}$$

的图示为图 7.1.

图 7.1

例 7.1.3 设 $(H, \circ, \leqslant)$ 是一个序半超群, 其上的超运算 $\circ$ 和序关系 $\leqslant$ 为

∘	a	b	c	d
a	a	$\{a,b\}$	$\{a,c\}$	$\{a,d\}$
b	a	$\{a,b\}$	$\{a,c\}$	$\{a,d\}$
c	a	b	c	d
d	a	b	c	d

$$\leqslant := \{(a,a),(b,b),(c,c),(d,d),(a,b)\}.$$

则 H 的覆盖关系

$$\prec = \{(a,b)\}$$

的图示为图 7.2.

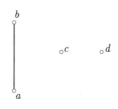

图 7.2

例 7.1.4 假设 $H = \{x,y,z,r,s,t\}$. 考虑序半超群 $(H, \circ, \leqslant)$, 其上的超运算 $\circ$ 为

∘	x	y	z	r	s	t
x	r	$\{r,s\}$	$\{r,t\}$	x	$\{x,y\}$	$\{x,z\}$
y	r	s	$\{r,t\}$	x	y	$\{x,z\}$
z	r	$\{r,s\}$	t	x	$\{x,y\}$	z
r	x	$\{x,y\}$	$\{x,z\}$	r	$\{r,s\}$	$\{r,t\}$
s	x	y	$\{x,z\}$	r	s	$\{r,t\}$
t	x	$\{x,y\}$	z	r	$\{r,s\}$	t

序关系 $\leqslant$ 为

$$\leqslant := \{(x,x),(y,y),(z,z),(r,r),(s,s),(t,t),(s,r),(t,r),(y,x),(z,x)\}.$$

则 H 的覆盖关系

$$\prec = \{(s,r),(t,r),(y,x),(z,x)\}$$

的图为图 7.3.

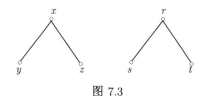

图 7.3

定义 7.1.5 设 $(H, \circ, \leqslant_H)$ 和 $(T, \diamond, \leqslant_T)$ 是两个序半超群, 称映射 $f: H \to T$ 是同态, 如果它满足以下两个条件:

(1) 对任意的 $x, y \in H, f(x \circ y) = f(x) \diamond f(y)$;

(2) 对任意的 $x, y \in H$, 如果 $x \leqslant_H y$, 则 $f(x) \leqslant_T f(y)$.

注意到序半超群的概念是序半群概念的推广, 实际上, 每一个序半群是一个序半超群.

设 A 是序半超群 $(H, \circ, \leqslant)$ 的非空子集, 定义

$$(A] = \{x \in H | x \leqslant a, a \in A\}.$$

则很容易得到, 对序半超群 $(H, \circ, \leqslant)$ 的任意非空子集 A, B, 有

(1) $A \subseteq (A]$;

(2) $A \subseteq B \Rightarrow (A] \subseteq (B]$;

(3) $(A] \circ (B] \subseteq (A \circ B]$;

(4) $((A] \circ (B]] = (A \circ B]$;

(5) $(A] \cup (B] = (A \cup B]$.

定义 7.1.6 设 A 是序半超群 $(H, \circ, \leqslant)$ 的非空子集, 称 A 是 H 的右 (左) 超理想, 如果

(1) $A \circ H \subseteq A(H \circ A \subseteq A)$;

(2) 对任意的 $a \in H, b \in A$, 如果 $a \leqslant b$, 那么 $a \in A$.

如果 A 既是 H 的左超理想又是 H 的右超理想, 则称 A 是 H 的超理想.

引理 7.1.7 设 $(H, \circ, \leqslant)$ 是序半超群, $a \in A$, 则 $(a \circ H]$ 是右超理想, $(H \circ a]$ 是左超理想, 则 $(H \circ a \circ H]$ 是 H 的超理想.

证明 设 $x \in H$, $y \in (a \circ H]$, 则存在 $z \in a \circ H, h \in H$, 使得 $y \leqslant z \leqslant a \circ h$. 因此有

$$y \circ x \leqslant z \circ x \leqslant a \circ h \circ x \subseteq a \circ H.$$

则 $y \circ x \subseteq (a \circ H]$. 如果 $x \leqslant y$, 则 $x \leqslant y \leqslant z, x \in (a \circ H]$. 同时,$(a \circ H]$ 是 H 的右超理想, 同理可知 $(H \circ a]$ 是 H 的左超理想. ■

定义 7.1.8 设 A 是序半超群 $(H, \circ, \leqslant)$ 的子序半超群, 称 A 是 H 的双边超理想, 如果

(1) $A \circ H \circ A \subseteq A$;

(2) 对任意的 $a \in H, b \in A$, 如果 $a \leqslant b$, 则 $a \in A$.

例 7.1.9 设 $H = \{a, b, c, d, e\}$. 其上的超运算 $\circ$ 为

$\circ$	a	b	c	d	e
a	a	a	$\{a,b,c\}$	a	$\{a,b,c\}$
b	a	a	$\{a,b,c\}$	a	$\{a,b,c\}$
c	a	a	$\{a,b,c\}$	a	$\{a,b,c\}$
d	$\{a,b,d\}$	$\{a,b,d\}$	H	$\{a,b,d\}$	H
e	$\{a,b,d\}$	$\{a,b,d\}$	H	$\{a,b,d\}$	H

序关系 $\leqslant$ 为

$$\leqslant := \{(a,a),(b,b),(c,c),(d,d),(e,e),(a,b),(a,c),(a,d),$$
$$(a,e),(b,c),(b,d),(b,e),(c,e),(d,e)\}.$$

则 H 的覆盖关系

$$\prec = \{(a,b),(a,c),(a,d),(a,e),(b,c),(b,d),(b,e),(c,e),(d,e)\},$$

$\prec$ 的图示为图 7.4.

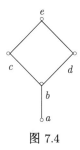

图 7.4

则 $(H, \circ, \leqslant)$ 是序半超群, 显然 $\{a,b,c\}$ 是 H 的一个右超理想但不是左超理想, $\{a,b,d\}$ 是 H 的左超理想但不是右超理想, $\{a\}$ 既不是右超理想也不是左超理想, 但 $\{a\}$ 是 H 的双边理想.

引理 7.1.10 设 $(H, \circ, \leqslant)$ 是序半超群, $\varnothing \neq A \subseteq H$, 则集合 $(A \cup A^2 \cup (A \circ H \circ A)]$ 是 H 的由 A 生成的双边超理想.

证明 显然 $(A \cup A^2 \cup (A \circ H \circ A)]$ 是 H 的子半超群. 设 $h \in H$, $a, b \in (A \cup A^2) \cup (A \circ H \circ A)]$. 则存在 $x, y \in A \cup A^2 \cup (A \circ H \circ A)$, 使得 $a \leqslant x, b \leqslant y$. 显然 $x \circ h \circ y \subseteq A \circ H \circ A$. 因此 $a \circ h \circ b \leqslant x \circ h \circ y \subseteq A \cup A^2 \cup (A \circ H \circ A)$. 即 $a \circ h \circ b \in (A \cup A^2 \cup (A \circ H \circ A)]$, 因此 $(A \cup A^2 \cup (A \circ H \circ A)] \circ H \circ (A \cup A^2 \cup (A \circ H \circ A)] \subseteq (A \cup A^2) \cup (A \circ H \circ A)]$. 则有 $(A \cup A^2 \cup (A \circ H \circ A)]$ 是 H 的双边超理想. 显然, 它包含 A. 设 B 是包含 A

的双边超理想, 设 $z \in (A \cup A^2 \cup (A \circ H \circ A)]$, 则存在 $w \in (A \cup A^2) \cup (A \circ H \circ A)$, 使得 $z \leqslant w$. 因为 $A \subseteq B$ 且 B 是双边超理想, 则 $A^2 \subseteq B, A \circ H \circ A \subseteq B \circ H \circ B \subseteq B$. 因此 $z \leqslant w \in B$, 则 $z \in B$. 同时, $(A \cup A^2 \cup (A \circ H \circ A)]$ 是 H 的由 A 生成的双边超理想. ∎

推论 7.1.11 设 $(H, \circ, \leqslant)$ 是序半超群, $a \in H$, 则集合 $(a \cup a^2 \cup (a \circ H \circ a)]$ 是 H 的由 a 生成的双边超理想.

7.2 从序半超群导出他的序半群 (半超群)

现在, 以下问题是自然的: 如果 $(H, \circ, \leqslant)$ 是序半超群, ρ 是 H 上的强正则关系, 那么 H/ρ 是序半群吗? 类似于序半群, H/ρ 上一个可能的序关系 $\preceq$ 由 H 中的 $\leqslant$ 定义, 即

$$\preceq := \{(\rho(a), \rho(b)) \in H/\rho \times H/\rho | \exists x \in \rho(a), \exists y \in \rho(b) \text{ 使得 } (x, y) \in \leqslant\}.$$

但一般情况下, 这个关系不是序关系. 于是就会出现以下问题.

问题: 在 H 上是否存在强正则关系 ρ, 使得 S/ρ 是序半群.

定义 7.2.1 设 $(H, \circ, \leqslant)$ 是序半超群. H 上的关系 ρ 称为是拟序. 如果

(1) $\leqslant \subseteq \rho$;

(2) $a\rho b$ 并且 $b\rho c$, 即可推出 $a\rho c$;

(3) 对于所有的 $c \in H$, $a\rho b$ 可推出 $a \circ c \overline{\rho} b \circ c$ 和 $c \circ a \overline{\rho} c \circ b$.

定理 7.2.2 设 $(H, \circ, \leqslant)$ 是序半超群, ρ 是 H 上的拟序. 则会存在 H 上的强正则关系 ρ^*, 使得 H/ρ^* 是序半群.

证明 设 ρ^* 是 H 上的关系, 定义如下:

$$\rho^* = \{(a, b) \in H \times H | a\rho b \text{ 且 } b\rho a\}.$$

首先, 我们来证明 ρ^* 是 H 上的强正则关系. 设 a 是 H 上的任意元素. 显然 $(a, a) \in \leqslant \subseteq \rho$, 因此 $a\rho^* a$. 如果 $(a, b) \in \rho^*$, 那么有 $a\rho b$ 和 $b\rho a$. 所以 $(b, a) \in \rho^*$. 如果 $(a, b) \in \rho^*$ 和 $(b, c) \in \rho^*$, 那么 $a\rho b, b\rho a, b\rho c$ 和 $c\rho b$. 因此 $a\rho c, c\rho a$, 即可推出 $(a, c) \in \rho^*$. 所以 ρ^* 是等价关系. 现假设 $a\rho^* b$ 和 $c \in H$. 那么 $a\rho b$ 和 $b\rho a$. 因为 ρ 是 H 上的拟序, 由定义 7.2.1 的条件 (3), 立即可得

$$a \circ c \overline{\overline{\rho}} b \circ c, \quad c \circ a \overline{\overline{\rho}} c \circ b,$$

$$b \circ c \overline{\overline{\rho}} a \circ c, \quad c \circ b \overline{\overline{\rho}} c \circ a.$$

因此, 对于所有的 $x \in a \circ c, y \in b \circ c$, 都有 $x \rho y, y \rho x$, 即可推出 $x \rho^* y$. 因此 $a \circ c \overline{\overline{\rho^*}} b \circ c$. 同理可得 $c \circ a \overline{\overline{\rho^*}} c \circ b$. 因此 ρ^* 是 H 上的强正则关系. 由于半群上的自同态集合按照映射合成显然构成半群, 因此, 具有以下运算的 H/ρ^* 是半群:

$$\rho^*(x) \odot \rho^*(y) = \rho^*(z), \quad z \in x \circ y.$$

接下来, 在 H/ρ^* 上定义如下关系 $\preceq$:

$$\preceq := \{(\rho^*(x), \rho^*(y)) \in H/\rho^* \times H/\rho^* | \exists a \in \rho^*(x), \exists b \in \rho^*(y), 使得 (a, b) \in \rho\}.$$

下证

$$\rho^*(x) \preceq \rho^*(y) \Leftrightarrow x \rho y.$$

设 $\rho^*(x) \preceq \rho^*(y)$. 即有 $a \in \rho^*(x), b \in \rho^*(y), a \rho b$. 因为 $\rho^*(x) \preceq \rho^*(y)$, 故有 $\exists x' \in \rho^*(x), y' \in \rho^*(y)$, 使得 $x' \rho y'$. 因为 $a \in \rho^*(x), x' \in \rho^*(x)$, 故有 $a \rho^* x'$, 故 $a \rho x', x' \rho a$. 又因为 $b \in \rho^*(y), y' \in \rho^*(y)$, 故有 $b \rho^* y'$, 因此 $b \rho y', y' \rho b$. 现在有 $a \rho x', x' \rho y', y' \rho b$ 推出 $a \rho b$. 因为 $x \in \rho^*(x), y \in \rho^*(y)$, 立即可得 $x \rho y$. 反过来, 设 $x \rho y$, 因为 $x \in \rho^*(x), y \in \rho^*(y)$, 显然有 $\rho^*(x) \preceq \rho^*(y)$.

最后, 我们来证明 $(H/\rho^*, \odot, \preceq)$ 是序半群. 假设 $\rho^*(x) \in H/\rho^*, x \in H$. 则有 $(x, x) \in \leqslant \subseteq \rho$. 因此 $\rho^*(x) \preceq \rho^*(x)$. 设 $\rho^*(x) \preceq \rho^*(y)$ 和 $\rho^*(y) \preceq \rho^*(x)$, 则有 $x \rho y$ 和 $y \rho x$. 因此 $x \rho^* y$, 即 $\rho^*(x) = \rho^*(y)$. 现假设 $\rho^*(x) \preceq \rho^*(y)$ 和 $\rho^*(y) \preceq \rho^*(z)$. 那么 $x \rho y$ 和 $y \rho z$. 所以 $x \rho z$ 可推出 $\rho^*(x) \preceq \rho^*(z)$.

设 $\rho^*(x) \preceq \rho^*(y)$ 和 $\rho^*(z) \in H/\rho^*$. 则有 $x \rho y$ 和 $z \in H$. 因此由定义 7.2.1 可知 $x \circ z \overline{\overline{\rho}} y \circ z$ 和 $z \circ x \overline{\overline{\rho}} z \circ y$. 因此, 对于所有的 $a \in x \circ z, b \in y \circ z$, 都有 $a \rho b$, 即可推出 $\rho^*(a) \preceq \rho^*(b)$. 所以, $\rho^*(x) \odot \rho^*(z) \preceq \rho^*(y) \odot \rho^*(z)$. 同理可得 $\rho^*(z) \odot \rho^*(x) \preceq \rho^*(z) \odot \rho^*(y)$. ∎

例 7.2.3 设 $H = \{a, b, c, d, e\}$. 我们考虑序半超群 $(H, \circ, \leqslant)$, 这里的超运算以下表定义:

$\circ$	a	b	c	d	e
a	a	$\{a, b\}$	$\{a, c\}$	$\{a, d\}$	e
b	a	$\{a, b\}$	$\{a, c\}$	$\{a, d\}$	e
c	a	$\{a, b\}$	$\{a, c\}$	$\{a, d\}$	e
d	a	$\{a, b\}$	$\{a, c\}$	$\{a, d\}$	e
e	a	$\{a, b\}$	$\{a, c\}$	$\{a, d\}$	e

定义序 $\leqslant$ 为

$$\leqslant := \{(a, a), (b, b), (c, c), (d, d), (e, e), (b, a), (c, a), (d, a)\}.$$

下面给出 H 的覆盖关系图 (图 7.5)

$$\prec = \{(b,a),(c,a),(d,a)\}.$$

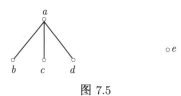

图 7.5

设 ρ 是 H 上的伪序, 如下定义:

$$\rho = \{(a,a),(b,b),(c,c),(d,d),(e,e),(a,b),(b,a),$$
$$(a,c),(c,a),(a,d),(d,a),(b,c),(c,b),$$
$$(b,d),(d,b),(c,d),(d,c),(e,a),(e,b),(e,c),(e,d)\}.$$

通过 ρ^* 的定义, 可以得到

$$\rho^* = \{(a,a),(b,b),(c,c),(d,d),(e,e),(a,b),(b,a),$$
$$(a,c),(c,a),(a,d),(d,a),(b,c),(c,b),(b,d),$$
$$(d,b),(c,d),(d,c)\}.$$

因此, $H/\rho^* = \{u_1, u_2\}$, 这里的 $u_1 = \{a,b,c,d\}, u_2 = \{e\}$. $(H/\rho^*, \odot, \preceq)$ 是序半群, 其中 $\odot$ 如以下表格定义:

$\odot$	u_1	u_2
u_1	u_1	u_2
u_2	u_1	u_2

并且 $\preceq = \{(u_1,u_1),(u_2,u_1),(u_2,u_2)\}$.

定理 7.2.4 设 $(H,\circ,\leqslant)$ 是序半超群, ρ 是 H 上的拟序. 设

$$\mathcal{X} = \{\theta | \theta 是 H 上的拟序, 使得 \rho \subseteq \theta\}.$$

设 $\mathcal{Y}$ 是 H/ρ^* 上所有拟序的集合, 那么 $\mathrm{card}(\mathcal{X}) = \mathrm{card}(\mathcal{Y})$.

证明 对于 $\theta \in \mathcal{X}$, 在 H/ρ^* 中定义关系 θ' 如下:

$$\theta' = \{(\rho^*(x), \rho^*(y)) \in H/\rho^* \times H/\rho^* | \exists a \in \rho^*(x), \exists b \in \rho^*(y) \text{ 使得 } (a,b) \in \theta\}.$$

首先来证明

$$(\rho^*(x), \rho^*(y)) \in \theta' \iff (x, y) \in \theta.$$

设 $(\rho^*(x), \rho^*(y)) \in \theta'$. 说明对于所有的 $a \in \rho^*(x)$ 和 $b \in \rho^*(y)$, $(a, b) \in \theta$. 因为 $(\rho^*(x), \rho^*(y)) \in \theta'$, 所以一定存在 $x' \in \rho^*(x)$ 和 $y' \in \rho^*(y)$, 使得 $(x', y') \in \theta$. 因为 $a\rho^*x, x\rho^*x'$, 所以 $a\rho^*x'$. 因此 $a\rho x'$. 再由 $\rho \subseteq \theta$, 立即可得 $a\theta x'$. 同理, 有 $b\theta y'$. 由 $a\theta x', x'\theta y', y'\theta b$. 所以 $a\theta b$. 因为 $x \in \rho^*(x)$ 和 $y \in \rho^*(y)$, 立即可得 $(x, y) \in \theta$. 反过来设 $(x, y) \in \theta$. 因为 $x \in \rho^*(x)$ 和 $y \in \rho^*(y)$, 显然可得 $(\rho^*(x), \rho^*(y)) \in \theta'$.

接下来, 设 $(\rho^*(x), \rho^*(y)) \in \preceq$. 那么由定理 7.2.2 有 $(x, y) \in \rho \subseteq \theta$ 可推出 $(\rho^*(x), \rho^*(y)) \in \theta'$. 因此 $\preceq \subseteq \theta'$. 然后假设 $(\rho^*(x), \rho^*(y)) \in \theta'$ 和 $(\rho^*(y), \rho^*(z)) \in \theta'$, 那么 $(x, y) \in \theta$ 和 $(y, z) \in \theta$. 即可推出 $(x, z) \in \theta$. 因此, $(\rho^*(x), \rho^*(y)) \in \theta'$. 此外如果 $(\rho^*(x), \rho^*(y)) \in \theta'$ 和 $\rho^*(z) \in H/\rho^*$, 则有 $(x, z) \in \theta, z \in H$. 那么 $x \circ z \overline{\overline{\theta}} y \circ z$ 和 $z \circ x \overline{\overline{\theta}} z \circ y$. 所以, 对于所有的 $a \in x \circ z$ 和 $b \in y \circ z$ 都有 $a\theta b$, 即可推出 $\theta'(\rho^*(a)) = \theta'(\rho^*(b))$ 和 $\theta'(\rho^*(x) \odot \rho^*(z)) = \theta'(\rho^*(y) \odot \rho^*(z))$. 因此 $(\rho^*(x) \odot \rho^*(z))\theta'(\rho^*(y) \odot \rho^*(z))$. 同理可得, $(\rho^*(z) \odot \rho^*(x))\theta'(\rho^*(z) \odot \rho^*(y))$. 因此, 如果 $\theta \in \mathcal{X}$, 那么 θ' 是 H/ρ^* 上的一个拟序.

定义映射 $\psi : \mathcal{X} \longrightarrow \mathcal{Y}$, 其中 $\psi(\theta) = \theta'$.

设 $\theta_1, \theta_2 \in \mathcal{X}, \theta_1 = \theta_2$, 再设 $(\rho^*(x), \rho^*(y)) \in \theta_1'$ 是任意元素. 那么 $(x, y) \in \theta_1, (x, y) \in \theta_2$. 即可推出 $(\rho^*(x), \rho^*(y)) \in \theta_2'$. 因此 $\theta_1' \subseteq \theta_2'$, 同理可得 $\theta_2' \subseteq \theta_1'$. 所以 ψ 是可定义的.

设 $\theta_1, \theta_2 \in \mathcal{X}, \theta_1' = \theta_2'$, 再设 $(x, y) \in \theta_1$ 是任意元素. 那么 $(\rho^*(x), \rho^*(y)) \in \theta_1'$ 和 $(\rho^*(x), \rho^*(y)) \in \theta_2'$. 即可推出 $(x, y) \in \theta_2$. 所以 $\theta_1 \subseteq \theta_2$. 同理可得 $\theta_2 \subseteq \theta_1$. 故 ψ 是单的.

最后证明 ψ 是满射. 令 $\Sigma \in \mathcal{Y}$. 我们在 H 上定义关系 θ 如下:

$$\theta = \{(x, y) | (\rho^*(x), \rho^*(y)) \in \Sigma\}.$$

即可得 θ 是 H 上的拟序, 且 $\rho \subseteq \theta$. 假设 $(x, y) \in \rho$. 通过定理 7.2.2, $(\rho^*(x), \rho^*(y)) \in \preceq \subseteq \Sigma$. 因此 $(x, y) \in \theta$. 如果 $(x, y) \in \leqslant$, 那么 $(x, y) \in \rho \subseteq \theta$. 故 $\leqslant \subseteq \theta$. 设 $(x, y) \in \theta$ 和 $(y, z) \in \theta$. 那么 $(\rho^*(x), \rho^*(y)) \in \Sigma$ 和 $(\rho^*(y), \rho^*(z)) \in \Sigma$. 因此 $(\rho^*(x), \rho^*(z)) \in \Sigma$. 即可推出 $(x, z) \in \theta$.

设 $(x, y) \in \theta, z \in H$, 那么 $(\rho^*(x), \rho^*(z)) \in \Sigma, \rho^*(z) \in H/\rho^*$. 因此 $(\rho^*(x) \odot \rho^*(z)), (\rho^*(y) \odot \rho^*(z)) \in \Sigma$ 且对于所有的 $a \in x \circ z$ 和所有的 $b \in y \circ z$ 都有 $(\rho^*(a)), (\rho^*(b)) \in \Sigma$. 即 $(a, b) \in \theta$. 因此 $x \circ z \overline{\overline{\theta}} y \circ z$. 同理可得 $z \circ x \overline{\overline{\theta}} z \circ y$. 显然有 $\theta' = \Sigma$.

注记 7.2.5 在定理 7.2.4 中, 易证得 $\theta_1 \subseteq \theta_2$ 当且仅当 $\theta_1' \subseteq \theta_2'$.

注记 7.2.6　如果 $(H, \circ, \leqslant_H)$ 和 $(T, \diamond, \leqslant_T)$ 是两个序半群. $\varphi : H \longrightarrow T$ 是同态. 用 k 来表示 H 上的拟序, 定义为 $k = \{(a,b)|\varphi(a) \leqslant_T \varphi(b)\}$, 则有 $\ker \varphi = k^*$.

推论 7.2.7　设 $(H, \circ, \leqslant_H)$ 和 $(T, \diamond, \leqslant_T)$ 是两个序半群. $\varphi : H \longrightarrow T$ 是同态. 那么 $H/\ker \varphi \cong \operatorname{im}\varphi$.

设 $(H, \circ, \leqslant_H)$ 是序半超群, 设 ρ, θ 是 H 上的伪序, 且 $\rho \subseteq \theta$. 在 H/ρ^* 上定义关系 θ/ρ 如下:

$$\theta/\rho := \{(\rho^*(a), \rho^*(b)) \in H/\rho^* \times H/\rho^* | \exists x \in \rho^*(a), \exists y \in \rho^*(b) 使得 (x,y) \in \theta\}.$$

即有

$$(\rho^*(a), \rho^*(b)) \in \theta/\rho \Longleftrightarrow (a,b) \in \theta.$$

定理 7.2.8　设 $(H, \circ, \leqslant_H)$ 是序半超群, ρ, θ 是 H 上的拟序, 且 $\rho \subseteq \theta$. 那么,

(1) θ/ρ 是 H/ρ^* 上的拟序;

(2) $(H/\rho^*)/(\theta/\rho)^* \cong H/\theta^*$.

证明　(1) 如果 $(\rho^*(a), \rho^*(b)) \in \preceq_\rho$, 那么 $(a,b) \in \rho$, 即 $(a,b) \in \theta$. 因此 $(\rho^*(a), \rho^*(b)) \in \theta/\rho$. 故 $\preceq_\rho \subseteq \theta/\rho$, 设 $(\rho^*(a), \rho^*(b)) \in \theta/\rho$ 和 $(\rho^*(b), \rho^*(c)) \in \theta/\rho$. 则有 $(a,b) \in \theta$ 和 $(b,c) \in \theta$. 因此 $(a,c) \in \theta$, 所以 $(\rho^*(a), \rho^*(c)) \in \theta/\rho$. 设 $(\rho^*(a), \rho^*(b)) \in \theta/\rho$ 和 $\rho^*(c) \in H/\rho^*$, 那么 $(a,b) \in \theta$. 因为 θ 是 H 上的拟序, 即可得 $a \circ c \overline{\overline{\theta}} b \circ c, c \circ a \overline{\overline{\theta}} c \circ b$. 因此, 对于所有的 $x \in a \circ c$ 和 $y \in b \circ c$ 都有 $(x,y) \in \theta$, 即可推出 $(\rho^*(x), \rho^*(y)) \in \theta/\rho$. 因为 ρ^* 是 H 上的强正则关系, 所有 $\rho^*(x) = \rho^*(a) \odot \rho^*(c)$ 和 $\rho^*(y) = \rho^*(b) \odot \rho^*(c)$. 因此, 可得 $(\rho^*(a) \odot \rho^*(c), \rho^*(b) \odot \rho^*(c)) \in \theta/\rho$. 同理有 $(\rho^*(c) \odot \rho^*(a), \rho^*(c) \odot \rho^*(b)) \in \theta/\rho$. 所以, θ/ρ 是 H/ρ^* 上的拟序.

(2) 定义映射 $\psi : H/\rho^* \longrightarrow H/\theta^*$ 为 $\psi(\rho^*(a)) = \theta^*(a)$. 如果 $\rho^*(a) = \rho^*(b)$, 那么 $(a,b) \in \rho^*$. 因此, 由 ρ^* 的定义可得 $(a,b) \in \rho \subseteq \theta$ 和 $(b,a) \in \rho \subseteq \theta$. 即可推出 $(a,b) \in \theta^*$. 即 $\theta^*(a) = \theta^*(b)$. 因此, θ 是有定义的, 那么对于所有的 $\rho^*(x), \rho^*(y) \in H/\rho^*$ 都有

$$\rho^*(x) \odot \rho^*(y) = \rho^*(z) \text{ 对于所有的 } z \in x \circ y,$$
$$\theta^*(x) \otimes \theta^*(y) = \theta^*(z) \text{ 对于所有的 } z \in x \circ y.$$

因此

$$\begin{aligned}
\psi(\rho^*(x) \odot \rho^*(y)) &= \psi(\rho^*(z)), \text{ 对于所有的 } z \in x \circ y \\
&= \theta^*(z), \text{ 对于所有的 } z \in x \circ y \\
&= \theta^*(x) \otimes \theta^*(y) \\
&= \psi(\rho^*(x)) \otimes \psi(\rho^*(y)).
\end{aligned}$$

并且如果 $\rho^*(x) \preceq_\rho \rho^*(y)$, 那么 $(x,y) \in \rho$, 则有 $(x,y) \in \theta$. 即 $\theta^*(x) \preceq_\theta \theta^*(y)$. 所以 ψ 是同态. 易证得 ψ 是满射. 又因为

$$\mathrm{Im}\psi = \{\psi(\rho^*(x))|x \in H\} = \{\theta^*(x)|x \in H\} = H/\theta^*.$$

所以由推论 7.2.7 可得

$$(H/\rho^*)/\ker\psi \cong \mathrm{Im}\psi = H/\theta^*.$$

假设

$$k := \{(\rho^*(x), \rho^*(y))|\psi(\rho^*(x)) \preceq_\theta \psi(\rho^*(y))\}.$$

则有

$$(\rho^*(x), \rho^*(y)) \in k \Longleftrightarrow \psi(\rho^*(x)) \preceq_\theta \psi(\rho^*(y))$$
$$\Longleftrightarrow \theta^*(x) \preceq_\theta \theta^*(y)$$
$$\Longleftrightarrow (x,y) \in \theta$$
$$\Longleftrightarrow (\rho^*(x), \rho^*(y)) \in \theta/\rho.$$

因此, $k = \theta/\rho$. 并且由注记 7.2.6 可得 $k^* = (\theta/\rho)^* = \ker\psi$. ■

定义 7.2.9 设 $(H, \circ, \leqslant_H)$ 和 $(T, \diamond, \leqslant_T)$ 是两个序半超群. ρ_1, ρ_2 是 H, T 上的两个拟序. 映射 $f: H \longrightarrow T$ 是一个同态. 那么称 f 为 (ρ_1, ρ_2)-同态. 如果

$$(x,y) \in \rho_1 \Longrightarrow (f(x), f(y)) \in \rho_2.$$

引理 7.2.10 设 $(H, \circ, \leqslant_H)$ 和 $(T, \diamond, \leqslant_T)$ 是两个序半超群. ρ_1, ρ_2 是 H, T 上的两个拟序, 映射 $f: H \longrightarrow T$ 为 (ρ_1, ρ_2)-同态. 那么映射 $\overline{f}: H/\rho_1^* \longrightarrow T/\rho_2^*$ 可以定义如下

$$\overline{f}(\rho_1^*(x)) = \rho_2^*(f(x)), \quad 对于所有的 x \in H$$

是半群同态.

证明 假设 $\rho_1^*(x) = \rho_1^*(y)$. 则有 $(x,y) \in \rho_1$ 和 $(y,x) \in \rho_1$. 因为 f 是 (ρ_1, ρ_2)-同态, 则有 $(f(x), f(y)) \in \rho_2$ 和 $(f(y), f(x)) \in \rho_2$. 即可推出 $\rho_2^*(f(x)) = \rho_2^*(f(y))$ 和 $\overline{f}(\rho_1^*(x)) = \overline{f}(\rho_1^*(y))$. 因此 $\overline{f}$ 是有定义的. 下证 $\overline{f}$ 是同态. 设 $\rho_1^*(x), \rho_1^*(y)$ 是 H/ρ_1^* 上的两个任意元素. 那么

$$\overline{f}(\rho_1^*(x) \odot \rho_1^*(y)) = \overline{f}(\rho_1^*(z)) = \rho_2^*(f(z)), \quad 对于所有的 z \in x \circ y.$$

因为 $z \in x \circ y$, 所以有 $f(z) \in f(x) \diamond f(y)$. 由 ρ_2^* 是强正则关系有 $\rho_2^*(f(z)) = \rho_2^*(f(x)) \otimes \rho_2^*(f(y))$. 所以, 可得

$$\overline{f}(\rho_1^*(x) \odot \rho_1^*(y)) = \rho_2^*(f(x)) \otimes \rho_2^*(f(y)) = \overline{f}(\rho_1^*(x) \otimes \rho_1^*(y)).$$ ■

定理 7.2.11 设 $(H, \circ, \leqslant_H)$ 和 $(T, \diamond, \leqslant_T)$ 是两个序半超群. ρ_1, ρ_2 是 H, T 上的两个拟序, 映射 $f : H \longrightarrow T$ 为 (ρ_1, ρ_2)-同态. 那么如下定义的关系 ρ_f

$$(\rho_1)_f := \{(\rho_1^*(x), \ \rho_1^*(y)) | \rho_2^*(f(x)) \preceq_T \rho_2^*(f(y))\}$$

在 H/ρ_1^* 上是拟序.

证明 设 $(\rho_1^*(x), \rho_1^*(y)) \in \preceq_H$. 因为 $\rho_1^*(x) \preceq_H \rho_1^*(y)$ 且 $\overline{f}$ 是同态 (由引理 7.2.10). 则有 $\overline{f}(\rho_1^*(x)) \preceq_T \overline{f}(\rho_1^*(y))$, 所以 $\rho_2^*(f(x)) \preceq_T \rho_2^*(f(y))$. 即 $(\rho_1^*(x), \rho_1^*(y)) \in (\rho_1)_f$.

设 $(\rho_1^*(x), \rho_1^*(y)) \in (\rho_1)_f, (\rho_1^*(y), \rho_1^*(z)) \in (\rho_1)_f$, 则有 $\rho_2^*(f(x)) \preceq_T \rho_2^*(f(y))$ 和 $\rho_2^*(f(y)) \preceq_T \rho_2^*(z)$. 因此 $\rho_2^*(f(x)) \preceq_T \rho_2^*(f(z))$. 即可推出 $(\rho_1^*(x), \rho_1^*(z)) \in (\rho_1)_f$. 再设 $(\rho_1^*(x), \rho_1^*(y)) \in (\rho_1)_f$ 和 $\rho_1^*(z) \in H/\rho_1^*$, 下证 $(\rho_1^*(x) \odot \rho_1^*(z), \rho_1^*(y) \odot \rho_1^*(z)) \in (\rho_1)_f$. 由 $(\rho_1^*(x), \rho_1^*(y)) \in (\rho_1)_f$ 立即可得 $\overline{f}(\rho_1^*(x)) \preceq_T f(\rho_1^*(y))$. 所以再由定义可得 $\overline{f}(\rho_1^*(x)) \otimes \overline{f}(\rho_1^*(z)) \preceq_T \overline{f}(\rho_1^*(y)) \otimes \overline{f}(\rho_1^*(z))$, 因此 $\overline{f}(\rho_1^*(x)) \odot \overline{f}(\rho_1^*(z)) \preceq_T \overline{f}(\rho_1^*(y)) \odot \overline{f}(\rho_1^*(z))$. 那么对于所有的 $u \in x \circ z$ 和所有的 $v \in y \circ z$ 有 $\overline{f}(\rho_1^*(u)) \preceq_T \overline{f}(\rho_1^*(v))$. 即 $(\rho_1^*(u), \rho_1^*(v)) \in (\rho_1)_f$, 因此有 $(\rho_1^*(x) \odot \rho_1^*(z), \rho_1^*(y) \odot \rho_1^*(z)) \in (\rho_1)_f$. 同理可得 $(\rho_1^*(z) \odot \rho_1^*(x), \rho_1^*(z) \odot \rho_1^*(y)) \in (\rho_1)_f$.

推论 7.2.12 $\ker\overline{f} = (\rho_1)_f^*$.

证明 这是显然的. ■

推论 7.2.13 设 $(H, \circ, \leqslant_H)$ 和 $(T, \diamond, \leqslant_T)$ 是两个序半超群, ρ_1, ρ_2 分别是 H, T 上的拟序, 则映射 $f : H \to T$ 是 (ρ_1, ρ_2)-同态, 故图 7.6 是可交换的.

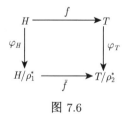

图 7.6

证明 这是显然的. ■

定理 7.2.14 设 $(H, \circ, \leqslant_H)$ 和 $(T, \diamond, \leqslant_T)$ 是两个序半超群, ρ_1, ρ_2 分别是 H, T 上的拟序, 则映射 $f : H \to T$ 是 (ρ_1, ρ_2)-同态, 如果 Σ 是 H/ρ_1^* 上的拟序, 使得 $\Sigma \subseteq (\rho_1)_f$, 则映射 $\psi : (H/\rho_1^*)/\Sigma^* \to T/\rho_2^*(\psi(\Sigma^*(\rho_1^*(x))) = \overline{f}(\rho_1^*(x)))$ 是从 $(H/\rho_1^*)/\Sigma^*$ 到 T/ρ_2^* 的唯一同态, 使得图 7.7 是可换的.

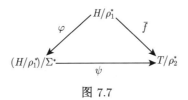

图 7.7

反过来, 如果 Σ 是 H/ρ_1^* 上的拟序, 则存在同态 $\psi : (H/\rho_1^*)/\Sigma^* \to T/\rho_2^*$, 使得图 7.7 可交换, 则 $\Sigma \subseteq (\rho_1)_f$.

证明　假设 Σ 是 H/ρ_1^* 上的拟序, 且 $\Sigma \subseteq (\rho_1)_f$. 首先, 我们证 ψ 是有定义的, 如果 $\Sigma^*(\rho_1^*(x)) = \Sigma^*(\rho_1^*(y))$, 则 $(\rho_1^*(x), \rho_1^*(y)) \in \Sigma^*$. 因此, $(\rho_1^*(x), \rho_1^*(y)) \in \Sigma \subseteq (\rho_1)_f$, 并且 $(\rho_1^*(y), \rho_1^*(x)) \in \Sigma \subseteq (\rho_1)_f$, 因此 $\rho_2^*(f(x)) \preceq_T \rho_2^*(f(y))$, $\rho_2^*(f(y)) \preceq_T \rho_2^*(f(x))$, 所以 $\rho_2^*(f(x)) = \rho_2^*(f(y))$, 因此 $\overline{f}(\rho_1^*(x)) = \overline{f}(\rho_1^*(y))$. 设 $\rho_1^*(x), \rho_1^*(y)$ 是 H/ρ_1^* 上的任意两个元素. 则

$$\psi(\Sigma^*(\rho_1^*(x)) \bigstar \Sigma^*(\rho_1^*(y))) = \psi(\Sigma^*(\rho_1^*(x) \odot \rho_1^*(y)))$$
$$= \overline{f}(\rho_1^*(x) \odot \rho_1^*(y))$$
$$= \overline{f}(\rho_1^*(x)) \otimes \overline{f}(\rho_1^*(y))$$
$$= \psi(\Sigma^*(\rho_1^*(x))) \otimes \psi(\Sigma^*(\rho_1^*(y))), \qquad (7.2.1)$$

如果 $\Sigma^*(\rho_1^*(x)) \preceq_\Sigma \Sigma^*(\rho_1^*(y))$, 那么 $(\rho_1^*(x), \rho_1^*(y)) \in \Sigma \subseteq (\rho_1)_f$. 则 $\overline{f}(\rho_1^*(x)) \preceq_T$ $\overline{f}(\rho_1^*(y))$. 因此 $\psi(\Sigma^*(\rho_1^*(x))) \preceq_T \psi(\Sigma^*(\rho_1^*(y)))$, 因此 ψ 是个同态. 显然, 有 $\psi\varphi = \overline{f}$. 反过来, 有

$$(\rho_1^*(x), \rho_1^*(y)) \in \Sigma \Rightarrow \Sigma^*(\rho_1^*(x)) \preceq_\Sigma \Sigma^*(\rho_1^*(y))$$
$$\Rightarrow \psi(\Sigma^*(\rho_1^*(x))) \preceq_T \psi(\Sigma^*(\rho_1^*(y)))$$
$$\Rightarrow \psi(\varphi(\rho_1^*(x))) \preceq_T \psi(\varphi(\rho_1^*(y)))$$
$$\Rightarrow \overline{f}(\rho_1^*(x)) \preceq_T \overline{f}(\rho_1^*(y))$$
$$\Rightarrow \rho_2^*(f(x)) \preceq_T \rho_2^*(f(y))$$
$$\Rightarrow (\rho_1^*(x), \rho_1^*(y)) \in (\rho_1)_f. \qquad (7.2.2)$$

∎

定义 7.2.15　设 $(H, \circ, \leqslant_H)$ 和 $(T, \diamond, \leqslant_T)$ 是两个序半超群, ρ_1, ρ_2 分别是 H, T 上的拟序, 在 $H \times T$ 上定义

$$(s_1, t_1)\rho(s_2, t_2) \Leftrightarrow s_1 \rho_1 s_2, t_1 \rho_2 t_2.$$

引理 7.2.16　在定义 7.2.15 中, ρ 是 $H \times T$ 上的拟序.

证明   这是显然的.   ■

定理 7.2.17   设 $(H, \circ, \leqslant_H)$ 和 $(T, \diamond, \leqslant_T)$ 是两个序半超群, ρ_1, ρ_2 分别是 H, T 上的拟序, 则

$$(H \times T)/\rho^* \cong H/\rho_1^* \times T/\rho_2^*.$$

证明   考虑映射 $\psi : (H \times T)/\rho^* \to H/\rho_1^* \times T/\rho_2^*, (\psi(\rho^*(s,t)) = (\rho_1^*(s), \rho_2^*(t)))$, 假设 $\rho^*(s_1, t_1) = \rho^*(s_2, t_2)$, 则 $(s_1, t_1)\rho^*(s_2, t_2)$, 这推出 $(s_1, l_1)\rho(s_2, t_2), (s_2, t_2)\rho(s_1, t_1)$, 因此 $s_1\rho_1 s_2, t_1\rho_2 t_2, s_2\rho_1 s_1$, 且 $t_2\rho_2 t_1$, 则 $s_1\rho_1^* s_2, t_1\rho_2^* t_2$, 因此 $(\rho_1^*(s_1), \rho_2^*(t_1)) = (\rho_1^*(s_2), \rho_2^*(t_2))$, 这表明 $\psi(\rho^*(s_1, t_1)) = \psi(\rho^*(s_2, t_2))$, 因此 ψ 是有定义的. 下面证 ψ 是一个同态. 假设 $\rho^*(s_1, t_1), \rho^*(s_2, t_2)$ 是 $\psi : (H \times T)/\rho^*$ 中任意两个元素. 则

$$
\begin{aligned}
\psi(\rho^*(s_1, t_1) \blacktriangledown \rho^*(s_2, t_2)) &= \psi(\rho^*(s,t)), \forall (s,t) \in (s_1, t_1) \star (s_2, t_2) \\
&= (\rho_1^*(s), \rho_2^*(t)), \forall s \in s_1 \circ s_2, t \in t_1 \diamond t_2 \\
&= (\rho_1^*(s_1) \odot \rho_1^*(s_2), \rho_2^*(t_1) \otimes \rho_2^*(t_2)) \\
&= (\rho_1^*(s_1), \rho_2^*(t_1)) \times (\rho_1^*(s_2), \rho_2^*(t_2)) \\
&= \psi(\rho^*(s_1, t_1)) \times \psi(\rho^*(s_2, t_2)). \quad\quad (7.2.3)
\end{aligned}
$$

因此, 同态的第一个条件了得到了证明. 假设 $\rho^*(s_1, t_1) \preceq \rho^*(s_2, t_2)$. 则 $(s_1, t_1)\rho(s_2, t_2)$, 故 $s_1\rho_1 s_2, t_1\rho_2 t_2$, 因此 $\rho_1^*(s_1) \leqslant_H \rho_1^*(s_2), \rho_2^*(t_1) \preceq_T \rho_2^*(t_2)$, 因此 $(\rho_1^*(s_1), \rho_2^*(t_1)) \preceq_{H \times T} (\rho_1^*(s_2), \rho_2^*(t_2))$, 这表明 $\psi(\rho^*(s_1, t_1)) \preceq_{H \times T} \psi(\rho^*(s_2, t_2))$, 同态的第二个条件得到了证明. 因此, ψ 是一个同态. 显然, ψ 是到自身的同态, 下面我们证它是单射. 假设 $\psi(\rho^*(s_1, t_1)) = \psi(\rho^*(s_2, t_2))$. 则 $(\rho_1^*(s_1), \rho_2^*(t_1)) = (\rho_1^*(s_2), \rho_2^*(t_2))$, 因此 $\rho_1^*(s_1) = \rho_1^*(s_2), \rho_2^*(t_1) = \rho_2^*(t_2)$, 因此 $(s_1, s_2) \in \rho_1^*, (t_1, t_2) \in \rho_2^*$. 故 $s_1\rho_1 s_2, s_2\rho_1 s_1, t_1\rho_2 t_2, t_2\rho_2 t_1$, 所以, $(s_1, t_1)\rho(s_2, t_2)$ 且 $(s_2, t_2)\rho(s_1, t_1)$, 因此 $(s_1, t_1)\rho^*(s_2, t_2)$ 或 $\rho^*(s_1, t_1) = \rho^*(s_2, t_2)$. 因此 ψ 是个同构的.   ■

定义 7.2.18   设 $(H, \circ, \leqslant)$ 是序半超群, ρ 是 H 上的正则 (强正则) 等价关系, 则称 ρ 是序正则 (强序正则), 如果在 H/ρ 中存在序关系 $\preceq$, 使得

(1) $(H/\rho, \odot, \preceq)$ 是一个半超群 (半群);

(2) 映射 $f : H \to H/\rho(x \mapsto \rho(x))$ 是序半超群上的同态.

设 H 是序半超群, I 是 H 的超理想, 我们定义 H 上关系如下

$$\rho_I := (I \times I) \cup \{(x, y) \in H \setminus I \times H \setminus I \mid x = y\}.$$

显然, ρ_I 是 H 上的等价关系, 且

$$\rho_I(a) = \begin{cases} \{a\}, & a \in H \setminus I, \\ I, & a \in I. \end{cases}$$

因此, $H/\rho_I = \{\{x\} \mid x \in H \setminus I\} \cup \{I\}$.

定理 7.2.19 设 $(H, \circ, \leqslant)$ 是序半超群, I 是 H 的超理想, 则 ρ_I 是 H 上的序正则等价关系.

证明 (1) 首先证明 ρ_I 是正则的, 如果 $a, b \in H$ 且 $a\rho_I b$, 那么 $a, b \in I$, 或者 $a = b \in H \setminus I$.

(i) $a, b \in I$, 则对任意的 $x \in H$, $a \circ x \subseteq I$ 且 $b \circ x \subseteq I$, 因此, 对任意的 $m \in a \circ x, n \in b \circ x$, 我们有 $(m, n) \in I \times I \subseteq \rho_I$, 因此 $a \circ x \rho_I b \circ x$.

(ii) 如果 $a = b \in H \setminus I$, 则对任意的 $x \in H$, 有 $a \circ x = b \circ x$, 因此 $a \circ x \rho_I b \circ x$.

同理, 对任意的 $x \in H$, 有 $x \circ a \rho_I x \circ b$. 因此 ρ_I 是 H 上的正则等价关系, 因此, $(H/\rho_I, \odot_I)$ 是半超群, 其中 $\odot_I$ 定义为: 对任意的 $a, b \in H$, $\rho_I(a) \odot_I \rho_I(b) = \{\rho_I(c) \mid c \in a \circ b\}$.

(2) 我们定义 H/ρ_I 上的等价关系 $\preceq_I$ 如下:

$\preceq_I := \{(I, I)\} \cup \{(I, \{x\}) \mid x \in H \setminus I\} \cup \{(\{x\}, \{y\}) \mid x, y \in H \setminus I, x \leqslant y\}$.

下证 $\preceq_I$ 是一个序关系.

(i) 设 $\rho_I(x) \in H/\rho_I$. 则 $\rho_I(x) = \{x\}, x \in H \setminus I$ 或者 $\rho_I(x) = I$. 如果 $\rho_I(x) = \{x\}, x \in H \setminus I$, 则 $\rho_I(x) \preceq_I \rho_I(x)$, 这是因为 $x \leqslant x$, 如果 $\rho_I(x) = I$, 则 $\rho_I(x) \preceq_I \rho_I(x)$, 这是因为 $I \preceq_I I$.

(ii) 设 $\rho_I(x) \preceq_I \rho_I(y)$, 且 $\rho_I(y) \preceq_I \rho_I(x)$, 如果 $\rho_I(x) = \{x\}, x \in H \setminus I$, 则 $\rho_I(y) = \{y\}, y \in H \setminus I$ 且 $x \leqslant y$, 这是因为 $\rho_I(x) \preceq_I \rho_I(y)$, 进而 $y \leqslant x$, 因为 $\rho_I(y) \preceq_I \rho_I(x)$, 所以 $x = y, \rho_I(x) = \rho_I(y)$. 如果 $\rho_I(x) = I$, 则 $\rho_I(y) = I$, 这是因为 $\rho_I(y) \preceq_I \rho_I(x)$, 所以 $\rho_I(x) = \rho_I(y)$.

(iii) 设 $\rho_I(x) \preceq_I \rho_I(y)$, 且 $\rho_I(y) \preceq_I \rho_I(z)$, 如果 $\rho_I(x) = \{x\}, x \in S \setminus I, \rho_I(y) = \{y\}, y \in S \setminus I$ 且 $x \leqslant y$, 这是因为 $\rho_I(x) \preceq_I \rho_I(y)$, 进而, $\rho_I(z) = \{z\}, z \in S \setminus I$ 且 $y \leqslant z$, 这是因为 $\rho_I(y) \preceq_I \rho_I(z)$, 所以 $x \leqslant z, \rho_I(x) \preceq_I \rho_I(z)$, 如果 $\rho_I(x) = I$, 则 $\rho_I(x) \preceq_I \rho_I(z)$, 因为 I 是 H/ρ_I 中的极小元.

(3) 我们证 $\preceq_I$ 关于 $\odot_I$ 是相容的, 设 $\rho_I(x), \rho_I(y), \rho_I(z) \in H/\rho_I$, 且 $\rho_I(x) \preceq_I \rho_I(y)$.

(i) 如果 $\rho_I(x) = I$, 则 $\rho_I(x) \odot_I \rho_I(z) = \{\rho_I(a) \mid a \in x \circ z\} = \{I\}$, 因为 $x \circ z \subseteq I$, 进而对任意的 $\rho_I(b) \in H/\rho_I$, $I \preceq_I \rho_I(b)$, 所以 $\rho_I(x) \odot_I \rho_I(z) \preceq_I \rho_I(y) \odot_I \rho_I(z)$.

(ii) 如果 $\rho_I(x) = \{x\}, x \in H \setminus I$, 则 $\rho_I(y) = \{y\}, y \in H \setminus I$ 且 $x \leqslant y$, 这是因为 $\rho_I(x) \preceq_I \rho_I(y)$, 所以 $x \circ z \leqslant y \circ z$. 如果 $x \circ z \subseteq I$, 则 $\rho_I(x) \odot_I \rho_I(z) = \{I\}$, 因此 $\rho_I(x) \odot_I \rho_I(z) \preceq_I \rho_I(y) \odot_I \rho_I(z)$. 如果 $(x \circ z) \cap H \setminus I \neq \varnothing$, 则 $(y \circ z) \cap H \setminus I \neq \varnothing$, 事实上, 如果 $y \circ z \subseteq I$, 则 $x \circ z \subseteq I$, 这是因为 $x \circ z \leqslant y \circ z$. 这是矛盾的. 对任意的 $\rho_I(a) \in \rho_I(x) \odot_I \rho_I(z)$, 我们有 $\rho_I(a) = I$ 或者 $\rho_I(a) = \{a\}, a \in (x \circ z) \setminus I$. 如果 $\rho_I(a) = I$, 则对任意的 $\rho_I(b) \in \rho_I(y) \odot_I \rho_I(z)$. 如果 $\rho_I(a) = \{a\}, a \in (x \circ z) \setminus I$, 则存

在 $b \in y \circ z$, 使得 $a \leqslant b, b \notin I$. 否则 $a \in I$, 矛盾. 因此 $\rho_I(a) = \{a\} \preceq_I \{b\} = \rho_I(b)$. 这说明 $\rho_I(x) \odot_I \rho_I(z) \preceq_I \rho_I(y) \odot_I \rho_I(z)$.

同理, 我们有 $\rho_I(z) \odot_I \rho_I(x) \preceq_I \rho_I(z) \odot_I \rho_I(y)$. 因此 $(H/\rho_I, \odot_I, \preceq_I)$ 是序半超群, 下面我们证对任意 $x \in H$, 映射 $f : H \to H/\rho_I, (f(x) = \rho_I(x))$ 是序半超群上的同态. 如果 $x, y \in H$, 则从 $\odot_I$ 的定义知 $f(x \circ y) = f(x) \odot_I f(y)$. 设 $x \leqslant y$. 如果 $x \in I$, 则 $\rho_I(x) = I \preceq_I \rho_I(y)$, 如果 $x \in H \setminus I$, 则 $y \in H \setminus I$, 否则 $y \in I$ 可推出 $x \in I$, 这是不可能的. 因此 $\rho_I(x) = \{x\} \preceq_I \{y\} = \rho_I(y)$, 故 ρ_I 是 H 上的序正则等价关系. ∎

例 7.2.20　设 $H = \{a, b, c, d\}$, 其上的超运算和序关系如下.

$\circ$	a	b	c	d
a	$\{a, d\}$	$\{a, d\}$	$\{a, d\}$	a
b	$\{a, d\}$	b	$\{a, d\}$	$\{a, d\}$
c	$\{a, d\}$	$\{a, d\}$	c	$\{a, d\}$
d	a	$\{a, d\}$	$\{a, d\}$	d

$\leqslant := \{(a, a), (a, b), (a, c), (b, b), (c, c), (d, b), (d, c), (d, d)\}$.

则 $(H, \circ, \leqslant)$ 是序半超群, 设 $I = \{a, d\}$, 易验证 I 是 H 的超理想, 则 ρ_I 是 H 上的正则关系, $H/\rho_I = \{I, \{b\}, \{c\}\}$, 由定理 7.2.19 中 H/ρ_I 上超运算 $\odot_I$ 和序关系 $\leqslant_I$ 的定义, 可知 $(H/\rho_I, \odot_I, \leqslant_I)$ 是序半超群. 并且映射 $f : H \to H/\rho_I, (x \mapsto \rho_I(x))$ 是同态, 因此 ρ_I 是序正则的.

定理 7.2.21　设 I 是序半超群 $(H, \circ, \leqslant)$ 的超理想, $\mathcal{A}$ 是包含 I 的 H 的超理想集, $\mathcal{B}$ 是 $(H/\rho_I, \odot_I, \preceq_I)$ 的超理想, 其中超运算 $\odot_I$ 和序关系 $\preceq_I$ 是之前定义的. 则映射 $f : \mathcal{A} \to \mathcal{B}, (J \mapsto \rho_I(J) := \{\rho_I(x) \mid x \in J\}$ 是从 $\mathcal{A}$ 到 $\mathcal{B}$ 的保序双射.

证明　(1) 首先证明对任意的 $J \in \mathcal{A}, \rho_I(J)$ 是 H/ρ_I 的超理想.

(i) 设 $\rho_I(x) \in H/\rho_I, \rho_I(y) \in \rho_J$, 则 $y \in J, x \circ y \subseteq J$. 因此 $\rho_I(x) \odot_I \rho_I(y) = \{\rho_I(a) \mid a \in x \circ y\}$, 所以 $H/\rho_I \odot_I \rho_I(J) \subseteq \rho_I(J)$.

(ii) 设 $\rho_I(x) \in H/\rho_I, \rho_I(y) \in \rho_J$, 且 $\rho_I(x) \preceq_I \rho_I(y), y \in J$. 如果 $x \in I$, 则 $x \in J, \rho_I(x) \in \rho_I(J)$. 如果 $x \in H \setminus I$, 则 $\rho_I(x) = \{x\} \preceq_I \rho_I(y)$. 因此 $\rho_I(y) = \{y\}, x \leqslant y$. 所以 $x \in J, \rho_I(x) \in \rho_I(J)$.

(2) 接下来证 θ 是单的. 设 $J_1, J_2 \in \mathcal{A}, \rho_I(J_1) = \rho_I(J_2)$. 对任意的 $j_1 \in J_1$, 要么 $j_1 \in I$, 要么 $j_1 \in J_1 \setminus I$. 如果 $j_1 \in I$, 则 $j_1 \in J_2$. 如果 $j_1 \in J_1 \setminus I$, 那么 $\rho_I(j_1) = \{j_1\} \in \rho_I(J_2)$, 因此, 存在 $j_2 \in J_2$, 使得 $\{j_1\} = \{j_2\} = \rho_I(j_2)$. 因此 $j_1 = j_2 \in J_2, J_1 \subseteq J_2$ 是对称的, $J_2 \subseteq J_1$.

(3) 接下来证 θ 是满的. 设 K 是 H/ρ_I 的超理想, $J = \{x \in H \mid \rho_I(x) \in K\}$. 对

任意的 $x \in H, x \in J$, 有 $\{\rho_I(b) \mid b \in a \circ x\} = \rho_I(a) \circ_I \rho_I(x) \subseteq K$, 因此 $a \circ x \subseteq J$, 即 $H \circ J \subseteq J$. 同理, $J \circ H \subseteq J$. 如果 $y \in H, y \leqslant x \in J$, 则 $\rho_I(x) \preceq_I \rho_I(y) \in K$. 因此 $\rho_I(y) \in K, y \in J$, 设 $x \in I$, 则 $\rho_I(x) = I$. 因此, 对任意的 $y \in J, \rho_I(x) \preceq_I \rho_I(y) \in K$. 则 $\rho_I(x) \in K, x \in J$, 从而, J 是 H 的包含 I 的超理想, 显然 $K = \rho_I(J)$.

(4) 显然 θ 是保序的. ∎

定理 7.2.22 设 I, J 是序半超群 $(H, \circ, \leqslant)$ 的超理想且 $I \subseteq J$, 则 $J/\rho_I := \{\{x\} \mid x \in J \setminus I\} \cup \{I\}$ 是 H/ρ_I 的超理想. 并且 $(H/\rho_I)/(\rho_J/\rho_I)$ 和 H/ρ_J 是同构的.

证明 显然, $J/\rho_I = \rho_I(J)$. 从定理 7.2.21 的证明中知 J/ρ_I 是 (H/ρ_I) 的超理想, 由定理 7.2.19, 类似的我们定义 H/ρ_J 和 $(H/\rho_I)/(\rho_J/\rho_I)$ 上的超运算分别为 $\odot_J, \odot_{J/\rho_I}$. $H/\rho_J, (H/\rho_I)/(\rho_J/\rho_I)$ 上的序关系分别为 $\preceq_J, \preceq_{J/\rho_I}$, 由定理 7.2.19 的证明, 我们知道 $(H/\rho_I, \odot_I, \preceq_I), (H/\rho_J, \odot_J, \preceq_J), ((H/\rho_I)/(\rho_J/\rho_I), \odot_{J/\rho_I}, \preceq_{J/\rho_I})$ 是序半超群. 考虑映射 $\phi : H/\rho_J \to (H/\rho_I)/(\rho_J/\rho_I)$, 如下定义:

$$\phi(a) = \begin{cases} \{\{x\}\}, & a = \{x\}, \text{对任意的} x \in H \setminus J, \\ J/\rho_I, & a = J. \end{cases}$$

因为 $(H/\rho_I)/(\rho_J/\rho_I) = \{\{\{x\}\} \mid x \in H \setminus J\} \cup \{J/\rho_I\}$, 说明 ϕ 是双射. 由超运算 $\odot_I, \odot_J, \odot_{J/\rho_I}$ 的定义, 我们有: 对任意的 $a, b \in H/\rho_J, \phi(a \odot_J b) = \phi(a) \odot_{J/\rho_I} \phi(b)$. 进而, 对任意的 $x, y \in H \setminus J$, 有

$$\begin{aligned} \{x\} \preceq_J \{y\} &\Leftrightarrow x \leqslant y \\ &\Leftrightarrow \{x\} \preceq_I \{y\} \\ &\Leftrightarrow \{\{x\}\} \preceq_{J/\rho_I} \{\{y\}\}. \end{aligned} \tag{7.2.4}$$

并且, $J \preceq_J \{x\}, J/\rho_I \preceq_{J/\rho_I} \{\{x\}\}$, 因此 ϕ 是个同构. ∎

定理 7.2.23 设 I, J 是序半超群 $(H, \circ, \leqslant)$ 的超理想, 则序半超群 $(I \cup J)/\rho_J \cong I/\rho_{I \cap J}$.

证明 显然 $I \cup J, I \cap J$ 是 H 的超理想. 因此, 由定理 7.2.19, 有 $((I \cup J)/\rho_J, \odot_J, \preceq_J)$ 和 $(I/\rho_{I \cap J}, \odot_I \cap J, \preceq_I \cap J)$ 是序半超群. 进而, $(I \cup J)/\rho_J = \{\{x\} \mid x \in I \setminus J\} \cup \{J\}$, 且 $I/\rho_{I \cap J} = \{\{x\} \mid x \in I \setminus J\} \cup \{I \cap J\}$. 定义映射 $\varphi : (I \cup J)/\rho_J \to I/\rho_{I \cap J}$ 如下:

$$\varphi(a) = \begin{cases} I \cap J, & a = J, \\ a, & \text{否则}. \end{cases}$$

显然 φ 是双射. 进而, 由序半超群 $(I \cup J)/\rho_J$ 和 $I/\rho_{I \cap J}$ 上超运算的定义, 易知 φ 满足同态的第一个条件. 序半超群 $(I \cup J)/\rho_J$ 和 $I/\rho_{I \cap J}$ 上序关系的定义, 可得 φ 是个同构. ∎

第8章　半群其他研究方向简介

本章简要介绍了半群的其他研究方向: 线性代数幺半群、Noetherian 半群代数、双序集理论, 进一步体现本书的"引"的作用. 这些研究方向, 我们给出了重要的专著供参考, 有志于从事这方面研究的读者, 可以按照本书提供的介绍"按图索骥", 找到自己感兴趣的研究方向, 进一步深入学习, 相信经过艰苦努力, 一定会在半群理论的研究中大有可为, 开创该理论发展的新天地.

8.1　双序集理论

从本书第 3 章可以看出, 幂等元在正则半群的研究中扮演者重要的角色, 对正则半群的结构和性质具有重要影响. 但针对不同的正则半群类, 对幂等元的构造和利用, 具有不同的技巧. 那么, 有没有一套具有一般性的理论研究正则半群的结构呢? 印度数学家南 K. S. S. Nambooripad 于 1975 年用半群的幂等元方法成功地解决了正则半群的整体结构问题, 双序集理论 (the theory of biordered sets) 是关于半群的幂等元方法的一套新理论, 为整个半群理论的进一步发展开辟了新的方向. 20世纪 70 年代后期, 不少人把这一理论和方法推广到含幂等元的较大半群类中, 出现了一批富有代表性的成果, 例如, J. B. Fountain 关于本原富足半群和 D. Easdown 关于一般双序集的杰出工作, 是这方面的具有不同风格的两个代表作. 国内的喻秉钧教授, 在科学出版社出版的专著《半群的双序集理论》, 对双序集理论做了全面介绍. 近年来, 一些年轻的学者, 如杨丹丹、裴俊等, 都在这一领域做出了出色的研究结果. 本章作为对第 3 章正则半群结构研究另一个方面的补充, 期待有志于从事这一理论研究的学者进入这一领域, 取得创新性的系列成果. 双序集的研究, 主要的参考文献有 [23, 25, 26, 32, 34] 等.

作为引入的内容, 这里只介绍双序集的概念和基本结论, 主要内容选自 [23], 未说明的定义和符号同文献 [23].

设 X, Y 是集合, $\rho \subseteq X \times Y$. 定义集合 $D_\rho = \{x \in X : x\rho y, y \in Y\}$, $\rho(y) = \{x \in X : x\rho y\}, y \in Y$. 若 ρ 是映射, 记 $\mathrm{im}\rho$ 为 D_ρ^{-1}, $\ker\rho$ 为 D_ρ. 一般将映射写在作用的元素右边, 其他的写法与文献 [23] 相同. 有时出于讨论方便, 也会将映射写在所作用的元素的左边. 在其他情况下, 运算是从左到右, 因此 fg 表示先 f 后 g. 设 X 是集合, 1_X 表示 X 上的恒等映射.

所谓的一个部分代数 E, 指的是带有部分二元运算的集合 E. 部分二元运算的

定义域记为 D_E. D_E 是 E 上的关系, $(e,f) \in D_E$ 当且仅当在部分代数 E 上积 ef 存在. 为了不混淆, 将 E 上的积记为毗连. 定义:

(1.1) $w^r = \{(e,f) : fe = e\}, w^l = \{(e,f) : ef = e\}$;

(1.2) $R = w^r \cap (w^r)^{-1}, L = w^l \cap (w^l)^{-1}, w = w^r \cap w^l$.

设 T 是 E 的一个陈述, 它的左–右对偶被定义为 T^*. 容易看出, 当 D_E 是对称的, 当 T 有意义, 则 T^* 是有意义的.

定义 8.1.1 设 E 是一个部分代数, 则称 E 是一个双序集, 如果以下的公理和它的对偶性成立. e, f 是 E 中的任意元素.

(B1) w^r, w^l是拟序, 且$D_E = \{(w^r \cup w^l) \cup (w^r \cup w^l)^{-1}\}$;

(B21) $f \in w^r(e) \Rightarrow fRfewe$;

(B22) $gw^lf, f, g \in w^r(e) \Rightarrow gew^lfe$;

(B31) $gw^rfw^re \Rightarrow gf = (ge)f$;

(B32) $gw^lf, f, g \in w^r(e) \Rightarrow (fg)e = (fe)(ge)$.

设 $M(e,f)$ 表示拟序集 $(w^l(e) \cap w^r(f), <)$, 定义

(1.3) $g < f \Leftrightarrow egw^reh, gfw^lhf$,

则称集合

$$S(e,f) = \{h \in M(e,f) : g < h, g \in M(e,f)\}$$

是 e 和 f 的夹心集.

(B4) $f, g \in w^r(e) \Rightarrow S(f,g)e = S(fe, ge)$,

称双序集 E 是正则的如果

(R) $S(e,f) \neq \varnothing$, $e, f \in E$.

称双序集 E 的部分二元关系为 E 的基本积, 易知关系 w^r, w^l 分别是 E 的右左拟序. 因为 D_E 是对称的, 公理对于双序集是双边的, 所以真命题的对偶也是真的.

定义 8.1.2 设 E, E' 是双序集, $\theta : E \to E'$ 是映射, 则称 θ 是双序态射, 如果它满足下述公理:

(M) $(e,f) \in D_E \Rightarrow (e\theta, f\theta) \in D_{E'}, (ef)\theta = (e\theta)(f\theta)$,

称 θ 是正则双序态射, 如果对任意的 $e, f \in E$,

(RM1)　$S(e, f) \subseteq S'(e\theta, f\theta);$

(RM2)　$S(e, f) \neq \varnothing \Leftrightarrow S'(e\theta, f\theta) \neq \varnothing,$

这里 $S'(e\theta, f\theta)$ 是 E' 上的双序集.

　　双序集 E 的一个局部子代数 E' 称为它的一个双序子集, 若它本身构成一个双序集. 称 E' 是相对正则的, 如果包含映射 $1_{E'} : E' \subseteq E$ 是正则双射.

　　设 θ_1, θ_2 是双序态射, 则 $\theta_1\theta_2$ 也是双序态射, 若 θ_1, θ_2 是正则的, 则 $\theta_1\theta_2$ 也是正则的. 因此有范畴 B, 它的对象是双序集且态射是双序态射, 以及子范畴 RB, 它的对象是正则双序集且态射是正则双序态射. 同构的双序集在范畴 B 中也同构.

　　注记 8.1.3　注意到如果 E 是正则双序集, $\theta : E \to E'$ 是满足公理 RM(1) 的双序态射, 则 θ 是正则的. 在这种情况下, 公理 (RM1) 可以推出 (RM2). 将会给出例子表明这两个公理的独立性. 类似的, 如果 E' 是双序集 E 的双序子集, 作为双序集, E' 的正则性和它在 E 中的正则性是完全独立的. 然而如果 E 是正则双序集, 则 E' 也是正则双序集, 同时 E' 在 E 中是相对正则.

　　注记 8.1.4　对双序集 $E, e \in E$, 定义

(1.4)　$f\tau^r(e) = fe, f \in w^r(e).$

则 $\tau^r(e)$ 是 $w^r(e)$ 到 $\omega(e)$ 的一个幂等映射. 称 $\tau^r(e)$ 是通过 e 决定的 E 的右平移. $\tau^l(e)$ 是通过 e 决定的 E 的左平移. 设

$$T = \{\tau^r(e), \tau^l(e) : e \in E\}.$$

则不难看出系统 (E, w^r, w^l, T) 满足文献 [24] 的公理 (B1), (B2), (B3), (B4). 如引言提到的, 公理 (B5) 可由上述公理推出, 文献 [25] 的公理 (B4) 与定义 8.1.1 的公理 (R) 相同. 系统 (E, w^r, w^l, T) 满足文献 [25] 的公理, 因此定义 8.1.1 的公理是成立的. 因此这两个定义等价.

　　设 S 是半群, $x, y \in S, x$ 和 y 互逆, 记作 $x \perp y$. 定义 $i(x)$ 是 x 的逆元构成的集合. 在 $E(S) = \{e \in S, e^2 = e\}$ 上, 我们定义 $ew^rf \Leftrightarrow fe = e$, 右边的积是 S 上的积. 可以看出 w^r 是 $E(S)$ 上的拟序. 以对偶的方式可给出它也是 $E(S)$ 上的拟序. 设

$$D_{E(S)} = (w^r \cup w^l) \cup (w^r \cup w^l)^{-1}.$$

若 $(e, f) \in D_{E(S)}$, 则 $(e, f) \in (w^r \cup w^l)$ 或 $(f, e) \in (w^r \cup w^l)$. 在第一种情况中, 要么 $ef = e$, 要么 $fe = e$. 如果 $fe = e, (ef)^2 = e(fe)f = ef$, 因此 $ef \in E(S)$. 只要 $(e, f) \in w^r \cup w^l$, 则 $ef \in E(S)$. 类似地, 当 $(f, e) \in w^r \cup w^l$ 时, $ef \in E(S)$. 因此通过 S 的积, 获得了 $E(S)$ 上的局部代数, 记作 $E(S)$.

定理 8.1.5 (a) 设 S 是半群, 使得 $E(S) \neq \varnothing$.

(a1) 局部代数 $E(S)$ 是双序集.

(a2) 若 $e, f \in E(S)$, 定义

$$S_1(e, f) = \{h \in M(e, f) : ehf = ef\},$$
$$S_2(e, f) = \{h \in M(e, f) : h \perp ef\},$$

则 $S_1(e, f) = S_2(e, f) \subseteq S(e, f)$.

(a3) 设 $e, f \in E(S)$, 则 ef 是 S 的正则元当且仅当 $S_1(e, f) = S(e, f) \neq \varnothing$.

(a4) 如果 S 是正则的, 则 $E(S)$ 是正则双序集.

(b) 设 $\phi : S \to S'$ 是半群同态, $E(S) \neq \varnothing$.

(b1) $E(\phi) = \{\phi \mid E(S)\}$ 是 $E(S) \to E(S')$ 的双序态射.

(b2) 如果 $\phi' : S' \to S''$ 是其他同态, 则

$$E(\phi\phi') = E(\phi)E(\phi').$$

(b3) 设 S 是正则半群, 则 $E(\phi)$ 是正则双序态射, 使得 $E(S\phi) = E(S)E(\phi)$.

证明 (a1) 从局部代数 $E(S)$ 的定义显然可得 $E(S)$ 满足公理 (B1). 公理 (B21), (B22), (B31), (B32) 由 S 上乘法满足结合律这一性质可得.

为了证明公理 (B4), 假设 $f, g \in w^r(e), h \in S(f, g)$. 如果 $h' = he, h' \in M(fe, ge)$. 进一步, 如果 $k' \in M(fe, ge), k = k'f$, 则 $k^2 = k'(fk')f = k'(fe)k'f = k'f = k, gk = (ge)k'f = k$. 因此 $k \in M(f, g), k < h$. 同时 $h'f = h, ke = k'$. 因此利用等式 (1.3) 可得

$$((fe)h')((fe)k') = (fh)(fk)e = fke = (fe)k'.$$

因此 $(fe)k'w^r(fe)h'$. 同理 $k'(ge)w^lh'(ge)$, 因此在 $M(fe, ge)$ 上 $k' < h'$. 因此 $h' \in S(fe, ge)$. 现在假设 $h' \in S(fe, ge), h = h'f$. 则如以前所看到的 $h \in M(f, g), he = h'$. 如果 $k \in M(f, g)$, 则 $ke \in M(fe, ge)$, 因此 $ke < h'$. 由等式 (1.3) 可得 $(ke)f = k$, 故有

$$(fh)(fk) = (fe)(he)(fe)(ke)f = (fe)(ke)f = fk.$$

因此 fkw^rfh. 同样的 kgw^lhg, 因此 $k < h$. 则 $h \in S(f, g)$. 证明了公理 (B4) 和 (a1).

(a2) 如果 $h \in M(e, f)$, 则 $he = h = fh$, 因此

$$h(ef)h = (he)(fh) = h,$$

$$(ef)h(ef) = e(fhe)f = ehf.$$

因此 $h \perp ef$ 当且仅当 $ehf = ef$, 说明 $S_1(e,f) = S_2(e,f)$. 如果 $h \in S_1(e,f), g \in M(e,f)$, 则

$$(eh)(eg) = (ehf)g = (ef)g = eg.$$

因此 $egw^r eh$. 同样 $gfw^l hf, g < h$. 因此 $S_1(e,f) \subseteq S(e,f)$.

(a3) 如果 $S_1(e,f)$ 非空, 则从 (a2) 显然可得 ef 是 S 的正则元. 另一方面, 如果 a 是 ef 的逆, $h = fae$, 则

$$h^2 = (fae)(fae) = fae = h, ehf = (ef)a(ef) = ef.$$

因此 $h \in S_1(e,f), S_1(e,f) \neq \varnothing$. 下证 $S(e,f) \subseteq S_1(e,f)$, 设 $g \in S(e,f)$, 则 $h, g \in S(e,f), egReh, gfLhf$. 因此

$$egf = (eg)(ef) = (eg)(eh)f = ehf = ef.$$

因此 $g \in S_1(e,f)$.

(b) 因为 ϕ 是双射, 属于 $E(S)$, 具有 w^r 或 w^l 关系. 则 $e\phi$ 和 $f\phi$ 在 $E(S')$ 中也有对应的关系. 从这里可以看出 $E(\phi) = \phi \mid E(S')$ 满足公理 (M).

(b2) 是显然的. 为了证明 (b3), 设 S 是正则的, $e, f \in E(S)$. 如果 $h \in S(e,f)$, 则从 (b1) 可以得到, $hE(\phi) \in M(eE(\phi), fE(\phi))$,

$$\begin{aligned}(eE(\phi))(hE(\phi))(fE(\phi)) &= (e\phi)(h\phi)(f\phi) \\ &= (ehf)\phi \\ &= (ef)\phi = (eE(\phi))(fE(\phi)).\end{aligned}$$

因此通过 $(a2)hE(\phi) \in S(eE(\phi), fE(\phi))$, 所以 $S(e,f)E(\phi) \subseteq S(eE(\phi), fE(\phi))$. 这说明 $E(\phi)$ 满足公理 (RM1), 因为通过假设 $E(S)$ 是正则的, 则 $E(\phi)$ 是正则的双序态射. 则文献 [18] 的命题 3.5 的等式 $E(S\phi) = E(S)E(\phi)$ 成立. ■

前述定理表明, 对应关系 $S \to E(S), \phi \to E(\phi)$ 是从所有半群的范畴到双序集范畴的函子. 将 E 限制到所有正则半群的范畴 RS 是一个函子, 它是到所有正则双序集的范畴 RB 的函子. 我们通过 E 定义这种限制.

注记 8.1.6　定理 8.1.5 表明带、半格等是双序集. 特别地, 半格是正则双序集, 它和拟序是一致的. 反之, 如果 E 是双序集, 使得 $w^r = w^l$, 则对任意的 $e, f \in E, S(e,f)$ 至多包含一个元素, 如果 $S(e,f)$ 非空, 则 $S(e,f)$ 的唯一的元素是 e 和 f 关于偏序 ω 的最大下界. 因此, 如果 E 是正则的, 从广义上讲, E 是半格. 半格的正则双序态射是同态, 因此半格范畴是 RB 范畴的全子范畴. 注意到, 任意偏序集可能被视为一个双序集, 这种双序集的态射是一个保序映射.

设 D 是半群 S 的一个正则 D-类. 如下定义的部分代数 $D(*)$

$$x^*y = \begin{cases} xy, & xy \in R_x \cap L_y, \\ \text{无意义}, \end{cases}$$

是同构于完全 0-单半群的非零元的部分代数. 这样的部分代数称为 Rees 群胚, Rees 群胚的不交并被称为伪群胚. 如果 S 是正则半群, 则

$$S(*) = \cup \{D(*) : D \in S/D\}$$

是伪群胚. 当 S 是可逆半群时, $S(*)$ 是群胚. 下面的定理被用于在伪群胚和双序集上获得正则半群的结构定理.

定理 8.1.7 设 x, y 是半群 S 的正则元, $x \perp x', y \perp y'$. 如果 $g \in M(x'x, yy')$, 则

$$xgy = (xg)^*(gy), \quad y'gx' = (y'g)^*(gx').$$

其中右边的积是 $S(*)$ 上的积, 并且 $xgy \perp y'gx'$. 特别地, 如果 $h \in S_1(x'x, yy')$, 则 $(xh)^*(hy) = xy \perp y'hx'$.

证明 设 $e = x'x, f = yy'$, 则 $xe = x, fy = y$. 如果 $g \in M(e, f)$, 则 $ge = g = fg$, 因此

$$(xgy)(y'gx')(xgy) = xgfgegy = xgy,$$

$$(y'gx')(xgy)(y'gx') = y'gegfgx' = y'gx'.$$

因此 $xgy \perp y'gx'$. 因为 $e \in L_X \cap R_{X'}$, 所以有 $egLxg, g = geRgx'$. 因为 $gw^l e$, 由公理 (B21) 可知, $gLeg$. 因为 L 是格林关系 L 的 $E(S)$ 的限制, 则有 $gLxg$. 同理可得 $y'gLgRgy$. 因此 $g \in L_{xg} \cap R_{gy} = L_{y'g} \cap R_{gx'}$, 故积 $(xg)^*(gy), (y'g)^*(gx')$ 属于 $D_g(*)$. 如果 $h \in S(e, f)$, 则通过定理 8.1.5 的 (a2) 可知, $ehf = ef$, 因此

$$xhy = x(ehf)y = x(ef)y = xy.$$ ∎

如果 S' 是半群 S 的子半群, $E(S') \neq \varnothing$, 则由定理 8.1.5 可知, $E(S')$ 是 $E(S)$ 的双序子集. 如果 S' 是正则的, 则 $E(S')$ 是正则双序集, 也是 $E(S)$ 上的相对正则集. 下面的定理表明了 $E(S)$ 能成为正则子半群的双序集的双序子集的特征.

定理 8.1.8 设 S 是半群, $E(S) \neq \varnothing$, E 是正则双序集 $E(S)$ 的双序子集. 则 E 是 S 的正则子半群的双序集当且仅当 E 在 $E(S)$ 上是相对正则的, 对任意的 $e, f \in E, S_1(e, f) \neq \varnothing$.

证明 设存在一个正则子半群 $S', E(S') = E$, 通过定理 8.1.5, E 在 $E(S)$ 是相对正则的, 对任意的 $e, f \in E, ef$ 是 S 的正则元, 因此通过定理 8.1.5, $S_1(e, f) \neq \varnothing$.

反之, 假设 E 满足这些条件, 设 S' 是通过 E 生成的 S 的子半群. 首先证明对任意的 $x \in S'$, 存在 $e \in E$, 使得 $eL(S')x$. 如果 $e, f \in E$, 因为 $S_1(e, f) \neq \varnothing$, 通过定理 8.1.5(a3) 可知, $S_1(e, f) = S(e, f)$. 因为 E 是相对正则的, $S_1(e, f) \cap E \neq \varnothing$. 设 $h \in S_1(e, f) \cap E$, 则 $h \perp ef, h(ef) = hf \in E, h(ef) \in L_{ef}$. 假设 E 上幂等元 n 的所有积的结果成立, $x = f_0 \cdots f_n = x' f_n$. 则存在 $e' \in E$, 使得 $e'L(S')x'$. 设 $k \in S_1(e', f_n) \cap E$, 则 $k f_n \in E, kLc^r kL(S')x'k$. 因此 $kL(S')x'k$. 通过定理 8.1.7 可知, $k f_n L(S')x' k f_n = x' f_n = x$. 这就证明了我们的假设. 同样, 对所有的 $x \in S'$, 则存在 $f \in E$, 使得 $fR(S')x$. 特别地, S' 是 S 的正则子半群. 如果 $x \in E(S')$, 则存在 $e, f \in E$, 使得 $x \in R_f \cap L_e$. 因为 x 是 S' 的幂等元, $ef \in L_f \cap R_e$. 设 $h \in S_1(e, f) \cap E$, 则 h 是 ef 的逆, 并且 $hef = hf Lef L Lf$. 通过公理 (B21) 可知, $hw^r f$, 因此有 $hfwf$. 则 $hf = f$, 使得 hRf. 同理, hLe, 因此 $h \in L_e \cap R_f$. 则 x, h 是 S' 中的 H-等价幂等元, 因此 $x = h$. 则 $E(S') \subseteq E$, 综上可得 $E(S') = E$. ∎

关于双序集的其他更深入的内容, 可以参看文献 [23, 26, 32, 34].

8.2　线性代数幺半群

线性代数幺半群理论在过去的几十年间已经取得了巨大发展, 它具有代数几何, 代数群等内容的研究背景, 是非常重要的半群理论之一. 它的重要性, 不仅仅在于其深刻的结果本身, 更重要的是, 它具有很强的理论背景和应用背景, 并揭示了不同理论之间的某种联系. 对线性代数幺半群的研究, 有不少学者做出了重要的贡献, 例如, Steinberg, Solomon, Renner, Putcha 等. 他们的研究成果, 结果漂亮而深刻. 线性代数幺半群理论实现了代数组、环嵌入、半群的结合. 我们有一个基本判断: 任何一位研究者, 如果具有很好的半群、代数几何、代数群等理论的研究基础, 并且能找到合适的研究背景, 一定能做出重要的研究成果. 任何只局限于一个局部的研究方法, 其创新性毕竟是有限的.

1978 年之后, 代数幺半群理论取得了系统的发展. Putcha 等研究者看到了这些幺半群与群论, 组合数学和环嵌入在结构方面的联系. Putcha 将半群理论一些主要思想运用于这方面的研究, 这些思想包括格林关系、正则性、半格等. 他的研究工作提供了许多技巧上的有用的信息. 特别地, 他建立了幂等元集对不可约幺半群的控制.

Renner 的研究工作, 成功运用同伦理论, 使得可约幺半群能合理理解为某个极大的可裂圆环面的 Zariski 闭包与单位群的某种结合. 1982 年, 证明了可约幺半群是正则的. 任意正则幺半群必然由它的单元群和它的幂等元集决定. 进一步说明不可约幺半群中幂等元集的核心作用. Putcha 后来发现了截面格 Λ 对 M 的 $G \times G$ 轨道最有用的控制方式. 利用 Λ 和 Grosshans 的余维数 2 的条件, 开展对可约幺半群理论分类的研究.

大约 1986 年, Putcha 证明了任意一个可约幺半群 M 有一个型映射 $\lambda : \Lambda \to 2^S$. 这说明了幺半群类似于 Dynkin 图, 它决定了 M 是一种扩张、Namboripad's 幂等元双序集以及 M 的 $B \times B$ 轨道集合. 这正是 Putcha 需要发展的抽象李型幺半群理论, 类似于具有 BN 对的群理论. 任何情况下, 这种映射是恰当的、最小的, 对于决定李型幺半群的结构是有效的.

1990 年后, Putcha 等研究了不可约, 李型有限幺半群的模表示. 将半群表示 (Munn-Ponizovskii) 与 Chevalley(Curtis-Richen) 群表示的结果结合起来, 得到关于幺半群的不可约模表示的重要结果, 后来在此基础上, Renner 等完成了对不可约, 李型有限幺半群的分类.

大约在 1990 年, Doty 证明了可约正规幺半群 M 的特征 $p > 0$ 的坐标代数是 Donkin 意义上广义舒尔代数的有向极限. 特别地, 在 Cline, Parshall 和 Scott 所讲的意义下, $\mathrm{Rep}(M)$ 是最高权范畴.

1994 年, Vinberg 介绍了一些代数幺半群的新理论, 包括平坦变形, $\mathrm{Env}(G_0)$ 和渐近半群 $A_S(G_0)$. 他也给出了一些对可约幺半群进行分类的新方法.

大约在 1994 年, Rittatore 系统地阐述了代数幺半群的整个理论, 将它看作球形嵌入理论的一个部分. 他也将 Vinberg 的许多工作推广到特征 $p > 0$ 的情形, 随后, 证明了任意可约的、正规的代数幺半群是 Cohen-Macaulay 的.

从以上概要的阐述, 大体可以初步感受到线性代数幺半群理论的重要意义, 有志于从事这方面研究的读者, 可以仔细研读文献 [28] 以及相关著作, 以深入了解该理论的主要内容. 我们认为半群理论研究的一个重要思路, 最好找到来自理论的或者应用的背景, 并且和其他研究方向具有联系, 这种联系当然越深刻越好, 这样才可能保持半群理论发展的旺盛生命力, 所得到的研究成果, 才可能受到同行以及其余研究方向的重视.

8.3　Noetherian 半群代数

本节之所以选择介绍这一理论, 主要在于文献 [15] 取材的思路以及半群理论研究的主要观点具有重要启发, 也就是说, 所选取的结果, 对半群理论具有一般性的推动, 具有非平凡的令人信服的结构和应用. 这种联系其余方向的思路, 以及研究的导向, 无疑对提高半群理论的水平是重要的. 任何只重视烦琐的结构本身, 而看不到与其他研究方向的联系, 甚至缺乏富有说服力的例子, 这样的研究思路是很难达到一个高度, 并引起同行或者其他专家重视的. 希望对 Noetherian 半群代数的简要介绍, 对初涉半群理论研究的年轻学子, 一个建议和忠告.

比起仅研究半群的结构本身, 考虑半群代数是一个重要的思路, 有利于将经典的半群理论和成熟的代数理论结合起来, 借鉴代数理论的若干工具、思想和方法. 这种思路, 类似于从给定的半群出发, 研究半群环. 由于环论具有一套成熟的经典理论, 比如同调代数, 可以体现这种方法的优越性.

设 K 是给定的域, S 是半群, $K[S]$ 是半群代数. 它的直观定义是这样的: 以域 K 中的元素为 "系数", 以 S 中的元素为 "基元", 类似于线性空间中向量的有限线性组合, 即 $K[S]$ 中元素的形式为 $\alpha = \sum_{i=1}^{n} k_i s_i, k_i \in K, s_i \in S, n \geqslant 1$. 加法运算就是形式的加法, 乘法运算就是 S 上的运算的扩展. 和高等代数中 "向量" 的区别是 "基元" 可以按照 S 中乘法进行运算. 所以 $K[S]$ 是 K-空间和 S 上的运算的扩展. $K[S]$ 中非零元 $\alpha = \sum_{i=1}^{n} k_i s_i, k_i \in K, s_i \in S, n \geqslant 1$ 的支撑定义为 $\mathrm{supp}(\alpha) = \{s_1, s_2, \cdots, s_n\}$. 半群 S 若含有零元 θ, 相应的收缩半群代数, 记作 $K_0[S]$, 定义为商代数 $K[S]/K\theta$. 就把 S 的零元和代数的零元看成一样的. 在这个情形下, $K[S] \cong K_0[S] \oplus K$, 两个代数有很强的联系, 有时它们对处理 $K_0[S]$ 很有用. 因此任意非零元 $\alpha \in K_0[S]$, 考虑到 $\alpha = \sum_{i=1}^{n} k_i s_i, k_i \neq 0, s_i \neq \theta$ 的形式, 在这种情形下, 定义 $\mathrm{supp}(\alpha)$ 是所有 s_i 的集合.

这个课题研究的两个主要的驱动是, 一方面, 该领域的结果, 包含了簇的研究中出现的重要代数类, 另一方面, 半群理论方法得到应用, 提供了构建簇的例子的方法和控制它们的结构和性质的工具. 这些新进展, 不但对非交换环理论的研究, 而且对半群理论的研究和群论的研究是很有意义的. 因为 Noetherian 代数在代数研究中扮演的角色, 接近于非交换几何学在低维的情形研究中的作用, 使得它也因此得到了很多关注. 通过应用于 Yang-Baxter 方程, 使得该研究扩展到其他领域, 最显著的是数学物理, 并且与群代数的研究联系在了一起. 不过, 也应该意识到半群代数的研究范围在某种意义上更专业. 换句话说, 不得不研究半群的 "正确" 的类, 以得到更深更有用的价值, 即集中研究的注意力在问题的驱动、例子及其在代数其他领域的潜在应用. 这里值得一提的是, 在过去的十年, 半群理论方法以快速的规模发展, 已经出现在环理论和代数组合学和其他理论的很多方面. 然而, 这些方法并未被其他代数学家普遍了解.

无论从抽象的角度和应用的观点, 以下结论无疑是重要的: Abel 幺半群 S 的半群代数 $K[S]$ 是 Noetherian 的当且仅当 S 是有限生成的. 如同群代数的情形, 一个研究的目标是发现是否 S 的同类信息可以反映和决定 $K[S]$ 的性质. 这是体现半群代数研究基本思想的重要例子. 其他诸如考虑线性半群的特征; 通过研究某个群 G 的子幺半群 T 的代数 $K[T]$ 的性质, 进而把握群的性质, 以及研究 Yang-Baxter 方程的解等精彩内容, 可以通过研读文献 [15], 得到详细的了解. 我们认为, 这是值得重视的研究方向之一.

参 考 文 献

[1] Ahsan J, Liu Z K. A Homological Approach to the Theory of Monoids. Beijing: Science Press, 2008

[2] Bulman-Fleming S. Flat and strongly flat S-systems. Comm. Algebra, 1992, 20: 2553-2567

[3] Bailey A, Renshaw J. Covers of acts over monoids and pure epimorphisms. Proc. Edinb. Math Soc, 2014, 57: 589-617

[4] Bailey A, Renshaw J. Covers of acts over monoids II. Semigroup Forum, 2013, 87: 257-274

[5] Bulman-Fleming S, Kilp M, Laan V, Pullbacks and flatness properties of acts. II. Comm. Algebra, 2001, 29(2): 851-878

[6] Bulman-Fleming S, Gutermuth D, Gilmour A A, Kilp M. Flatness properties of S-posets. Comm. Algebra, 2006, 34: 1291-1317

[7] Burgess W D. The injective hull of S-sets, S a semilattice of groups. Semigroup Forum, 1981, 23: 241-246

[8] Davvaz B. Semihypergroup Theory. London: Elsevier/Academic Press, 2016: viii+156

[9] Ebrahimi M M, Mahmoudi M, Angizan Gh M. Sequentially injective hull of acts over idempotent semigroups. Semigroup Forum, 2007, 74: 240-246

[10] Ebrahimi M M, Mahmoudi M, Angizan Gh M. Injective hulls of acts over left zero semigroups. Semigroup Forum, 2007, 75(1): 212-220

[11] Fakhruddin S M. Absolute flatness and amalgams in pomo-noids. Semigroup Forum, 1986, 33: 15-22

[12] Goseki Z, Weinert H J. On P-injective hulls of S-sets. Semigroup Forum, 1985, 31: 281-295

[13] Howie J M. Fundamentals of Semigroup Theory. Oxford: Clarendon Press, 1995

[14] Hách T L. Characterizations of monoids by regular acts. Periodica Math. Hungarica, 1985, 16: 273-279

[15] Jespers E J. Okniński, Noetherian Semigroup Algebras. Algebra and Applications, 7. Dordrecht: Springer, 2007

[16] Kim J P, Park Y S. Injective hulls of S-systems over a Clifford semigroup. Semigroup Forum, 1991, 43: 19-24

[17] Liu Z K. A characterization of regular monoids by flatness of left acts. Semigroup Forum, 1993, 46: 85-89

[18] Lallement G. Demi-groups reguliers. Ann. Mat. Pura Appl. (Bologna), 1967, 77: 47-130.

[19] Mahmoudi M, Renshaw J. On covers of cyclic acts over monoids. Semigroup Forum, 2008, 77: 325-338.

[20] Kilp M, Knauer U. Characterization of monoids by properties of regular acts. J. Pure Appl. Algebra, 1987, 46: 217-231

[21] Kilp M, Knauer U, Mikhalev A V. Monoids, Acts, and Categories: With Applications to Wreath Products and Graphs. Berlin, New York: Walter de Gruyter, 2000

[22] Laan V. Pullback and flatness properties of acts I. Comm. Algebra, 2001, 29: 829-850

[23] Nambooripad K S S. Structure of regular semigroups. 1. Mem. Amer. Math. Soc., 1979, 22: no. 224, vii+119

[24] Nambooripad K S S. On some classes of regular semigroups. Semigroup Forum, 1971, 2: 264-270

[25] Nambooripad K S S. Structure of regular semigroups, I. Semigroup Forum, 1974, 9: 354-363

[26] Nambooripad K S S. Structure of regular semigroups. II. The general case. Semigroup Forum, 1974/75, 9(4): 364-371.

[27] Qiao H S, Wang L M, Liu Z K. On some new characterizations of right cancellative monoids by flatness properties. The Arabian Journal for Science and Engineering, 2007, 32: 75-82

[28] Renner L E. Linear Algebraic Monoids. Encyclopaedia of Mathematical Sciences, 134, New York: Spriger, 2005

[29] Rotman J J. An Introduction to Homological Algebra. New York: Academic Press, 1979

[30] Shi X P. Strongly flat and po-flat S-posets. Comm. Algebra, 2005, 33: 4515-4531

[31] Shi X P, Liu Z K, Wang F G, Bulman-Fleming S. Indecomposable, projective and flat S-posets. Comm. Algebra, 2005, 33: 235-251

[32] Yang D D, Dolinka I, Gould V. Free idempotent generated semigroups and endomorphism monoids of free G-acts. J. Algebra, 2015, 429: 133-176.

[33] 任学明. 广义正则半群. 北京: 科学出版社, 2017.

[34] 喻秉钧. 半群的双序集理论. 北京: 科学出版社, 2003.

[35] 刘仲奎, 乔虎生. 半群的 S-系理论. 2 版. 北京: 科学出版社, 2008.

索　　引